普通高等教育数学基础课程"十二五"规划教材

高 等 数 学

（经管类） 上册
第 3 版

同济大学数学科学学院 张华隆　周朝晖　董力强　等　编著

同济大学出版社
TONGJI UNIVERSITY PRESS

内 容 提 要

本书是在第 2 版的基础上,遵照教育部于 2009 年制定的"经济管理类本科数学基础课程教学基本要求"而编写的,全书分上、下册. 此书为上册,内容包括:函数、极限与连续,导数与微分,微分中值定理与导数的应用,不定积分,定积分及其应用等,全书穿插了大量相关经济管理方面的例题和习题. 书中每节后配有适量习题,每一章之后配有复习题,为方便读者查阅参考,在所附习题与复习题之后都附上了答案或者提示. 此外,上册书末还附有"简单积分表""初等数学常用公式""极坐标简介""某些常用的曲线方程及其图形"等附录,以供读者需要时查阅.

本书条理清晰,论述确切,由浅入深,循序渐进;重点突出,难点分散,例题较多,典型性强;深广度恰当,便于教和学. 它可作为普通高校或成人高校经管类本科或者专升本学生"高等数学"课程的教材,也可供从事经管及金融行业工作的人员或参加国家自学考试的读者作为参考用书.

图书在版编目(CIP)数据

高等数学:经管类.上册/同济大学数学科学学院等编著. —3 版. —上海:同济大学出版社,2017.5
(2021.9 重印)
 ISBN 978-7-5608-7033-5

 Ⅰ.①高… Ⅱ.①同… Ⅲ.①高等数学—高等学校—教材 Ⅳ.①O13

中国版本图书馆 CIP 数据核字(2017)第 103242 号

2017 年上海市重点图书

普通高等教育数学基础课程"十二五"规划教材

高等数学(经管类)上册 第 3 版

同济大学数学科学学院 张华隆 周朝晖 董力强 等 编著
责任编辑 张 莉 **助理编辑** 蔡梦茜 **责任校对** 徐春莲 **封面设计** 潘向蓁

出版发行 同济大学出版社 www.tongjipress.com.cn
　　　　 (上海市四平路 1239 号 邮编:200092 电话:021-65985622)
经　　销 全国各地新华书店
印　　刷 大丰科星印刷有限责任公司
开　　本 787 mm×960 mm 1/16
印　　张 16
字　　数 320 000
印　　数 32 601—37 700
版　　次 2017 年 5 月第 3 版 2021 年 9 月第 7 次印刷
书　　号 ISBN 978-7-5608-7033-5

定　　价 36.00 元

3 版 前 言

由同济大学出版社出版的经管类《高等数学》教材自 2012 年第 1 版问世以来,特别是 2014 年修订出版第 2 版以来,得到了广大读者和从事经管行业相关人士的厚爱,编者倍感欣慰和鞭策.为了进一步提高教材的质量,把它做得更精更优,再上新台阶,按照同济大学出版社的要求,我们在原书第 2 版的基础上对全书上、下册再作修订.本书是其中的上册.

本书修订过程遵循教育部"经济管理类本科数学基础课程教学基本要求"中关于"微积分课程教学"的基本要求,并且重温了同济大学出版社关于"普通高等教育高级应用型人才培养数学教材"丛书的"编写说明",该"编写说明"要求所编教材的教学内容重应用、弱理论,提出了以应用为目的、以"必需、够用"为度的原则,我们在编写时尽量减少不必要的理论推导,并对例题和习题予以精选,使得编写的教材既符合教育部制定的教学基本要求,又能适应当前高校经管类本科学生的基础和教学特点.本书这次修订改版继续保留了第 2 版的基本内容体系和特色,修订工作主要体现在如下几个方面:

(1) 对数学概念的叙述和数学名词的使用,力求做到更加精准、科学和规范化.例如,在叙述"当 $x \to x_0$ 时函数 $f(x)$ 的极限"的定义时,把 $f(x)$ 所定义的邻域改为"在点 x_0 的某个去心邻域";改变了原先用"被积函数的全体原函数"来定义不定积分的习惯讲法,避免了在讲不定积分性质时可能会出现的有争议的问题;为了与当前中学教材相衔接,对"集合"的某些内容作了修改,明确区分了自然数集(包含零元素)与正整数集的区别;按"教学基本要求"中数学名词的统一用法,把原书中"广义积分"的名称改成了"反常积分";对书中出现的反函数以及几种经济函数的表示法,也都作了统一和规范.

(2) 按照"教学内容重应用、弱理论,以应用为目的"的要求,对某些理论证明部分再做删减.例如,上册中删去了"闭区间上连续函数必有界"性质的证明.

(3) 对原书中某些内容的次序安排和讲法也作了更加周密、恰当的调整与修改.例如,为了用无穷小作工具来简化极限四则运算法则的推证,这次修订特地把"无穷小与无穷大"的内容前移,而把"无穷小的比较"放在后面仍列为一节;又如,在"不定积分的概念与性质"这一节中,增补了"原函数与不定积分的几何意义"这一目;在讲"定积分的几何应用"之前,把"元素法"单独列成了一目.

(4) 在精选例题和习题方面也做了一些努力.例如,在引入"分段函数"概念时,特地增补了"阶梯式"水价收取水费的实例,使分段函数的应用更加贴近生活.对某些叙述或难易程度安排不够恰当的例题和习题也做了改编与调整.例如,在不定积分的"换元积分法"这一节,不仅更换了部分例题,还对原有例题的次序作了较大的调整,对每节的习题配置也都重新审核,按由浅入深、由易到难的原则作了删减和补充,更正了习题与答案中的错误.

考虑到原编者中有三位老师年事已高,为使这套教材的编写能保持延续,经协商,邀请了两位新编者加入.他们是:同济大学数学科学学院张华隆教授和同济大学数学科学学院负责高等数学教学工作的教学中心副主任周朝晖副教授.两位新的编者长期工作在教学第一线,有较丰富的教学经验,也有编写出版过其他各类数学教材的经历,本书这次的修订工作主要由张华隆、周朝晖两位承担,原编者之一的董力强副教授也参与了修订工作.本书受"高等学校大学数学教学研究与发展中心"项目资助,编者在此表示衷心感谢!

由于这次的修订改版工作时间较为仓促,以及编者的能力所限,书中错误及不当之处仍在所难免,真诚地希望得到广大读者和同行老师们的批评指正!

编　者

2017 年 4 月于同济

2 版 前 言

本书是在 2012 年 4 月第 1 版的基础上修改而成. 这次改版, 没有改变原书的内容体系及章节目次, 只着重于修改现已发现的不当或错误之处, 以提高本书的质量, 更加方便于教学.

具体地说, 这次修改主要包括以下几个方面:

(1) 从内容上考虑, 删去了某些可讲或可不讲的枝节内容. 例如, 在介绍函数极限的局部保号性定理后, 删去了有关该定理的"注意"部分, 从而也降低了这部分内容的深度和难度.

(2) 对某些内容叙述或文字表达不够确切或不当之处, 也作了适当的修改.

(3) 更换了个别的例题或习题, 使教材更符合知识的系统性与科学性.

(4) 对书中所附习题及复习题, 基本上逐题复核, 删去或更换了个别不太恰当或前后重复的题, 改正了某些错误的答案.

由于这次改版工作时间较为匆促, 加上我们编者水平有限, 错误或不当之处仍在所难免, 恳请广大读者及同行老师们批评指正!

编　者

2014 年 7 月于同济

1 版 前 言

  近几年来,我国高等教育有了较大的发展,为适应部分高等院校经管类专业("二本""三本")的教学需要,遵照教育部最新制定的"经济管理类本科数学基础课程教学基本要求"(以下简称"教学基本要求"),编写了这套《高等数学》(经管类)教材.本教材分上、下两册,共 9 章内容,包括:函数、极限与连续,导数与微分,中值定理与导数的应用,不定积分,定积分及其应用,向量代数与空间解析几何,多元函数微积分及其应用,无穷级数,常微分方程与差分方程简介等.

  编写本教材的基本思路是:精简冗余内容,压缩叙述篇幅;降低教学难度,突出应用特色.为使教材具有科学性、知识性、可读性和实用性,我们注意采取了以下一些措施:

  (1) 内容"少而精",取材紧扣"教学基本要求".与同类教材相比,我们删去了"函数"中与中学知识重复的内容;在"不定积分"一章中删去了"有理函数"及"三角函数有理式"的积分;在"极限"部分,除了用极限的精确定义推证出必需的基本极限公式外,一般对用精确定义证明极限的例题或习题均降低难度,不作教学要求.从而尽量降低难度,压缩篇幅.对于某些超出"教学基本要求"而属于教学中可讲可不讲的内容,即使编入,也均以 ∗ 号标记或用小号字排版,以供不同专业的教师和学生选用或参考.

  (2) 在着重讲清数学知识概念和有关理论方法的同时,适当淡化某些定理的证明或公式推导的严密性.例如,根据"教学基本要求",我们对三个微分中值定理的严格证明均予以省略,只叙述定理的条件和结论,并借助几何图形较为直观地解释其几何意义.此外,对于某些较为繁复的计算或公式推导,能删去的就删去,不能删去的便略去其计算或推导的过程.

  (3) 在对教材中各章、节内容的组织上,考虑到应具有科学性和可读性.除了书写的文字尽量通顺流畅外,还注意做到:由浅入深,循序渐进;重点突出,难点分散.例如,在讲重要极限 $\lim\limits_{x \to \infty}\left(1 + \dfrac{1}{x}\right)^x = e$ 时,为分散此教学难点,采用了"分两步走"的方法.先在数列极限存在的单调有界准则基础上,用数据列表的方式,直观地说明数列 $\left\{\left(1 + \dfrac{1}{n}\right)^n\right\}$ 的极限存在,且定义 $\lim\limits_{n \to \infty}\left(1 + \dfrac{1}{n}\right)^n = e$. 然后,在讲"两个重要极限"时,再就 $x \to +\infty$ 时,利用函数极限存在的夹逼准则,证明 $\lim\limits_{x \to +\infty}\left(1 + \dfrac{1}{x}\right)^x = e$. 最后,推广

到 $x \to -\infty$ 的情形,从而得到完整的极限公式: $\lim\limits_{x \to \infty}\left(1+\dfrac{1}{x}\right)^{x} = e$. 此外,即使是安排每节中所选配的例题,也应遵循"由简单到复杂,由具体到抽象"的原则. 当引入某种新的数学概念时,尽量按照"实践 — 认识 — 实践"的认识规律,先由实际引例出发,抽象出数学概念,从而上升到理论阶段(包括有关性质和计算方法等),再回到实践中去应用. 为体现教材的科学性,我们特别注意防止前后内容的脱节,即使遇到个别地方需要提前用到后面的知识内容时,也都以适当的方式加以交代说明. 例如,在讲"两个重要极限"时,举例中常要用到利用复合函数连续性求极限的方法,因尚未介绍函数的连续性,故在前面介绍复合函数的极限法则时,顺便给出了一个定理,说明求复合函数极限可以交换极限与函数记号次序的条件,这样便可把复合函数的极限法则先使用起来,而到讲过复合函数的连续性后,再用函数的连续性把前面引入的定理加以叙述,从而做到前后内容互相呼应,融会贯通.

(4) 为使教材突出应用特色,且具有知识性和实用性,我们在微积分应用方面,主要侧重于在几何及经济分析中的一些简单应用. 例如,在定积分的几何应用中,只介绍"平面图形的面积""平行截面面积为已知的立体"及"绕坐标轴旋转的旋转体"的体积;在二重积分的应用中,也只介绍"立体的体积""曲面的面积"及"平面薄片的质心"等. 与同类教材相比,舍去了"平面曲线的弧长"及"平面薄片的转动惯量"等与经管类专业关系不太大的内容. 此外,突出在经济分析中的应用,希望成为本书的特色之一. 为此,我们参考了许多同类教材,除了编入一般常见的经济分析应用范例外,还特地邀请了同济大学数学系金融数学博士任学敏副教授,为我们提供了不少金融数学的应用实例. 例如,连续复利资金流量的现值,购买债券时确定债券首日购入的价格,股票市场中的"零增长模型"及"不变增长模型"的股价计算等. 另外,为使教材在应用方面更贴近生活,具有实用性,我们在"无穷级数"和"常微分方程与差分方程简介"中,特意选编了有关银行存款的本金计算,债券市场无风险利率,购房贷款及筹措教育经费存款等数学模型. 我们相信,这些应用方面的知识内容不仅有趣,而且有较好的参考价值.

(5) 按照"学练结合,学以致用"的原则,本教材在各节之后均配置了适量的习题作业,在每章之末也都选配了复习题,且为方便读者查阅参考,在习题和复习题之后,均附有答案或提示.

参加本教材编写的有蔡林福(第 1,2,3 章),董力强(第 4,5 章),郭景德(第 6,7 章),刘浩荣(第 8,9 章). 全书由刘浩荣、蔡林福统稿,最后由刘浩荣润笔定稿并选编了附录.

本教材由北京航空航天大学李心灿教授主审. 他虽年事已高,工作繁忙,但仍在百忙中详细审阅了全书,并提出了许多宝贵建议及具体的修改意见,我们深受感动,谨此表示诚挚而衷心的感谢!

在本教材的编写过程中,我们主要参考了同济大学出版社出版的由刘浩荣、郭景德编著的《高等数学》(理工类)上、下册及由赵利彬主编的《高等数学》(经管类)上、下册;高等教育出版社出版的,由同济大学数学系编写的《高等数学》(第6版)及由教育部高等教育司组编、北京航空航天大学李心灿教授主编的《高等数学》等教材.此外,本教材的编写和出版,除了得到金融数学博士任学敏副教授的大力支持外,还得到同济大学出版社曹建副总编辑的大力鼎助.在此,我们一并表示衷心的感谢!

本套教材条理清晰,论述确切;由浅入深,循序渐进;重点突出,难点分散;例题较多,典型性强;深广度恰当,便于教和学.它可作为普通高校(特别是"二本"及"三本"院校)或成人高校经管类本科或专升本学生的"高等数学"课程的教材,也可供从事经济管理或金融工作的人员,或参加国家自学考试的读者,作为自学用书或参考书.

由于我们水平有限,书中难免会有不当或错误之处,恳请广大读者和同行批评指正.

编　者

2012年4月于同济大学

目　　录

第1章 函数、极限与连续

函数是高等数学的主要研究对象.极限理论在本课程中占有重要的位置,它是建立"导数""微分""积分"等重要概念的必不可少的工具.在经济管理学中,常用的"边际分析""弹性分析"等也都是以这些概念作为理论基础的.

本章首先讨论函数,然后重点介绍极限概念及其计算,最后讨论函数的连续性.

1.1 预备知识

1.1.1 实数与数轴

实数是由有理数与无理数所组成.形如 $\dfrac{p}{q}$(p,q 是整数,且 $q \neq 0$)的数称为**有理数**,它是有限小数(包括整数),或者无限循环小数.如 $\dfrac{3}{4} = 0.75$,$\dfrac{8}{4} = 2$,$-\dfrac{13}{5} = -2.6$,$\dfrac{10}{3} = 3.\dot{3}$ 等.不能用 $\dfrac{p}{q}$(p,q 是整数,且 $q \neq 0$)形式表示的数称为**无理数**,它是无限不循环小数.如 $\sqrt{2}$,π,e[①] 等.

规定了原点、正方向及单位长度的直线称为**实数轴**(简称**数轴**)(图 1-1).有了数轴,可使抽象的实数与直观的数轴上的点建立起一对一的关系:任一实数都可用数轴上的一个点表示;反之,数轴上的每个点都代表一个

图 1-1

实数.如数零就用数轴上的原点表示.今后为讨论方便,常把实数与数轴上与其对应的点不加区别.如称数 a 为点 a;反之,亦称点 a 为数 a.

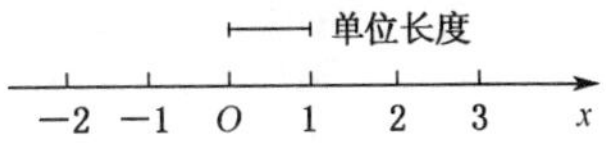

1.1.2 实数的绝对值

一个实数 a 的绝对值记为 $|a|$.它定义为

$$|a| = \begin{cases} -a, & \text{当 } a < 0 \text{ 时}, \\ a, & \text{当 } a \geqslant 0 \text{ 时}. \end{cases}$$

$|a|$ 的几何意义是:$|a|$ 表示数轴上的点 a 到原点 O 的距离.

---

① 此数的意义见 1.3.3 目.

绝对值及其运算有下列性质：

(1) $|a| = \sqrt{a^2}$；

(2) $|a| \geqslant 0$ （等号仅当 $a=0$ 时成立）；

(3) $|-a| = |a|$；

(4) $-|a| \leqslant a \leqslant |a|$；

(5) 若 $k > 0$, $|a| < k$ 等价于 $-k < a < k$,

$\qquad\qquad |b| > k$ 等价于 $b < -k$ 或 $b > k$；

(6) $|a+b| \leqslant |a| + |b|$；

(7) $||a| - |b|| \leqslant |a-b|$；

(8) $|ab| = |a||b|$；

(9) $\left|\dfrac{a}{b}\right| = \dfrac{|a|}{|b|}$ （$b \neq 0$）.

1.1.3 集合

具有某种属性的对象（或事物）的全体，称为**集合**（简称**集**）. 集合一般用大写字母 A, B, C, N, … 表示. 组成集合的每个单一的对象称为集合的**元素**. 元素一般用小写字母 a, b, c, e 等表示. 给出一个集合 M, 若 a 是 M 的元素, 记作 $a \in M$, 读成 a 属于 M；若 a 不是集合 M 的元素, 则记作 $a \notin M$, 读成 a 不属于 M.

集合的表示法通常有列举法、描述法和图示法三种. 我们只介绍前两种表示法. **列举法**是把集合中的元素不重复、不遗漏、不计次序地列举出来, 并写在花括号"{ }"内. 如方程 $x^2 - 1 = 0$ 的解的集合是 $\{-1, 1\}$；全体自然数集可表示为 $\mathbf{N} = \{0, 1, 2, 3, 4, \cdots\}$. **描述法**就是在花括号内, 左边写出集合的一个代表元素, 右边写出集合的元素所具有的共性. 中间用竖线"|"分开. 如 $x^2 - 1 = 0$ 的解集可写成 $\{x \mid x^2 - 1 = 0\}$.

若集合 A 的每一个元素都是集合 B 的元素, 即若 $e \in A$, 必有 $e \in B$, 则称 A 是 B 的**子集**, 记作

$$A \subseteq B \quad 或 \quad B \supseteq A,$$

读作 A 包含于 B 或 B 包含 A.

若集合 A 是集合 B 的子集, 而 B 又是 A 的子集, 即

$$A \subseteq B \quad 且 \quad B \subseteq A,$$

则称**集合 A 与集合 B 相等**, 记为 $A = B$.

例如, $A = \{x \mid x$ 为大于 2 小于 5 的整数$\}$,

$\qquad\qquad B = \{x \mid x^2 - 7x + 12 = 0\}$,

则 $\qquad\qquad A = B$.

不含任何元素的集合称为**空集**, 记作 $\varnothing$.

注意 因为 0 是一个元素. 所以集合 $\{0\}$ 不是空集, 即 $\{0\} \neq \varnothing$. 显然, 集合 $\{x \mid x < 1$ 且 $x > 2\}$ 及 $\{x \mid x^2 + 1 = 0, x$ 为实数$\}$, 都是空集 $\varnothing$.

有关子集的性质如下：

(1) $A \subseteq A$, 意即集合 A 是自己的子集；

(2) 对任意集合 A，有 $\varnothing \subseteq A$，即空集是任何集合的子集；

(3) 若 $A \subseteq B$，$B \subseteq C$，则 $A \subseteq C$.

设集合 A 是集合 U 的子集. 属于 U 而不属于 A 的所有元素构成的集合，称为 A 在 U 内的**补集**（或称**余集**），记作 $\complement_U A$，即

$$\complement_U A = \{b \mid b \in U \text{ 且 } b \notin A, A \subseteq U\}.$$

关于集合，有如下的运算：

(1) 设有集合 A 及 B，由 A 与 B 的一切元素构成的集合，称为 A 与 B 的**并集**（或称**和集**），记为 $A \bigcup B$. 即

$$A \bigcup B = \{e \mid e \in A \text{ 或 } e \in B\}.$$

(2) 集合 A 与集合 B 的所有公共元素构成的集合，称为 A 与 B 的**交集**，记为 $A \bigcap B$. 即

$$A \bigcap B = \{e \mid e \in A \text{ 且 } e \in B\}.$$

例 1 设 $A = \{x \mid -2 \leqslant x \leqslant 3\}$，$B = \{x \mid x > 0\}$. 求 $A \bigcup B$ 及 $A \bigcap B$.

解 $A \bigcup B = \{x \mid x \geqslant -2\}$，$A \bigcap B = \{x \mid 0 < x \leqslant 3\}$.

显然. 集合 A 与 A 在 U 内的补集 $\complement_U A$ 的交集不含有任何元素，所以 $A \bigcap \complement_U A = \varnothing$.

本书今后用到的集合是实数集，全体实数构成的集合记为 **R**. 还有要用到的是元素为点（直线、平面、空间上的点）的集合，称为**点集**. 如集合 $\{(x, y) \mid x^2 + y^2 = R^2\}$ 表示 xOy 平面上圆心在原点、半径为 $R(R > 0)$ 的圆周上点的全体，它是平面上的一种点集.

1.1.4 区间和邻域

1. 区间

区间是一类常用的集合. 设 a 和 b 都是实数，且 $a < b$，则称实数集 $\{x \mid a < x < b\}$ 为**开区间**. 记作 (a, b)，即

$$(a, b) = \{x \mid a < x < b\}.$$

类似地，闭区间和半开闭区间的定义和记号如下：

闭区间 $[a, b] = \{x \mid a \leqslant x \leqslant b\}$；

半开闭区间 $[a, b) = \{x \mid a \leqslant x < b\}$ 或 $(a, b] = \{x \mid a < x \leqslant b\}$.

以上这些区间都称为**有限区间**，a 和 b 称为**区间的端点**，数 $b - a$ 称为**区间的长度**. 在数轴上，这些区间都可以用长度为有限的线段来表示，如图 1-2 所示（图中，实心点表示区间包括该端点，空心点表示区间不包括该端点）.

还有一类区间称为**无限区间**，它们的定义和记号如下所列：

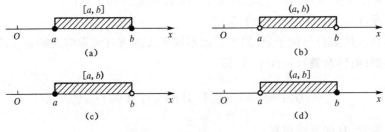

图 1-2

$$[a, +\infty) = \{x \mid x \geqslant a\},\ (a, +\infty) = \{x \mid x > a\},$$
$$(-\infty, b] = \{x \mid x \leqslant b\},\ (-\infty, b) = \{x \mid x < b\}.$$

其中,记号 $+\infty$ 读作"正无穷大";记号 $-\infty$ 读作"负无穷大".

注意 记号"$+\infty$"与"$-\infty$"都不是数!

无限区间 $(-\infty, +\infty)$ 在数轴上对应于整个数轴,而其他无限区间在数轴上对应于长度为无限、且只可向一端无限延伸的直线. 例如, $[a, +\infty)$ 和 $(-\infty, b)$ 在数轴上的几何表示如图 1-3 所示.

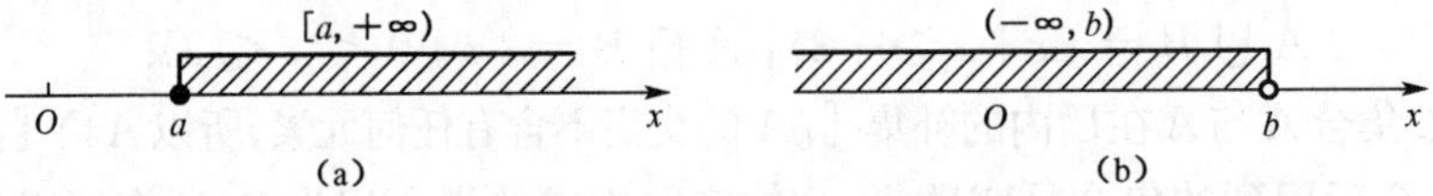

图 1-3

今后在不需要区分上述各种情况时,就用"区间 I"代表各种类型的区间.

2. 邻域

从绝对值的性质(5)可以看到,满足不等式 $|x| < k\ (k$ 是实数, $k > 0)$ 的一切实数 x 所构成的集合是开区间

$$(-k, k) = \{x \mid -k < x < k\}.$$

在数轴上,该区间关于原点 O 对称,所以我们又称它为**对称区间**. 原点 O 称为区间的**中心**,正数 k 称为区间的**半径**.

类似于上面的讨论可知,设 $\delta > 0$,则集合 $\{x \mid |x-a| < \delta\}$ 是一个以 a 为中心、以 δ 为半径的开区间: $(a-\delta, a+\delta)$,此区间又称为点 a 的 **δ - 邻域**(图 1-4(a)),记作 $U(a, \delta)$.

如果把邻域的中心 a 除去,即集合

$$\{x \mid 0 < |x-a| < \delta\}$$

称为点 a 的**去心 δ - 邻域**(图 1-4(b)),记作 $\mathring{U}(a, \delta)$ 或 $U(\hat{a}, \delta)$.

注意 这里的 $0 < |x-a|$ 表明了 $x \neq a$.

图 1-4

例 2　用区间表示集合 $S = \{x \mid a^2 < x^2 < b^2 \text{ 且 } x \neq 0, \mid a \mid < \mid b \mid\}$.

解　由 $\mid x \mid = \sqrt{x^2}$, $a^2 < x^2 < b^2$, 可得 $\mid a \mid < \mid x \mid < \mid b \mid$. 因 $x \neq 0$, 故当 $x > 0$ 时, 有 $\mid a \mid < x < \mid b \mid$, 即 $x \in (\mid a \mid, \mid b \mid)$; 而当 $x < 0$ 时, 有 $\mid a \mid < -x < \mid b \mid$, 即 $-\mid b \mid < x < -\mid a \mid$, 即 $x \in (-\mid b \mid, -\mid a \mid)$. 于是, 集合 $S = (-\mid b \mid, -\mid a \mid) \bigcup (\mid a \mid, \mid b \mid)$.

习题 1.1

1. (1) 用列举法表示所有正奇数的集合;

(2) 用描述法表示平面上满足不等式 $4 \leqslant x^2 + y^2 \leqslant 8$ 的点集.

2. 设 $A = \{x \mid 1 < x < 2\}$, $B = \{x \mid -8 < x < 1.5\}$, 求 $A \bigcup B$, $A \bigcap B$.

3. 解含有绝对值符号的不等式 $\mid 2x - 3 \mid \leqslant 5$.

4. 分别用邻域及集合的记号, 表示点 3 的 δ-邻域及去心 δ-邻域 $\left(\delta = \dfrac{1}{3}\right)$.

5. 用区间表示集合 $T = \{x \mid x^2 - (a+b)x + ab < 0\}$, 其中 $a \leqslant b$.

答　案

1. (1) $\{1, 3, 5, 7, \cdots\}$;　(2) $\{(x, y) \mid 4 \leqslant x^2 + y^2 \leqslant 8\}$.

2. $A \bigcup B = \{x \mid -8 < x < 2\}$; $A \bigcap B = \{x \mid 1 < x < 1.5\}$.

3. $-1 \leqslant x \leqslant 4$.

4. $U\left(3, \dfrac{1}{3}\right) = \left\{x \mid \mid x - 3 \mid < \dfrac{1}{3}\right\}$; $\overset{\circ}{U}\left(3, \dfrac{1}{3}\right) = \left\{x \mid 0 < \mid x - 3 \mid < \dfrac{1}{3}\right\}$.

5. 当 $a < b$ 时, $T = (a, b)$; 当 $a = b$ 时, $T = \varnothing$.

1.2　函　数

1.2.1　函数的概念

发生在自然界或者社会经济方面的许多现象, 它们是不断变化的, 而且有很多还是相互关联的. 如近几年来央行的存贷款利率曾多次调整, 使银行的存贷款数量、客户的数量也相应地产生不断的变化. 这些变化的量称为**变量**. 也有一些不发生变化 (相对而言), 如银行的存贷款利率在调整后的一段时期内不变. 这种相对不变的量称为**常量**.

现在,我们先研究两个变量之间的相互依赖关系.

例1 某商品共有 1 000 件,以单价 30 元销售.设 x 为销售量,R 为对应的总收入.当 x 在 $\{0,1,2,\cdots,1\,000\}$ 中任取一个值时,按照单价 30 元的规定,即总收入 $R=30x$,便有唯一确定的值与它相对应.

例2 公式

$$s=\frac{1}{2}gt^2$$

指出了当物体自由降落过程中距离 s 与时间 t 的一种相互依赖关系.假定物体着地的时刻为 T,当 t 取 $[0,T]$ 中的某一数值时,通过上式,s 便有唯一确定的值与它相对应.

例3 由中学几何知识,半径为 R 的内接正 n 边形的周长 L_n 的计算公式是

$$L_n=2nR\sin\frac{\pi}{n}\quad(n\geqslant3,\ n\ \text{为自然数}).$$

若边数 n 是变化的,根据该公式,L_n 也按依赖关系在变化.当边数 n 在数集 $\{n\mid n\geqslant3,\ n\ \text{是自然数}\}$ 中取定某数值时,通过上式,L_n 便有唯一确定的值与它相对应.

以上 3 个例子来自不同的问题,抽象到数学上,它们有相同的一些特征:它们都分别说明了两个变量间有某种相互依赖的关系,这种关系给出了某种对应法则;并且,两变量中,当一个变量在一定范围内取定某一数值时,按照这种法则,另一变量必有唯一确定的数值与之对应.两个变量间的这种对应关系抽象到数学上,就是下面要引入的函数的概念.

定义1 设 D 是某一实数集,若当变量 x 在 D 中每取一个数值时,另一变量 y 按照一定法则 f 总有唯一确定的数值与它对应①,则称 y 是 x 的函数,记作

$$y=f(x).$$

此时,称 x 为**自变量**,称 y 为**函数**(或因变量),实数集 D 称为函数的**定义域**.这里,对应法则 f 是对圆括弧中的 x 的一种约定(包括各种运算等).例如,$y=x^2+1$.对应法则为自变量 x 自乘二次再加 1.又如,$y=\lg x(x>0)$ 对应法则是自变量 x 取以 10 为底的对数.

由函数的定义知,当自变量 x 取定数值 $x=x_0\in D$ 时,函数 y 有唯一确定的数值与之对应,则称该数值为函数 $y=f(x)$ 在 x_0 处的**函数值**,记作

$$f(x_0)\quad\text{或}\quad y\,|_{x=x_0}.$$

---

① 这里定义的函数又称为**单值函数**.如果对于定义域中的某个数值 x,变量 y 按照一定的法则有两个或两个以上的数值与它对应,则称这样的函数为**多值函数**.本书中主要讨论单值函数.

此时,亦称函数 $f(x)$ 在 x_0 处**有定义**. 这样,函数 $y = f(x)$ 的定义域 D 的含意是,使 $y = f(x)$ 有定义的那些自变量 x 的实数值全体. 若区间 I 是定义域 D 的子集,则 $y = f(x)$ 在区间 I 上有定义,并称 I 为 $y = f(x)$ 的**定义区间**. 当自变量 x 遍取定义域 D 内的各个数值时,相应的函数值全体构成的数集

$$W = \{y \mid y = f(x), x \in D\}$$

称为函数 $y = f(x)$ 的**值域**,并把在 xOy 平面上的点集

$$S = \{(x, y) \mid y = f(x), x \in D\}$$

称为函数 $y = f(x)$ 的**图形**.

在实际问题中,函数的定义域是由问题的实际意义确定的. 如例 1 的销售问题中,销售量 x 只能取数集 $\{0, 1, 2, \cdots, 1\,000\}$ 中的数,所以,这个数集就是函数 $R = 30x$ 的定义域;例 2 中的时间 $t \geqslant 0$,且 t 也不能大于落地时间 T,该函数的定义域为 $[0, T]$;例 3 中自变量 n 是正多边形的边数,所以 $n \geqslant 3$,函数 L_n 的定义域为

$$D = \{n \mid n \geqslant 3, n \text{ 为自然数}\}.$$

撇开问题的实际意义,如果函数是由数学式子表示的,那么,函数的定义域规定为:使该数学式子有意义的(例如,分式的分母不能为零;开偶次方根时,被开方数要不小于零;对数的真数要大于零;反正弦函数 $\arcsin x$ 与反余弦函数 $\arccos x$,都必须 $|x| \leqslant 1$;等等) 自变量值的全体所构成的实数集.

例 4 求下列函数的定义域(用集合或区间表示).

(1) $y = \sqrt{2x - 1} + \dfrac{1}{3x - 2}$; (2) $y = \lg(x + 1) + \arcsin \dfrac{x - 1}{3}$.

解 (1) 要使函数 y 有定义,x 必须使得右边的两个算式都有意义,故 x 应满足不等式组

$$\begin{cases} 2x - 1 \geqslant 0, \\ 3x - 2 \neq 0, \end{cases} \quad \text{即} \quad \begin{cases} x \geqslant \dfrac{1}{2}, \\ x \neq \dfrac{2}{3}. \end{cases}$$

于是,所求函数的定义域可用集合或区间分别表示为

$$D = \left\{ x \,\middle|\, x \geqslant \frac{1}{2} \text{ 且 } x \neq \frac{2}{3} \right\} \quad \text{或} \quad D = \left[\frac{1}{2}, \frac{2}{3} \right) \cup \left(\frac{2}{3}, +\infty \right).$$

(2) 因为要使函数 y 有定义,必须使得 $\lg(x+1)$ 与 $\arcsin \dfrac{x-1}{3}$ 都有意义,所以,x 必须满足不等式组

$$\begin{cases} x + 1 > 0, \\ \left| \dfrac{x - 1}{3} \right| \leqslant 1, \end{cases} \quad \text{即} \quad \begin{cases} x > -1, \\ -1 \leqslant \dfrac{x - 1}{3} \leqslant 1. \end{cases}$$

解此不等式组,得 $-1 < x \leqslant 4$. 故所求函数的定义域可分别用集合或区间表示为

$$D = \{x \mid -1 < x \leqslant 4\} \quad 或 \quad D = (-1, 4].$$

例 5 求函数 $f(x) = \sin x + 2\cos^2 x$ 在 $x = \dfrac{\pi}{2}$ 处的函数值.

解 将 $x = \dfrac{\pi}{2}$ 代入函数式中,便得所求的函数值:

$$f\left(\frac{\pi}{2}\right) = (\sin x + 2\cos^2 x)\Big|_{x=\frac{\pi}{2}} = \sin\frac{\pi}{2} + 2\cos^2\frac{\pi}{2} = 1.$$

由函数的定义可知,定义域与对应法则是构成函数的两个基本要素. 因此,只有当两个函数具有相同的定义域和对应法则时,才能称它们是相同的函数. 至于自变量、因变量选用什么字母表示是无关紧要的. 例如:函数 $y = x^2$ 与函数 $v = u^2$ 的定义域都是 $(-\infty, +\infty)$,它们的对应法则也相同,所以它们是相同的函数.

例 6 判别下列各对函数是否为相同的函数.

(1) $f(x) = x + 1$ 与 $g(x) = \dfrac{x^2 - 1}{x - 1}$;

(2) $\varphi(x) = \sqrt{x^2}$ 与 $\psi(x) = x$.

解 (1) 因为 $f(x) = x + 1$ 的定义域是 $(-\infty, +\infty)$,而 $g(x) = \dfrac{x^2 - 1}{x - 1}$ 的定义域是 $(-\infty, 1) \bigcup (1, +\infty)$,二者不相同,所以 $f(x)$ 与 $g(x)$ 不是相同的函数.

(2) 虽然 $\varphi(x) = \sqrt{x^2}$ 与 $\psi(x) = x$ 的定义域都是 $(-\infty, +\infty)$,但是它们的对应法则不相同. 函数 $y = \varphi(x) = \sqrt{x^2} = |x|$,当 $x \in (-\infty, +\infty)$ 时,均有 $y \geqslant 0$. 而对于函数 $y = \psi(x) = x$,当 $x \geqslant 0$ 时,$y \geqslant 0$;当 $x < 0$ 时,$y < 0$. 所以,$\varphi(x)$ 与 $\psi(x)$ 的对应法则不相同,它们也不是相同的函数.

例 7 已知函数

$$y = |x| = \begin{cases} -x, & 当 x < 0 时, \\ x, & 当 x \geqslant 0 时. \end{cases}$$

求:(1) 定义域;(2) 函数值 $y\big|_{x=-3}$,$y\big|_{x=2}$.

解 (1) $y = |x|$ 的定义域是 $(-\infty, +\infty)$;

(2) 因为 $-3 \in (-\infty, 0)$,所以 $y\big|_{x=-3} = -x\big|_{x=-3} = 3$. 同理,$y\big|_{x=2} = x\big|_{x=2} = 2$.

函数 $y = |x|$ 的图像如图 1-5 所示.

例 7 中的函数叫做**分段函数**,自变量 x 取值的分界点 $x = 0$ 叫做**分段点**. 一般地,如果在自变量的取值范围内,须用两个以上(含两个)的数学式子表示的函数,称为**分段函数**.

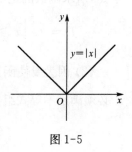

图 1-5

例8 设 x 是任意实数，y 是取不超过 x 的最大整数，这函数称为**取整函数**. 记为

$$y = [x].$$

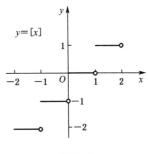

图 1-6

如 $\left[\dfrac{1}{2}\right] = 0$，$\left[\dfrac{5}{2}\right] = 2$，$[-3.4] = -4$. 其定义域 $D = (-\infty, +\infty)$. 它是一个分段函数. 其分段点是 $x = k$（$k = 0, \pm1, \pm2, \cdots$），如图 1-6 所示.

1.2.2 函数的一些特性

1. 函数的有界性

定义 2 设函数 $y = f(x)$ 在某个实数集 A 上有定义，若存在 $M > 0$，使得对于所有 $x \in A$，都有不等式

$$|f(x)| \leqslant M \tag{1.2.1}$$

成立，则称函数 $f(x)$ 在 A 上**有界**，或称 $f(x)$ 在 A 上为**有界函数**；否则，对一切 $x \in A$，使不等式 (1.2.1) 成立的正数 M 不存在，则称 $f(x)$ 在 A 上**无界**，或称 $f(x)$ 在 A 上为**无界函数**.

若函数 $y = f(x)$ 在 A 上有界，则其图形当 $x \in A$ 时必介于直线 $y = -M$ 与 $y = M$ 之间.

例如，正弦函数 $y = \sin x$ 及余弦函数 $y = \cos x$ 都在它们的定义域内是有界的. 因为对任何 $x \in (-\infty, +\infty)$，存在 $M = 1$，使不等式 $|\sin x| \leqslant M$，$|\cos x| \leqslant M$ 成立. 对数函数 $y = \lg x$ 在 $[1, 100]$ 上是有界函数，因为对任何 $x \in [1, 100]$，存在 $M = 2$，使 $|\lg x| \leqslant M$ 成立. 但 $y = \lg x$ 在 $(0, 1]$ 上是无界的.

2. 函数的奇偶性

定义 3 设函数 $y = f(x)$ 的定义域 D 关于原点对称（即对任何 $x \in D$，都有 $-x \in D$）. 若对任何 $x \in D$，都有

$$f(-x) = f(x) \quad (f(-x) = -f(x)) \tag{1.2.2}$$

成立，则称 $f(x)$ 为**偶（奇）函数**.

偶函数的图形关于 y 轴对称. 这是因为当 $f(x)$ 为偶函数时，$f(-x) = f(x)$（$x, -x \in D$），所以 $f(x)$ 的图形上任意两点 $P(x, f(x))$ 与 $Q(-x, f(-x))$ 是关于 y 轴对称的（图 1-7(a)）.

奇函数的图形关于原点对称. 这是因为当 $f(x)$ 为奇函数时，$f(-x) = -f(x)$（$x, -x \in D$），所以 $f(x)$ 的图形上任意两点 $P(x, f(x))$ 与 $Q(-x, f(-x))$ 是关于原点对称的（图 1-7(b)）.

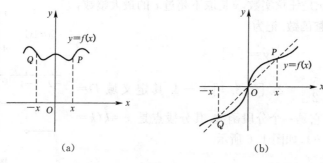

图 1-7

例 9　指出下列函数中哪些是奇函数？哪些是偶函数？哪些是既非奇函数,也非偶函数？

(1) $y = x\cos x$;　　　　　　　　(2) $y = \dfrac{10^x + 10^{-x}}{2}$;

(3) $y = x^2 + \sin x$;　　　　　　(4) $y = \lg x$.

解　(1) 函数 $y = x\cos x$ 的定义域 $(-\infty, +\infty)$ 关于原点对称,且

$$f(-x) = -x\cos(-x) = -x\cos x = -f(x),$$

所以,函数 $y = x\cos x$ 是奇函数.

(2) 函数 $y = \dfrac{10^x + 10^{-x}}{2}$ 的定义域 $(-\infty, +\infty)$ 关于原点对称,且

$$f(-x) = \dfrac{10^{-x} + 10^x}{2} = \dfrac{10^x + 10^{-x}}{2} = f(x),$$

所以,函数 $y = \dfrac{10^x + 10^{-x}}{2}$ 是偶函数.

(3) 函数 $y = x^2 + \sin x$ 的定义域 $(-\infty, +\infty)$ 关于原点对称,且

$$f(-x) = (-x)^2 + \sin(-x) = x^2 - \sin x,$$

因为 $f(-x) \neq -f(x)$,又 $f(-x) \neq f(x)$,所以函数 $y = x^2 + \sin x$ 是既非奇函数,也非偶函数.

(4) 函数 $y = \lg x$ 的定义域 $(0, +\infty)$ 不是关于原点对称的.所以,函数 $y = \lg x$ 是既非奇函数,也非偶函数.

3. 函数的单调性

定义 4　设函数 $f(x)$ 在某个区间 I 上有定义,若对任意的点 x_1, $x_2 \in I$,当 $x_1 < x_2$ 时,都有

$$f(x_1) < f(x_2) \quad (f(x_1) > f(x_2)) \tag{1.2.3}$$

成立,则称函数 $f(x)$ 在区间 I 上是**单调增加**（**单调减少**）的.

使得函数 $f(x)$ 保持单调增加或单调减少的区间统称为**单调区间**. 单调增加或单调减少的函数, 统称为**单调函数**.①

当函数 $f(x)$ 在区间 I 上单调增加时, 其图形随着点 x 沿 x 轴向右移动而上升(图1-8(a)). 同理, 当 $f(x)$ 在 I 上单调减少时, 其图形随着点 x 沿 x 轴向右移动而下降(图1-8(b)).

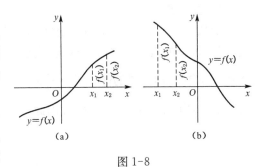

图 1-8

例如, 函数 $y = x^2$ 在区间 $[0, +\infty)$ 上是单调增加的, 而在 $(-\infty, 0)$ 上是单调减少的, 它在定义域 $(-\infty, +\infty)$ 上不是单调函数. 这里, $(-\infty, 0)$, $[0, +\infty)$ 都是 $y = x^2$ 的单调区间.

4. 函数的周期性

定义 5 设函数 $f(x)$ 的定义域为 D, 若存在 $l > 0$, 使得对任意 $x \in D$, 都有 $x \pm l \in D$, 且有

$$f(x + l) = f(x) \tag{1.2.4}$$

成立, 则称函数 $f(x)$ 是**周期函数**, l 称为 $f(x)$ 的**周期**.

由定义知, 若 l 是周期函数 $f(x)$ 的周期, 则对任何正整数 k, kl 也是 $f(x)$ 的周期. 通常, 周期函数 $f(x)$ 的周期 l 是指满足等式(1.2.4)的最小正数, 即为**最小正周期**. 例如, $y = \sin x$ 及 $y = \cos x$, $2k\pi(k = 1, 2, \cdots)$ 都是它们的周期, 其中 $2k\pi$ 的最小正数恰为 $2\pi(k = 1)$, 故把 2π 称为它们的周期. 由上述定义可知, 常值函数 $y = C(C$ 为定实数) 也是周期函数. 它可以取任意正实数作为周期. 但是, 这个周期函数却无最小正周期.

周期函数的图形有如下特征: 把周期函数在一个周期内的图形, 向左或向右移动周期的正整数倍的距离, 则它与相应部分的图形重合. 这样, 人们只要画出周期函数在一个周期内的图形, 并向两端无限平移, 就可得到周期函数的全部图形. 由此可知, 只要研究周期函数在一个周期②内的性质, 就可知晓周期函数在整个定义域 D 上的性质.

对于周期函数 $f(x)$ 而言, 若 $f(x)$ 是周期为 l 的函数, 则函数 $f(ax + b)(a > 0$, b 为常数) 是以 l/a 为周期的周期函数(证略).

例如, $y = \sin(5x + 1)$ 是周期为 $\dfrac{2\pi}{5}$ 的周期函数. 又如, $y = \cos^2 x = \dfrac{1 + \cos 2x}{2}$, 所以, $y = \cos^2 x$ 是周期为 π 的周期函数.

---

① 这里定义的是函数的严格单调性. 若把定义的条件中"$<$"改为"$\leqslant$"("$>$"改为"$\geqslant$"), 则称函数是**广义单调增加(单调减少)**的. 本书中今后都是指函数的严格单调性.

② 通常取关于原点对称的长度为一个周期的区间.

1.2.3 反函数与复合函数

1. 反函数

函数 $y = f(x)$ 反映了两个变量 x, y 之间的依赖关系,当自变量 x 取定一个值之后,因变量 y 的值也随之唯一确定. 但是,这种因果关系不是绝对的. 例如,当取球的半径 r 为自变量时,球的体积 $V = \dfrac{4}{3}\pi r^3$ 是 r 的函数. 反过来,如果先取定球的体积 V,通过上式便可唯一地确定半径 r. 因此,r 又能看成是以 V 为自变量的函数,其函数关系式为

$$r = \sqrt[3]{\frac{3V}{4\pi}}.$$

数学上称函数 $r = \sqrt[3]{\dfrac{3V}{4\pi}}$ 是函数 $V = \dfrac{4}{3}\pi r^3$ 的反函数,而函数 $V = \dfrac{4}{3}\pi r^3$ 称为直接函数.

下面给出反函数的定义.

定义 6 设函数 $y = f(x)$ 的定义域为 D,值域为 W. 若对于任一 $y \in W$,由 $y = f(x)$ 都能唯一地确定 $x \in D$ 的值与之对应,则 x 是 y 的函数,称此函数为 $y = f(x)$ 的**反函数**,记为 $x = \varphi(y)$ 或 $x = f^{-1}(y)$. 而称原来的函数 $y = f(x)$ 为**直接函数**.

由于一个函数与自变量及因变量用什么字母表示无关,为了研究方便,对于反函数 $x = \varphi(y)$(或 $x = f^{-1}(y)$),习惯上仍用 x 作为自变量,y 作为因变量,写成 $y = \varphi(x)$(或 $y = f^{-1}(x)$).

由反函数的定义知:反函数 $y = \varphi(x)$ 的定义域就是直接函数 $y = f(x)$ 的值域,而反函数的值域就是直接函数的定义域;函数 $y = f(x)$ 与 $y = \varphi(x)$ 互为反函数.

例 10 求函数 $y = 2x + 1$ 的反函数,并在同一直角坐标系中画出直接函数和反函数的图形.

解 由 $y = 2x + 1$ 解出 x,得 $x = \dfrac{1}{2}(y - 1)$. 它们的图形是同一条直线(图 1-9).

如果把 y 改为 x,x 改为 y,即得所求反函数为

$$y = \frac{1}{2}(x - 1), \quad x \in (-\infty, +\infty).$$

在同一直角坐标平面内,直接函数 $y = 2x + 1$ 与其反函数 $y = \dfrac{1}{2}(x - 1)$ 的图形就不是同一条直线,而是关于直线 $y = x$ 对称的两条不同的直线(图 1-9). 这个性质具有一般性.

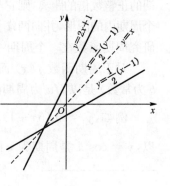

图 1-9

定理 1 在同一个平面直角坐标系中,函数 $y = f(x)$ 的图形与它的反函数 $y = \varphi(x)$ 的图形(图 1-10)关于直线 $y = x$ 对称.(证明从略)

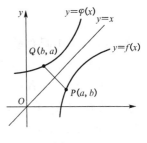

图 1-10

不是所有的函数都存在反函数.例如,函数 $y = x^2$ $(-\infty < x < +\infty)$,对任意给定的 $y \in [0, +\infty)$,有两个 $x = \pm\sqrt{y}$ 与之对应,所以它没有反函数.

那么,在什么条件下能保证反函数一定存在呢?下面叙述有关反函数的存在定理.

定理 2(反函数存在定理) 若函数 $y = f(x)$ 在某个区间上是单调增加(减少)的,则它的反函数 $x = \varphi(y)$(或记作 $y = \varphi(x)$)一定存在,且在相应的区间上也是单调增加(减少)的.(证明从略)

例如,前面说过,函数 $y = x^2$ 当 $x \in (-\infty, +\infty)$ 时,它不存在反函数.但是,若限制 $x \in [0, +\infty)$,此时 $y = x^2$ 单调增加,它存在反函数 $x = \sqrt{y}$(或记作 $y = \sqrt{x}$),且在相应的区间(即 $y = x^2$ 的值域)$[0, +\infty)$ 上也是单调增加的(图 1-11).

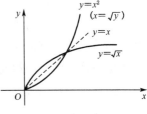

图 1-11

下面再举一个求反函数的例子.

例 11 求函数 $y = 3 + \log_2(x+2)$ 的反函数.

解 将 $y = 3 + \log_2(x+2)$ 变形,得 $\log_2(x+2) = y - 3$,$x + 2 = 2^{y-3}$,解得 $x = 2^{y-3} - 2$.再把 x 与 y 对调,即得所求的反函数为 $y = 2^{x-3} - 2$.

2. 复合函数

设 $y = u^2$ 及 $u = \sin x$,前者的定义域 $D_y = (-\infty, +\infty)$,后者的定义域 $D = (-\infty, +\infty)$,值域 $W = [-1, 1]$.对每个 $x = x_0 \in (-\infty, +\infty)$,有 $u_0 = \sin x_0 \in W \subset D_y$,即后者 $u = \sin x$ 的值域全部在前者 $y = u^2$ 的定义域中,所以可唯一确定 $y_0 = u_0^2 = \sin^2 x_0$ 与 x_0 对应.这样,由 $y = u^2$ 与 $u = \sin x$ 可构成一个新函数 $y = \sin^2 x$,并称 $y = \sin^2 x$ 是由 $y = u^2$ 与 $u = \sin x$ 复合而成的复合函数.

又如,设 $y = \sqrt{u}$ 及 $u = 1 - x^2$,前者的定义域 $D_y = [0, +\infty)$,后者的定义域 $D = (-\infty, +\infty)$,值域 $W = (-\infty, 1]$.这时,后者值域 W 中只有一部分 $[0, 1] \subset D_y$.这时,可取使得 $u = u_0 = 1 - x_0^2 \geqslant 0$ 的每个 $x = x_0$,便可唯一确定 $y = y_0 = \sqrt{u_0} = \sqrt{1 - x_0^2}$ 与 x_0 对应.于是,由 $y = \sqrt{u}$ 与 $u = 1 - x^2$ 可以构成一个新函数 $y = \sqrt{1 - x^2}$,称此函数为由 $y = \sqrt{u}$ 与 $u = 1 - x^2$ 复合而成的复合函数.

定义 7 设有函数 $y = f(u)$ 及函数 $u = \varphi(x)$,当 x 在 $u = \varphi(x)$ 的定义域内取值时,$u = \varphi(x)$ 的值域的全部或部分地包含在 $y = f(u)$ 的定义域内(这时 $u = \varphi(x)$ 的函数值全部或部分地使 $y = f(u)$ 有定义),从而通过 u 的联系,y 也是 x 的函数,则称此函数为由 $y = f(u)$ 与 $u = \varphi(x)$ 复合而成的**复合函数**,记作

$$y = f[\varphi(x)],$$

这里，u 称为**中间变量**.

从定义 7 可知，不是任何两个函数都可以构成复合函数的. 例如，函数 $y = \lg u$ 与函数 $u = -x^2$，前者定义域 $D = (0, +\infty)$，后者值域 $W = (-\infty, 0]$ 不在 $y = \lg u$ 的定义域 D 内，这样，对 $u = -x^2$ 的定义域中任一数值 x，所对应的函数值 u 都使 $y = \lg u$ 无定义. 因此，由 $y = \lg u$ 与 $u = -x^2$ 不能构成复合函数.

构成复合函数的函数可以多于两个. 例如，函数 $y = \sin u$，$u = \lg v$，$v = x^2$ 复合以后，构成复合函数 $y = \sin[\lg(x^2)]$，这里有两个中间变量 u，v. 又如，由函数 $y = \cos u$，$u = 10^v$，$v = w^3$，$w = \cot x$ 复合以后，构成复合函数 $y = \cos(10^{\cot^3 x})$，这里有三个中间变量 u，v，w.

从上面的讨论看到，几个函数在一定的条件下可以构成复合函数. 反过来，一个较为复杂的函数也可以通过适当地引入中间变量分解为若干个简单函数（即由一些基本初等函数，[①]或由基本初等函数与常数经四则运算所得的函数），因此可以把它看作是由这些简单函数复合而成的.

例如，函数 $y = \sqrt{1 + \ln^2 x}$ 可以看作是由函数 $y = \sqrt{u}$，$u = 1 + v^2$ 及 $v = \ln x$ 复合而成的复合函数. 其中 $y = \sqrt{u}$ 和 $v = \ln x$ 都是基本初等函数，$u = 1 + v^2$ 是幂函数 v^2 和常数 1 的和.

又如，函数 $y = \left(\arcsin \dfrac{x}{2}\right)^2$ 可以看作是由 $y = u^2$，$u = \arcsin v$，$v = \dfrac{x}{2}$ 复合而成的复合函数. 其中 $y = u^2$ 和 $u = \arcsin v$ 都是基本初等函数，$v = \dfrac{x}{2}$ 是常数 $\dfrac{1}{2}$ 与幂函数 x 的乘积.

最后，我们举两个有关利用函数及复合函数概念解题的例子.

例 12　设函数 $f(x)$ 的定义域为 $[-8, 8]$，求函数 $f(x^3)$ 的定义域.

解　设 $u = x^3$，则函数 $f(x^3)$ 可看作是由 $f(u)$ 和 $u = x^3$ 复合而成的复合函数. 由于 $f(u)$ 与 $f(x)$ 仅是自变量所用的字母不同，所以它们是同一函数. 于是，由已知条件知

$$-8 \leqslant u \leqslant 8, \quad 即 \quad -8 \leqslant x^3 \leqslant 8.$$

解此不等式，得 $-2 \leqslant x \leqslant 2$. 因此，函数 $f(x^3)$ 的定义域是闭区间 $[-2, 2]$.

例 13　设函数 $f(x) = \dfrac{x}{x-1}$（$x \neq 0$ 且 $x \neq 1$），求 $f\left(\dfrac{1}{f(x)}\right)$.

解　因为 $f\left(\dfrac{1}{f(x)}\right)$ 可看作是由函数 $f(u)$，$u = \dfrac{1}{v}$，$v = f(x)$ 复合而成的复合

---

①　参见 1.2.4 目.

函数,所以将 $v = f(x)$ 代入 $u = \dfrac{1}{v}$ 中,得

$$u = \frac{1}{f(x)} = \frac{1}{\dfrac{x}{x-1}} = \frac{x-1}{x} \quad (x \neq 0,\ x \neq 1).$$

再将 $u = \dfrac{x-1}{x}$ 代入 $f(u) = \dfrac{u}{u-1}$ 中,即得

$$f\left(\frac{1}{f(x)}\right) = f\left(\frac{x-1}{x}\right) = \frac{\dfrac{x-1}{x}}{\dfrac{x-1}{x}-1} = 1-x.$$

或者,根据函数概念,直接计算如下:

$$f\left(\frac{1}{f(x)}\right) = f\left(\frac{1}{\dfrac{x}{x-1}}\right) = f\left(\frac{x-1}{x}\right) = \frac{\dfrac{x-1}{x}}{\dfrac{x-1}{x}-1} = 1-x.$$

1.2.4 基本初等函数与初等函数

1. 基本初等函数

基本初等函数包括幂函数、指数函数、对数函数、三角函数和反三角函数.

(1) **幂函数** $y = x^{\mu}$(μ 是实数,$\mu \neq 0$).图 1-12 仅列出几个重要的幂函数的图形.

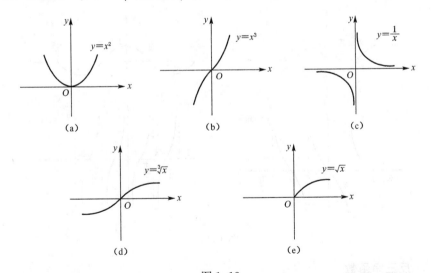

图 1-12

(2) **指数函数** $y = a^x$($a > 0$,$a \neq 1$,且 a 是常数).指数函数的图形如图

1-13(a) 所示.

（3）**对数函数** $y = \log_a x$（$a > 0, a \neq 1$，且 a 是常数）. 它是 $y = a^x$ 的反函数. 特别地，当 $a = e = 2.718281\cdots$ 时，称为**自然对数函数**，记作 $y = \ln x$，它是 $y = e^x$ 的反函数；当 $a = 10$ 时，称为**常用对数函数**，记作 $y = \lg x$. 对数函数的图形如图 1-13(b) 所示.

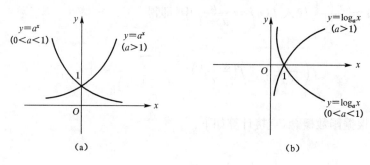

图 1-13

（4）**三角函数**

正弦函数	$y = \sin x$,	余弦函数 $y = \cos x$,
正切函数	$y = \tan x$,	余切函数 $y = \cot x$,
正割函数	$y = \sec x = \dfrac{1}{\cos x}$,	余割函数 $y = \csc x = \dfrac{1}{\sin x}$.

前 4 个函数的图形如图 1-14 所示.

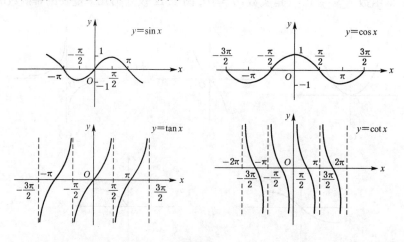

图 1-14

（5）**反三角函数**

反三角函数包括**反正弦函数** $y = \arcsin x$、**反余弦函数** $y = \arccos x$、**反正切函数** $y = \arctan x$ 和**反余切函数** $y = \operatorname{arccot} x$. 它们的图形如图 1-15 所示.

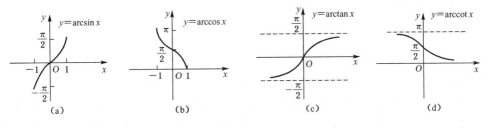

图 1-15

2. 初等函数

由基本初等函数及常数,经过有限次的四则运算和有限次复合步骤所构成,且可用一个数学式子表示的函数,称为**初等函数**.

例如,有理整函数

$$P_n(x) = a_0 x^n + a_1 x^{n-1} + \cdots + a_{n-1} x + a_n$$

(n 是正整数,a_0,a_1,$\cdots$,a_n 均是常数,$a_0 \neq 0$) 和有理函数

$$\frac{P_n(x)}{Q_m(x)} = \frac{a_0 x^n + a_1 x^{n-1} + \cdots + a_{n-1} x + a_n}{b_0 x^m + b_1 x^{m-1} + \cdots + b_{m-1} x + b_m}$$

($P_n(x)$,$Q_m(x)$ 都是有理整函数,且 $Q_m(x) \neq 0$) 都是初等函数. 再如,函数 $y = \arcsin e^{x^2}$,$y = \dfrac{x + \sin x}{\cos^2 x}$,$y = x + \sqrt{\ln(1 + \cos x)}$ 也都是初等函数.

注意 非初等函数是存在的. 如分段函数

$$y = f(x) = \begin{cases} e^{\sin x}, & x < 0, \\ x + 1, & x \geqslant 0 \end{cases}$$

就是非初等函数,它在定义域内不能用一个数学式子表示. 需要指出的是,有的初等函数也可表示为分段函数(如习题 1.2 第 3 题). 这就是说,不是所有的分段函数都是非初等函数.

1.2.5 建立函数关系式举例

用数学工具解决实际问题时,建立变量之间的函数关系极为重要. 下面将通过例题说明如何去建立函数关系.

例 14 某一商品,当此商品的价格提高时,其销售量便随之下降. 此商品的价格 p(元 / 件) 与销售量 Q(件) 的关系为一次函数

$$Q = -ap + b \quad (a, b \text{ 为待定的正数}).$$

已知当 $p = 10$(元 / 件) 时,销售 $Q = 1\,000$(件);当 $p = 20$(元 / 件) 时,销量 $Q = 400$(件). 试确定 a 和 b,并写出销售量 Q 与价格 p 的函数关系.

解 由题意得知

$$\begin{cases} 1\,000 = -10a + b, \\ 400 = -20a + b. \end{cases}$$

解此方程组,得 $a = 60$,$b = 1\,600$. 所以 $Q = -60p + 1\,600$.

例 15 某市天然气按如下规定收费:用气年度气量不超过 310 立方米时,单价为 3 元;超过 310 且不超过 520 立方米的部分,单价为 3.3 元;超过 520 立方米的部分,单价为 4.2 元. 试建立年度燃气费 y(元)与用气年度气量 x(立方米)之间的函数关系.

解 由题意可知,当 $0 < x \leqslant 310$ 时,年度燃气费 $y = 3x$;当 $310 < x \leqslant 520$ 时,年度燃气费 $y = 3 \times 310 + 3.3 \times (x - 310) = 3.3x - 93$;当 $x > 520$ 时,年度燃气费 $y = 3 \times 310 + 3.3 \times (520 - 310) + 4.2 \times (x - 520) = 4.2x - 561$. 于是,$y$ 是 x 的一个分段函数,即

$$y = \begin{cases} 3x, & 0 < x \leqslant 310, \\ 3.3x - 93, & 310 < x \leqslant 520, \\ 4.2x - 561, & x > 520. \end{cases}$$

在日常的经济活动中,经常会遇到分段函数的情形.

例 16 某商店以每件 a 元的价格出售某商品,若客户一次购买 50 件以上,超过 50 件且不超过 100 件的部分以 $0.8a$ 元的价格出售;若一次购买超出 100 件,则超出部分以 $0.6a$ 元的价格出售. 试建立一次成交的销售收入 y(元)与销售量 x(件)之间的函数关系.

解 设销售量(或客户购买量)为 x(件),则由题意知,当 $0 < x \leqslant 50$ 时,销售收入 $y = ax$;当 $50 < x \leqslant 100$ 时,销售收入 $y = 50a + 0.8a(x - 50) = 0.8ax + 10a$;当 $x > 100$ 时,销售收入 $y = 50a + 40a + 0.6a(x - 100) = 06ax + 30a$. 于是,$y$ 是 x 的一个分段函数,即

$$y = \begin{cases} ax, & 0 < x \leqslant 50, \\ 0.8ax + 10a, & 50 < x \leqslant 100, \\ 0.6ax + 30a, & x > 100. \end{cases}$$

习题 1.2

1. 求下列函数的定义域并用区间表示.

(1) $y = \sqrt{x^2 - 2x - 3}$;

(2) $y = \sqrt[3]{x} + \dfrac{x}{x^2 - 2x - 3}$;

(3) $y = \sqrt{3 - x} + \arcsin \dfrac{x - 2}{3}$;

(4) $y = \dfrac{x - 6}{\lg x} + \sqrt{25 - x^2}$;

(5) $y = \lg \dfrac{x}{x-2} + \sqrt{9-x^2}$；　　　　　　(6) $y = \begin{cases} \sqrt{4-x^2}, & |x| \leqslant 2, \\ 2x+5, & 2 < |x| \leqslant 5. \end{cases}$

2. 设函数

$$f(x) = \begin{cases} x+1, & -1 \leqslant x \leqslant \dfrac{\pi}{2}, \\ \sin x, & \dfrac{\pi}{2} < x \leqslant 2\pi. \end{cases}$$

(1) 求 $f(x)$ 的定义域，并指出它的分段点；

(2) 求 $f(0)$，$f\left(\dfrac{\pi}{2}\right)$，$f\left(\dfrac{3\pi}{2}\right)$，$f(2\pi)$；

(3) 画出它的图形.

3. 把函数 $y = 2 - \sqrt{(x-1)^2}$ 表示为分段函数，并指出它的分段点及定义域.

4. 下列各组函数是否相同？为什么？

(1) $y = \dfrac{x^2-4}{x-2}$ 与 $y = x+2$；　　　　　　(2) $y = \ln\dfrac{1+x}{1+x^2}$ 与 $y = \ln(1+x) - \ln(1+x^2)$；

(3) $y = \sqrt{x^2}$ 与 $y = (\sqrt{x})^2$；　　　　　　(4) $y = \cos(\arccos x)$ 与 $y = \arccos(\cos x)$.

5. 设 $f(t) = \dfrac{t-1}{t+1}$，试证：当 $t \neq 0$ 时，$f\left(\dfrac{1}{t}\right) = -f(t)$.

6. 下列函数在其定义域内是否有界？为什么？

(1) $y = \ln(1+x)$；　　　　　　(2) $y = \dfrac{\sin x}{1+x^2}$；

(3) $y = x\sin 2x$；　　　　　　(4) $y = \dfrac{1}{1+e^x}$.

7. 下列各函数中，哪些是奇函数？哪些是偶函数？哪些是既非奇又非偶的函数？

(1) $y = \dfrac{\sin x}{x}$；　　　　　　(2) $y = x\sin\left(x + \dfrac{\pi}{2}\right)$；

(3) $y = \ln\left(x + \sqrt{x^2+1}\right)$；　　　　　　(4) $y = xf(x^2)$；

(5) $y = x(x-1)$；　　　　　　(6) $y = x\left(\dfrac{1}{2^x+1} - \dfrac{1}{2}\right)$.

8. 函数 $y = |x-1|$ 在其定义域内是否为单调函数？若不是，指出它的单调区间.

9. 下列函数中，哪些是周期函数？对于周期函数，指出其周期.

(1) $y = \sin^2 x + 1$；　　　　　　(2) $y = 8\cos\left(5x + \dfrac{\pi}{6}\right)$；

(3) $y = x\cos x$；　　　　　　(4) $y = 1 + \cot(\pi x)$.

10. 设函数 $f(x)$ 的定义域为 $(-\infty, +\infty)$，令函数 $g(x) = f(x) + f(-x)$，$h(x) = f(x) - f(-x)$. 试证 $g(x)h(x)$ 为奇函数.

11. 求下列函数的反函数，并找出反函数的定义域和值域.

(1) $y = 2 + \lg(x+1)$；　　　　(2) $y = 3 + \sqrt{x}$；　　　　(3) $y = \dfrac{x-1}{x+1}$.

12. 下列各组函数能否构成复合函数？如能，则写出复合函数并指出它的定义域；如不能，试说明理由.

(1) $y = \arcsin u$，$u = 2 - x^2$；　　　　　　(2) $y = e^u$，$u = 2\ln x$；

(3) $y = 1 - u^2$, $u = \dfrac{x-2}{2x+1}$;　　　　　(4) $y = \sqrt{u}$, $u = \cos x - 2$.

13. 设 $f(10^x) = x$, 求 $f(2)$.

14. 设 $f(x) = x^2$, $g(x) = 2^x$, 求 $f[g(x)]$.

15. 设 $f(x)$ 的定义域是 $[-4, 4]$, 求下列复合函数的定义域.

(1) $f(\sqrt{x})$;　　　　　(2) $f(\sin x)$;

(3) $f(x^3 - 1)$;　　　　　(4) $f(\ln x)$.

16. 设 $f(x) = x^2 - 1$, $\varphi(x) = \arcsin x$, 求 $f[\varphi(x)]$, $\varphi[f(x)]$, 并求它们的定义域.

17. 下列函数中, 哪些是初等函数? 哪些不是初等函数?

(1) $y = \dfrac{e^x}{x+1}$;　　　　　(2) $y = \begin{cases} x+1, & 0 \leqslant x \leqslant 1, \\ 2-x, & 1 < x \leqslant 2; \end{cases}$

(3) $y = \ln\left(\arctan\dfrac{e^x - 1}{x^2 + x + 1} + \sqrt{x-1}\right)$;　　(4) $y = [x]$.

18. 在半径为 r 的球内嵌入一个内接圆柱, 试将圆柱的体积表示为其高的函数, 并确定此函数的定义域.

19. 某客户有本金 A 元存入银行. 若存满 1 年, 按年利率 3.5% 计息; 若提前支取 (天数 $t \leqslant 364$), 按活期利率 0.5% 计息. 试建立在 1 年内客户存款利息 y(元) 与存期 t(天) 之间的函数关系 (假定 1 年为 365 天), 并写出函数的定义域.

20. 火车站收取行李费规定如下: 当行李不超过 50 kg 时, 按基本运费计算, 如从上海到某地收 0.15 元 /kg; 当超过 50 kg 时, 超重部分按 0.25 元 /kg 收费. 试求运费 y(元) 与行李重量 x(kg) 之间的函数关系式, 并作出函数的图形.

答　案

1. (1) $(-\infty, -1] \cup [3, +\infty)$;　(2) $(-\infty, -1) \cup (-1, 3) \cup (3, +\infty)$;

   (3) $[-1, 3]$;　(4) $(0, 1) \cup (1, 5]$;　(5) $[-3, 0) \cup (2, 3]$;　(6) $[-5, 5]$.

2. (1) 定义域: $[-1, 2\pi]$, 分段点: $x = \dfrac{\pi}{2}$;

   (2) $f(0) = 1$, $f\left(\dfrac{\pi}{2}\right) = \dfrac{\pi}{2} + 1$, $f\left(\dfrac{3\pi}{2}\right) = -1$, $f(2\pi) = 0$;

   (3) 略.

3. $y = \begin{cases} x+1, & -\infty < x < 1, \\ 3-x, & 1 \leqslant x < +\infty, \end{cases}$ 分段点: $x = 1$, 定义域: $(-\infty, +\infty)$.

4. (1) 不同;　(2) 相同;　(3) 不同;　(4) 不同.

5. 略.

6. (1) 无界;　(2) 有界;　(3) 无界;　(4) 有界.

7. (1) 偶函数;　(2) 奇函数;　(3) 奇函数;　(4) 奇函数;

   (5) 非奇、非偶函数;　(6) 偶函数.

8. 非单调函数; 它在区间 $(-\infty, 1)$ 内单调减少; 而在 $[1, +\infty)$ 上单调增加.

9. (1) 是. 周期为 π;　(2) 是. 周期为 $\dfrac{2\pi}{5}$;　(3) 不是周期函数;　(4) 是. 周期为 1.

10. 略.

11. (1) $y = 10^{x-2} - 1$,定义域:$(-\infty, +\infty)$,值域:$(-1, +\infty)$;

    (2) $y = x^2 - 6x + 9$,定义域:$[3, +\infty)$,值域:$[0, +\infty)$;

    (3) $y = \dfrac{1+x}{1-x}$,定义域:$(-\infty, 1) \bigcup (1, +\infty)$,值域:$(-\infty, -1) \bigcup (-1, +\infty)$.

12. (1) 能,$y = \arcsin(2 - x^2)$,定义域:$[1, \sqrt{3}] \bigcup [-\sqrt{3}, -1]$;

    (2) 能,$y = e^{2\ln x} = x^2$,定义域:$(0, +\infty)$;

    (3) 能,$y = 1 - \left(\dfrac{x-2}{2x+1}\right)^2$,定义域:$\left(-\infty, -\dfrac{1}{2}\right) \bigcup \left(-\dfrac{1}{2}, +\infty\right)$;

    (4) 不能,因为 $u = \cos x - 2$ 的值域 $[-3, -1]$ 不在 $y = \sqrt{u}$ 的定义域内.

13. $f(2) = \lg 2$.   14. $f[g(x)] = 2^{2x}$.

15. (1) $[0, 16]$;   (2) $(-\infty, +\infty)$;   (3) $[-\sqrt[3]{3}, \sqrt[3]{5}]$;   (4) $[e^{-4}, e^4]$.

16. $f[\varphi(x)] = (\arcsin x)^2 - 1$,定义域:$[-1, 1]$;$\varphi[f(x)] = \arcsin(x^2 - 1)$,定义域:$[-\sqrt{2}, \sqrt{2}]$.

17. (1)(3)是初等函数;(2)(4)不是初等函数.

18. 体积 $V = \pi h \left(r^2 - \dfrac{h^2}{4}\right), 0 < h < 2r$.

19. $y = \begin{cases} \dfrac{0.005}{365} At, & \text{当 } t = 1, 2, \cdots, 364, \\ 0.035A, & \text{当 } t = 365, \end{cases}$ 定义域:$\{1, 2, \cdots, 365\}$.

20. $y = \begin{cases} 0.15x, & 0 < x \leqslant 50, \\ 0.25x - 5, & x > 50 \end{cases}$ (图略).

1.3 数列的极限

    早在我国魏晋时代(公元 3 世纪),著名数学家刘徽便提出了利用单位圆的内接正多边形的面积来计算单位圆面积的方法 —— 刘徽"割圆术". 刘徽曾从单位圆内接正六边形出发,每次把边数加倍,以便得出边数更多的内接正 n 边形. 显然,当边数无限增多(n 无限增大)时,正 n 边形的面积 S_n 就无限地接近于单位圆的面积. 刘徽曾正确地计算出内接正 3072 边形的面积,从而得出单位圆面积的近似值 3.1416(圆周率 π 的近似值).

    "割圆术"是数列极限的一个实例,它体现了从有限向无限的转化,蕴含着朴素的极限思想. 因此我们先学习数列的概念及其性质,然后着重讨论数列的极限.

1.3.1 数列的概念及其性质

1. 数列的概念

定义 1   按一定法则,依正整数次序排列的无穷多个数

$$x_1, x_2, \cdots, x_n, \cdots \tag{1.3.1}$$

称为**数列**,其中每一个数称为数列的**项**. 第 n 项 x_n 称为数列的**通项**(或**一般项**),下标 $n(n = 1, 2, 3, \cdots)$ 称为数列的**项数**. 数列式(1.3.1)可简记为 $\{x_n\}$ 或 $x_n(n = 1,$

2，…）. 例如

$$\frac{1}{2}, \frac{2}{3}, \frac{3}{4}, \cdots, \frac{n}{n+1}, \cdots, \quad \text{通项为} \frac{n}{n+1};$$

$$1, -1, 1, \cdots, (-1)^{n-1}, \cdots, \quad \text{通项为} (-1)^{n-1};$$

$$2, 7, -6, \cdots, (-1)^n n^2 + 3, \cdots, \quad \text{通项为} (-1)^n n^2 + 3;$$

$$1, \frac{5}{2}, \frac{5}{3}, \frac{9}{4}, \frac{9}{5}, \cdots, \frac{2n+(-1)^n}{n}, \cdots, \quad \text{通项为} \frac{2n+(-1)^n}{n}$$

等都是数列.

当数列的项数 n 在正整数集 $\{1, 2, \cdots\}$ 中任取一个数值时，数列的项 x_n 被唯一地确定. 按照函数的定义，x_n 也可看作是下标 n 的函数，也称**整标函数**，记作

$$x_n = f(n) \quad (n = 1, 2, \cdots).$$

例如，上面列举的 4 个数列，就分别给出 4 个相应的整标函数：

$$x_n = \frac{n}{n+1}, \ x_n = (-1)^{n-1}, \ x_n = (-1)^n n^2 + 3,$$

$$x_n = \frac{2n+(-1)^n}{n} \quad (n = 1, 2, \cdots).$$

从而研究数列也就可以转化为研究整标函数. 反之，给出了整标函数，也即给出了数列的通项 x_n，便可依次写出数列 $\{x_n\}$ 的项.

2. 数列的性质

类似于函数的有界性与单调性的讨论，数列也具有下列性质.

(1) 有界性

若存在某一正数 M，使得数列 $\{x_n\}$ 中的每一项 x_n，都有

$$|x_n| \leqslant M$$

成立，则称数列 $\{x_n\}$ 是**有界**的；否则，若不存在这样的正数 M，则称数列 $\{x_n\}$ 是**无界**的.

例如，数列 $\left\{\frac{1}{n}\right\}, \{(-1)^{n-1}\}, \left\{\frac{2n+(-1)^n}{n}\right\}$ 都是有界的，而数列 $\{(-1)^n n\}$ 则是无界的.

(2) 单调性

若数列 $\{x_n\}$ 满足条件：

$$x_1 \leqslant x_2 \leqslant \cdots \leqslant x_n \leqslant x_{n+1} \leqslant \cdots,$$

则称数列 $\{x_n\}$ 是**单调增加**的.

若数列 $\{x_n\}$ 满足条件：

$$x_1 \geqslant x_2 \geqslant \cdots \geqslant x_n \geqslant x_{n+1} \geqslant \cdots,$$

则称数列 $\{x_n\}$ 是**单调减少**的.

例如，数列 $\left\{\dfrac{n}{n+1}\right\}$ 是单调增加的，而数列 $\left\{\dfrac{1}{n}\right\}$ 是单调减少的.

单调增加或单调减少的数列，统称为**单调数列**[①].

1.3.2 数列的极限

讨论数列的极限，直观地讲，就是讨论当项数 n 无限增大时，数列 $\{x_n\}$ 的通项 x_n 的变化趋势. 观察上一目中所列举的 4 个数列，可以发现：

数列 $\left\{\dfrac{n}{n+1}\right\}$，当 n 无限增大时，通项 $x_n = \dfrac{n}{n+1}$ 无限接近于 1；数列 $\left\{\dfrac{2n+(-1)^n}{n}\right\}$，当 n 无限增大时，通项 $x_n = \dfrac{2n+(-1)^n}{n} = 2 + \dfrac{(-1)^n}{n}$ 无限接近于 2；数列 $\{(-1)^{n-1}\}$，当 n 无限增大时，通项 $x_n = (-1)^{n-1}$ 有时等于 1，有时等于 -1，通项 x_n 不接近于任何确定的常数；而数列 $\{(-1)^n n^2 + 3\}$，当 n 无限增大时，通项 x_n 的绝对值 $|x_n| = |(-1)^n n^2 + 3| \geqslant |(-1)^n n^2| - 3 = n^2 - 3$ 可无限增大，因此，通项 $x_n = (-1)^n n^2 + 3$ 也不接近于任何确定的常数.

由上面列举的 4 个数列可以看到，当 n 无限增大时，数列通项 x_n 的变化趋势只有两种情况：无限接近于某个确定的常数，或者不接近于任何确定的常数. 由此，可得到数列极限的直观定义.

定义 2 若当数列 $\{x_n\}$ 的项数 n 无限增大时，其通项 x_n 无限接近于某个确定的常数 a，则称数列 $\{x_n\}$ **收敛于 a**，或称数列 $\{x_n\}$ **极限存在**，且极限是 a，记作

$$\lim_{n\to\infty} x_n = a \quad \text{或} \quad x_n \to a \quad \text{（当 } n \to \infty \text{ 时）.}$$

若当数列 $\{x_n\}$ 的项数 n 无限增大时，其通项 x_n 不接近于任何确定的常数，则称数列 $\{x_n\}$ **发散**，或称数列 $\{x_n\}$ **极限不存在**（或没有极限），简记成

$$\lim_{n\to\infty} x_n \text{ 不存在.}$$

特别地，当 $n \to \infty$ 时，$|x_n|$ 无限增大而使数列 $\{x_n\}$ 极限不存在，则也可简记为

$$\lim_{n\to\infty} x_n = \infty.$$

虽然这时习惯上也称极限是无穷大，但是仍属于数列没有极限的情况. 对照 1.3.1 目中列举的 4 个数列，分别有

---

① 这里定义的是**广义的单调数列**. 就是说，在条件中也可以包括等号成立的情形. 本书中所提及的都是广义的单调数列.

$$\lim_{n \to \infty} \frac{n}{n+1} = 1; \quad \lim_{n \to \infty} (-1)^{n-1} \text{ 不存在}; \quad \lim_{n \to \infty} [(-1)^n n^2 + 3] = \infty;$$

$$\lim_{n \to \infty} \frac{2n + (-1)^n}{n} = 2.$$

上述极限定义是不够精确的,一是由于当 n 无限增大时,未给出数列 $\{x_n\}$ 的通项 x_n 无限接近于常数 a 的衡量标准;二是由于没有给出反映 x_n 与 a 接近的程度与下标 n 之间的关系. 为此,我们先从几何上解释数列 $\{x_n\}$ 的极限是 a 的含义. 数列 $\{x_n\}$ 可看成数轴上一个有序的、无穷多个点 $x_n(n=1, 2, \cdots)$,点 x_n 与 a 接近程度可用它们之间的距离 $|x_n - a|$ 来衡量. x_n 无限接近于 a,意即距离 $|x_n - a|$ 可以任意地小. 于是,对于预先任意给定的正数 ε(无论多么小),总有数列中从某个 N 项开始后的所有点 $x_n(n > N)$,使得点 x_n 与 a 的距离小于 ε,即有不等式

$$|x_n - a| < \varepsilon$$

成立,不等式 $|x_n - a| < \varepsilon$ 可以用来描述 x_n 无限接近于 a 的程度. 另外,上述不等式是在 n 无限增大 $(n > N)$ 时才成立,至于 n 要增大到什么程度(即如何选取某个正整数 N),显然与给定的正数 ε 有关. 一般地说,ε 越小,则 n 就越大. 为了具体说明 n 与 ε 的关系,下面考察数列

$$\left\{ \frac{2n + (-1)^n}{n} \right\}.$$

由前面的讨论及定义 2 可知,该数列的极限是 2. 因此,当 n 无限增大时,点 x_n 与 2 的距离

$$|x_n - 2| = \left| \frac{2n + (-1)^n}{n} - 2 \right| = \left| \frac{(-1)^n}{n} \right| = \frac{1}{n}$$

可以任意地小. 例如给定 $\varepsilon = \frac{1}{100}$,则由不等式 $\frac{1}{n} < \frac{1}{100}$ 知,只要 $n > 100$,即从第 101 项起,以后所有的点 $x_n : x_{101}, x_{102}, \cdots, x_n, \cdots$ 与 2 的距离均小于 $\frac{1}{100}$,即有 $|x_n - 2| < \frac{1}{100}$. 如果给定 $\varepsilon = \frac{1}{100\,000}$,则由不等式 $\frac{1}{n} < \frac{1}{100\,000}$ 知,只要 $n > 100\,000$,即从第 $100\,001$ 项起,以后所有的点 $x_n : x_{100\,001}, x_{100\,002}, \cdots, x_n, \cdots$ 与 2 的距离均小于 $\frac{1}{100\,000}$,即有 $|x_n - 2| < \frac{1}{100\,000}$. 一般地,如果任意给定一个正数 ε,由不等式 $\frac{1}{n} < \varepsilon$,可解得 $n > \frac{1}{\varepsilon}$,然后取定一个大于(或等于)$\frac{1}{\varepsilon}$ 的正整数 N,则当 $n > N$ 时,即从第 $N+1$ 项起,以后所有的点:$x_{N+1}, x_{N+2}, \cdots, x_n, \cdots$ 与 2 的距离均小于 ε,即有 $|x_n - 2| < \varepsilon$.

由上面的讨论推知,数列$\{x_n\}$的极限是a,可以用下面的方式来刻画:对于任意给定的正数ε(不论它怎样小),我们总能找到一个正整数N,使得一切下标大于N(即$n>N$)的点x_n与点a的距离均小于ε,即有$|x_n-a|<\varepsilon$(图1-17).

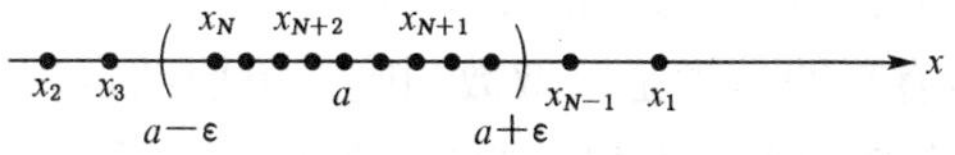

图 1-17

因此,数列极限的精确定义可叙述如下:

定义 3 设有数列$\{x_n\}$及常数a.如果对于任意给定的正数ε(不论它多么小),总存在正整数N,使得对于下标满足$n>N$的一切x_n,不等式

$$|x_n-a|<\varepsilon$$

都成立,则称常数a是数列$\{x_n\}$的**极限**,或称数列$\{x_n\}$**收敛于**a,记作

$$\lim_{n\to\infty}x_n=a \quad 或 \quad x_n\to a(当\,n\to\infty\,时).$$

此定义比较抽象,读者在学习时应深刻理解"对于任意给定的正数ε"这句话.这句话有两层含义:ε是任意的,又是可以给定的.首先,ε是任意的,只有这样,才能通过不等式$|x_n-a|<\varepsilon$表达出随着n的无限增大,点x_n与a的距离(即$|x_n-a|$)可以任意地小;其次,ε是可以给定的,一旦ε给定,就能找到与ε有关的正整数N(显然,N不是唯一的).

例 1 证明$\lim\limits_{n\to\infty}\dfrac{3n+2}{n}=3$.

证明 因为

$$\left|\frac{3n+2}{n}-3\right|=\frac{2}{n},$$

所以,对于任意给定的正数ε,要使$\left|\dfrac{3n+2}{n}-3\right|=\dfrac{2}{n}<\varepsilon$,只要$\dfrac{2}{n}<\varepsilon$,即$n>\dfrac{2}{\varepsilon}$.

故只要取正整数$N\geqslant\dfrac{2}{\varepsilon}$,则当$n>N$时,就有

$$\left|\frac{3n+2}{n}-3\right|<\varepsilon$$

成立.因此

$$\lim_{n\to\infty}\frac{3n+2}{n}=3.$$

1.3.3 收敛数列的性质及数列极限存在的单调有界准则

收敛数列具有下列性质(证明从略):

定理 1　如果数列 $\{x_n\}$ 收敛,那么,它的极限是唯一的.

定理 2　如果数列 $\{x_n\}$ 收敛于 a,则数列 $\{x_n\}$ 一定有界.

定理 2 的逆定理是不成立的,也就是说,数列 $\{x_n\}$ 有界并不能保证它一定收敛.例如,数列 $\{(-1)^{n-1}\}$ 是有界的,但它是发散的.

那在什么条件下,有界的数列是收敛数列呢? 下面的定理回答了这个问题.

定理 3(数列极限存在的单调有界准则)　如果 $\{x_n\}$ 是单调有界的数列,则数列 $\{x_n\}$ 的极限必存在,即 $\{x_n\}$ 一定收敛.

此定理的证明已超出本书的范围,证明从略,我们仅从几何上说明.

数列 $\{x_n\}$ 的有界性表明,数列的点 $x_n(n=1,2,3,\cdots)$ 无一例外地均落在区间 $[-M,M]$ 上.如果数列还是单调增加的,即有

$$x_1 \leqslant x_2 \leqslant x_3 \leqslant \cdots \leqslant x_n \leqslant \cdots,$$

那么,随着下标 n 的增大,点 x_n 也在 x 轴上逐渐向右移动,但它们绝不会跑到点 M 的右边.因此,当 n 无限增大时,点 x_n 必然从左边无限接近于某一个点 a(a 可能是 M,也可能在 M 的左边)(图 1-18),也就是说,数列 $\{x_n\}$ 收敛于 a.

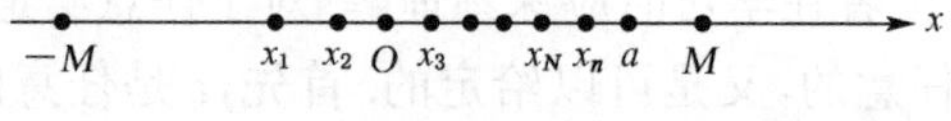

图 1-18

同样,如果数列 $\{x_n\}$ 不仅是有界的,而且还是单调减少的,那么,当 n 无限增大时,点 x_n 将无限向左移动,但不会跑到点 $-M$ 的左边,所以,它们将无限接近于某一点 a',因此,数列 $\{x_n\}$ 收敛于 a'.

最后,我们来观察数列 $\left\{\left(1+\dfrac{1}{n}\right)^n\right\}$. 表 1-1 列出了此数列一些项的值.

表 1-1

n	1	2	4	5	$\cdots$	10	20	100	1 000	10 000	$\cdots$
x_n	2	2.25	2.441	2.488	$\cdots$	2.593	2.653	2.705	2.717	2.718	$\cdots$

由表 1-1 可见,当 n 增大时,对应项的值也在增大,且不会超过 3[①]. 所以,数列 $\left\{\left(1+\dfrac{1}{n}\right)^n\right\}$ 是单调有界数列,根据定理 3 知,数列 $\left\{\left(1+\dfrac{1}{n}\right)^n\right\}$ 的极限存在.

习惯上,我们把数列 $\left\{\left(1+\dfrac{1}{n}\right)^n\right\}$ 的极限记为 e,即

$$\lim_{n\to\infty}\left(1+\frac{1}{n}\right)^n = e \tag{1.3.1}$$

---

① 此结论的证明从略.

(数 e 是一个无理数, e＝2.718 281 828 459 045…).

公式(1.3.1)是一个重要的极限, 利用它可以解决一些求极限的问题. 在 1.6 节中, 我们将看到公式还有更多的推广和应用.

习题 1.3

1. 通过观察, 下列数列哪些收敛? 哪些发散? 并求收敛数列的极限.

(1) $\left\{\dfrac{(-1)^n}{n+1}\right\}$; (2) $\left\{(-1)^n\dfrac{n}{n+1}\right\}$; (3) $\left\{\left(\dfrac{3}{4}\right)^n+1\right\}$; (4) $\{q^n\}(|q|<1)$;

(5) $\{2^n\}$.

2. 设数列的通项 $x_n = 0.\underbrace{99\cdots9}_{n\uparrow}$, 问:

(1) $\lim\limits_{n\to\infty}x_n$ 的大小;

(2) 对于 $\varepsilon = 0.001$, 找出正整数 N, 使当 $n > N$ 时, x_n 与其极限之差的绝对值小于 ε.

3. 证明 $\lim\limits_{n\to\infty}\dfrac{2}{n} = 0$.

答　案

1. (1) 收敛, 极限为 0;　(2) 发散;　(3) 收敛, 极限为 1;　(4) 收敛, 极限为 0;　(5) 发散.

2. (1) 1, 其中 $x_n = 1-\dfrac{1}{10^n}$;　(2) $N\geqslant 3$.

3. 略.

1.4　函数的极限

上节中讨论的数列极限, 实际上是函数极限的特例, 因为若把数列 $\{x_n\}$ 看作是整标函数 $x_n = f(n)$, 则它是以正整数 n 为自变量的函数. 于是, 定义数列极限的思想方法也可用于一般的函数极限. 由于一般的函数 $f(x)$ 的自变量 x 变化的方式较多, 随着自变量 x 变化过程的不同, 函数 $f(x)$ 的极限的定义就有不同的形式. 因此, 我们需要分类去定义函数 $f(x)$ 的极限.

1.4.1　自变量趋向于无穷大时函数的极限

把数列 $\{x_n\}$ 的极限推广到函数 $f(x)$ 的情形. 考虑当自变量的绝对值 $|x|$ 无限增大(用 $x\to\infty$ 表示, 读作 x 趋向于无穷大)时的这一变化过程中函数 $f(x)$ 的极限. 为此, 我们假设对于满足不等式 $|x|>M\,(M>0)$ 的一切 x, $f(x)$ 有定义. 如果当 $x\to\infty$ 时, 相应的函数值 $f(x)$ 无限接近于某个确定的常数 A, 则称当 $x\to\infty$ 时, 函数 $f(x)$ **极限存在, 且极限是 A**.

类似于数列极限, 可以得到下面的精确定义.

定义 1 设函数 $f(x)$ 在 $|x| > M$ $(M > 0)$ 内有定义，A 是某个确定的常数. 如果对于任意给定的正数 ε（不论它多么小），总存在正数 X $(X > M)$，当 $|x| > X$ 时，恒有不等式

$$|f(x) - A| < \varepsilon$$

成立，则称常数 A 是函数 $f(x)$ 当 $x \to \infty$ 时的**极限**，记作

$$\lim_{x \to \infty} f(x) = A \quad 或 \quad f(x) \to A \text{（当 } x \to \infty \text{ 时）}.$$

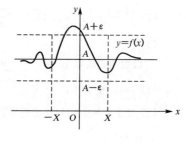

图 1-19

这类极限的几何解释如下：在直角坐标系中，如果点 x 沿 x 轴的正、负两个方向无限移动，那么，函数 $f(x)$ 的图形将无限接近于直线 $y = A$（此时，直线 $y = A$ 称为函数 $f(x)$ 的图形的**水平渐近线**）. 现在，任意给定一个正数 ε，在平面上作出两条直线 $y = A + \varepsilon$ 和 $y = A - \varepsilon$. 由图 1-19 可以看到，一定能在 x 正半轴上找到一点 X，使得函数 $f(x)$ 相应于两个区间 $(-\infty, -X)$ 及 $(X, +\infty)$ 内的图形完全落在直线 $y = A + \varepsilon$ 和 $y = A - \varepsilon$ 之间. 由图 1-19 还可看出，X 是与 ε 密切相关的. 一般地说，当 ε 越小，X 会越大，但它不是唯一的.

例 1 证明 $\lim\limits_{x \to \infty} c = c$（$c$ 为常数）.

证明 因为 $\qquad |f(x) - A| = |c - c| = 0,$

故对于任意给定的正数 ε，可取 X 为任何正数，则当 $|x| > X$ 时，恒有不等式

$$|f(x) - A| = |c - c| = 0 < \varepsilon$$

成立. 所以

$$\boxed{\lim_{x \to \infty} c = c.}$$

$(1.4.1)$

例 2 试证 $\lim\limits_{x \to \infty} \dfrac{1}{x^n} = 0$（$n$ 为正整数）.

证明 因为

$$\left| \frac{1}{x^n} - 0 \right| = \frac{1}{|x|^n},$$

所以，对于任意给定的正数 ε（无论多么小），要使 $\left| \dfrac{1}{x^n} - 0 \right| < \varepsilon$，只要

$$\frac{1}{|x|^n} < \varepsilon, \quad 即 \quad |x| > \frac{1}{\sqrt[n]{\varepsilon}}.$$

可取 $X = \dfrac{1}{\sqrt[n]{\varepsilon}}$，则当 $|x| > X$ 时，都有不等式

$$\left| \frac{1}{x^n} - 0 \right| < \varepsilon$$

成立. 因此

$$\lim_{x \to \infty} \frac{1}{x^n} = 0 \quad (n \text{ 为正整数}).$$ (1.4.2)

下面介绍两个单边极限. 如果当 $x > 0$ 且 x 无限增大(用 $x \to +\infty$ 表示, 读作 x 趋向于正无穷大) 时, 那么只要把定义 1 中的 $|x| > X$ 改成 $x > X$, 就可得到 $\lim\limits_{x \to +\infty} f(x) = A$ 的定义. 同样, 如果当 $x < 0$ 且 $|x|$ 无限增大(用 $x \to -\infty$ 表示, 读作 x 趋向于负无穷大) 时, 那么只要把定义 1 中的 $|x| > X$ 改为 $x < -X$, 便得 $\lim\limits_{x \to -\infty} f(x) = A$ 的定义.

当 $x \to \infty$ 时, $f(x)$ 的极限与两个单边极限的关系, 有下面的定理:

定理 1　$\lim\limits_{x \to \infty} f(x) = A$ 的充分必要条件是: 两个单边极限 $\lim\limits_{x \to +\infty} f(x)$ 及 $\lim\limits_{x \to -\infty} f(x)$ 均存在, 且

$$\lim_{x \to +\infty} f(x) = \lim_{x \to -\infty} f(x) = A.$$

(证明从略)

1.4.2　自变量趋近于有限值时函数的极限

1. $x \to x_0$ 时 $f(x)$ 的极限

先看一个例子. 设有函数 $f(x) = \dfrac{x^2 - 1}{x - 1}$, 现考察当自变量 x 无限趋近于 1 时, 相应的函数值 $f(x)$ 变化的情形.

函数 $f(x) = \dfrac{x^2 - 1}{x - 1}$ 的定义域是 $x \neq 1$ 的一切实数. 当 $x \neq 1$ 时, $f(x) = \dfrac{x^2 - 1}{x - 1} = x + 1$, 因此, 函数 $f(x)$ 的图形是除去点 $(1, 2)$ 的直线 (图 1-20). 由图 1-20 可看到, 当 x 从 1 的左、右两侧沿 x 轴无限趋近于 1 时, 点 $(x, f(x))$ 就沿直线 $y = x + 1$ 无限接近于点 $(1, 2)$, 相应地, $f(x)$ 就沿 y 轴无限接近于 2. 这时, 也称当自变量 x 趋近于 1 时, 函数 $f(x) = \dfrac{x^2 - 1}{x - 1}$ 极限存在, 且极限是 2.

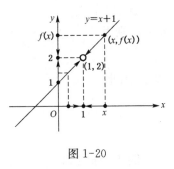

图 1-20

一般地, 设 x_0 是一定值, 函数 $f(x)$ 在 x_0 的某个去心邻域(由上面的例子看到 x_0 需除外) 内有定义. 如果当自变量 x 无限趋近于 x_0 (记作 $x \to x_0$) 时, 相应的函数值 $f(x)$ 无限接近于某个确定的常数 A (记作 $f(x) \to A$), 则称 A 是 $f(x)$ 当 $x \to x_0$ 时

的极限.

如 1.4.1 目所讨论的那样，$f(x) \to A$ 可用不等式 $|f(x) - A| < \varepsilon$ 来表示；$x \to x_0(x \neq x_0)$ 可用不等式 $0 < |x - x_0| < \delta$（δ 是与 ε 有关的正常数）来表示. 因此，当 $x \to x_0$ 时，函数极限的定义叙述如下：

定义 2　设函数 $f(x)$ 在 x_0 的某个去心邻域内有定义，A 是某个确定的常数. 如果对于任意给定的正数 ε（不论多么小），总存在正数 δ，当 $0 < |x - x_0| < \delta$ 时，恒有不等式

$$|f(x) - A| < \varepsilon$$

成立，则称常数 A 是函数 $f(x)$ 当 $x \to x_0$ 时的**极限**，记作

$$\lim_{x \to x_0} f(x) = A \quad 或 \quad f(x) \to A \quad （当 x \to x_0 时）.$$

要说明的是，定义中 $0 < |x - x_0|$，即 $x \neq x_0$，所以当 $x \to x_0$ 时，函数 $f(x)$ 有没有极限与 $f(x)$ 在点 x_0 处是否有定义，有定义时 $f(x_0)$ 取什么值都没有关系.

下面从几何上来解释当 $x \to x_0$ 时 $f(x) \to A$ 的含义. 设 ε 是任意给定的一个正数，在平面上作两条直线 $y = A + \varepsilon$ 和 $y = A - \varepsilon$. 由图 1-21 可以看到，我们总能找到点 x_0 的一个 δ-邻域 $(x_0 - \delta, x_0 + \delta)$，使得相应于这个邻域内的一切 x（x_0 除外），对应于函数 $f(x)$ 的图形上的点 $(x, f(x))$ 都将落在直线 $y = A - \varepsilon$ 和 $y = A + \varepsilon$ 之间（即图 1-21 中有阴影线的部分）.

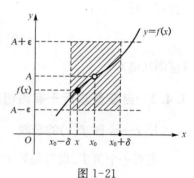

图 1-21

例 3　证明 $\lim_{x \to x_0} x = x_0$.

证明　因为 $|f(x) - A| = |x - x_0|$，所以，对于任意给定的正数 ε，总可取 $\delta = \varepsilon$，则当 $0 < |x - x_0| < \delta$ 时，恒有不等式

$$|f(x) - A| = |x - x_0| < \varepsilon$$

成立. 因此

$$\lim_{x \to x_0} x = x_0. \tag{1.4.3}$$

例 4　证明 $\lim_{x \to 2} \dfrac{x^2 - 4}{3(x - 2)} = \dfrac{4}{3}$；若给定 $\varepsilon = 0.0001$，问 δ 应取多少？

证明　这里，$f(x) = \dfrac{x^2 - 4}{3(x - 2)}$ 在 $x = 2$ 处无定义，但是函数当 $x \to 2$ 时的极限存在与否与它并无关系. 事实上，当 $x \neq 2$ 时，有

$$\left| \frac{x^2 - 4}{3(x - 2)} - \frac{4}{3} \right| = \left| \frac{x + 2}{3} - \frac{4}{3} \right| = \frac{1}{3} |x - 2|.$$

所以,对于任意给定的正数 ε,要使

$$\left|\frac{x^2-4}{3(x-2)}-\frac{4}{3}\right|=\frac{1}{3}\mid x-2\mid<\varepsilon,$$

只要

$$\mid x-2\mid<3\varepsilon.$$

可取 $\delta=3\varepsilon$,则当 $0<\mid x-2\mid<\delta$ 时,恒有不等式

$$\left|\frac{x^2-4}{3(x-2)}-\frac{4}{3}\right|<\varepsilon$$

成立,所以

$$\lim_{x\to 2}\frac{x^2-4}{3(x-2)}=\frac{4}{3}.$$

若给定 $\varepsilon=0.000\,1$,则可取 $\delta=0.000\,3$.

类似地,利用函数极限的定义2,可以证明(证明从略):

$$\boxed{\lim_{x\to x_0}c=c\ (c\text{ 是常数})} \tag{1.4.4}$$

及

$$\boxed{\lim_{x\to x_0}\sqrt[n]{x}=\sqrt[n]{x_0}\ (x_0>0,\ n\geqslant 2,\ n\text{ 为正整数}).} \tag{1.4.5}$$

2. 左、右极限与极限存在的充分必要条件

前面已给出当 $x\to x_0$ 时,$f(x)\to A$ 的定义. $x\to x_0$ 意味着点 x 可以从点 x_0 的左、右两侧无限趋近于 x_0. 但是,有时需要只考虑点 x 从 x_0 的左侧无限趋近于 x_0(记作 $x\to x_0^-$)的情形,或只考虑点 x 从 x_0 的右侧无限趋近于 x_0(记作 $x\to x_0^+$)的情形.

在 $x\to x_0^-$ 的情形,此时 x 在 x_0 的左侧,$x<x_0$,在 $\lim\limits_{x\to x_0}f(x)=A$ 的定义中,把 $0<\mid x-x_0\mid<\delta$ 改成 $x_0-\delta<x<x_0$,那么称 A 是 $f(x)$ 当 $x\to x_0$ 时的**左极限**,记作

$$\lim_{x\to x_0^-}f(x)=A\ \text{或}\ f(x_0^-)=A.$$

在 $x\to x_0^+$ 的情形,此时 x 在 x_0 的右侧,$x>x_0$,在 $\lim\limits_{x\to x_0}f(x)=A$ 的定义中,把 $0<\mid x-x_0\mid<\delta$ 改成 $x_0<x<x_0+\delta$,那么称 A 是 $f(x)$ 当 $x\to x_0$ 时的**右极限**,记作

$$\lim_{x\to x_0^+}f(x)=A\ \text{或}\ f(x_0^+)=A.$$

左极限和右极限统称为**单侧极限**.

关于函数 $f(x)$ 的极限与它的左、右极限之间的关系,有如下定理(证明从略).

定理2(极限存在的充分必要条件) $\lim\limits_{x \to x_0} f(x)$ 存在的充分必要条件是 $f(x_0^-)$ 及 $f(x_0^+)$ 都存在,且

$$f(x_0^-) = f(x_0^+).$$

例5 设

$$f(x) = \begin{cases} a, & x < x_0, \\ x, & x \geqslant x_0, \end{cases}$$

试讨论 $\lim\limits_{x \to x_0} f(x)$ 是否存在?

解 $f(x)$ 当 $x \to x_0$ 时的左、右极限分别为

$$f(x_0^-) = \lim\limits_{x \to x_0^-} f(x) = \lim\limits_{x \to x_0^-} a = a, \; f(x_0^+) = \lim\limits_{x \to x_0^+} f(x) = \lim\limits_{x \to x_0^+} x = x_0.$$

由此可见,当 $a = x_0$ 时,有 $f(x_0^-) = f(x_0^+)$,故 $\lim\limits_{x \to x_0} f(x)$ 存在,且 $\lim\limits_{x \to x_0} f(x) = a = x_0$;而当 $a \neq x_0$ 时,因 $f(x_0^-) \neq f(x_0^+)$,故此时 $\lim\limits_{x \to x_0} f(x)$ 不存在.

1.4.3 函数极限的性质

函数极限有下列性质(证明从略).

定理3(函数极限的唯一性) 若 $\lim\limits_{x \to x_0} f(x)$(或 $\lim\limits_{x \to \infty} f(x)$)存在,则其极限是唯一的.

定理4(函数极限的局部有界性) 如果当 $x \to x_0$(或 $x \to \infty$)时,函数 $f(x)$ 极限存在,则在点 x_0 的某个去心邻域(或 $|x| > X$,X 为某个充分大的正数)内,$f(x)$ 有界.

定理5(函数极限的局部保号性) 如果 $\lim\limits_{x \to x_0} f(x) = A$,且 $A > 0$(或 $A < 0$),则存在点 x_0 的某个去心邻域,使得对于该邻域内的一切 x,恒有 $f(x) > 0$(或 $f(x) < 0$).

推论 设 $\lim\limits_{x \to x_0} f(x) = A$,且 $f(x) \geqslant 0$(或 $f(x) \leqslant 0$),则 $A \geqslant 0$(或 $A \leqslant 0$).

注意 把 $x \to x_0$ 换成 $x \to \infty$,相应地把"x_0 的某个去心邻域"改为"$|x| > X$(X 为充分大的正数)",定理5及其推论也成立.

习题 1.4

1. 设

$$f(x) = \begin{cases} \dfrac{1}{x^3}, & x < 0, \\ -1, & x \geqslant 0, \end{cases}$$

问 $\lim\limits_{x \to -\infty} f(x) = ? \lim\limits_{x \to +\infty} f(x) = ? \lim\limits_{x \to \infty} f(x)$ 存在吗?

2. 设

$$f(x) = \begin{cases} 3, & x \leqslant 9, \\ \sqrt{x}, & x > 9, \end{cases}$$

问 $\lim\limits_{x \to 9} f(x)$ 是否存在?

3. 设函数 $f(x) = \dfrac{|x-2|}{x-2}$. 求 $f(2^-)$，$f(2^+)$，问 $\lim\limits_{x \to 2} f(x)$ 存在吗?并作出 $f(x)$ 的图形.

4. 利用函数极限的定义证明 $\lim\limits_{x \to 3} \dfrac{x^2-9}{2(x-3)} = 3$，若给定 $\varepsilon = 0.0001$，问 δ 取何值才能使 $\left| \dfrac{x^2-9}{2(x-3)} - 3 \right| < 0.0001$?

5. 利用极限定义证明:若 $\lim\limits_{x \to x_0} f(x) = l$，则 $\lim\limits_{x \to x_0} |f(x)| = |l|$.

答　案

1. $\lim\limits_{x \to -\infty} f(x) = 0$，$\lim\limits_{x \to +\infty} f(x) = -1$，$\lim\limits_{x \to \infty} f(x)$ 不存在.

2. $f(9^-) = 3$，$f(9^+) = 3$，所以 $\lim\limits_{x \to 9} f(x)$ 存在，且 $\lim\limits_{x \to 9} f(x) = 3$.

3. $f(2^-) = -1$，$f(2^+) = 1$，$\lim\limits_{x \to 2} f(x)$ 不存在.图略.

4. 取 $\delta = 2\varepsilon = 0.0002$.

5. 提示:利用不等式 $\big| |a| - |b| \big| \leqslant |a-b|$.

1.5　极限的运算法则

本节将讨论极限的四则运算法则和复合函数的极限运算法则.利用这些法则,可以求出一些比较复杂的函数的极限.作为讨论极限运算法则的基础,我们先介绍无穷小与无穷大.

1.5.1　无穷小与无穷大

1. 无穷小

定义 1　如果 $\lim\limits_{\substack{x \to x_0 \\ (x \to \infty)}} f(x) = 0$,那么称当 $x \to x_0$(或 $x \to \infty$) 时,函数 $f(x)$ 为无穷小.

例如,因为 $\lim\limits_{x \to 1}(x-1) = 0$,所以,当 $x \to 1$ 时, 函数 $x-1$ 为无穷小;因为 $\lim\limits_{n \to \infty} \dfrac{1}{n} = 0$,所以,当 $n \to \infty$ 时,函数 $\dfrac{1}{n}$ 为无穷小;因为 $\lim\limits_{x \to 2} x^2 = 4$,所以,当 $x \to 2$ 时, 函数 x^2 不是无穷小.

注意　无穷小不是一个数,而是极限为零的函数,唯一例外的是零函数 $f(x) \equiv 0$,它在自变量的任何变化过程中,均为无穷小.

关于无穷小,有如下运算性质(证明从略).

定理 1　在自变量变化的同一过程中,有限个无穷小之和或差仍是无穷小.

定理 2 有界函数与无穷小的乘积是无穷小.

定理 2 中函数的有界性只要求在无穷小的自变量变化范围内成立.

定理 2 有两个推论.

推论 1 常数与无穷小的乘积是无穷小.

推论 2 在自变量变化的同一过程中,有限个无穷小的乘积是无穷小.

例 1 求极限 $\lim\limits_{x\to 0} x\cos\dfrac{1}{x}$.

解 因为 $\lim\limits_{x\to 0} x = 0$,故当 $x\to 0$ 时,x 是无穷小;又因为当 $x\neq 0$ 时,$\left|\cos\dfrac{1}{x}\right|\leqslant 1$,

故 $\cos\dfrac{1}{x}$ 在 $x = 0$ 的任何去心邻域内是有界的,根据本目的定理 2 知,当 $x\to 0$ 时,

$x\cos\dfrac{1}{x}$ 是无穷小,所以

$$\lim\limits_{x\to 0} x\cos\dfrac{1}{x} = 0.$$

下面的定理说明了函数极限与无穷小的关系(证明从略).

定理 3 $\lim\limits_{\substack{x\to x_0 \\ (x\to\infty)}} f(x) = A$($A$ 是有限常数)的充分必要条件是:$f(x) = A + \alpha$,这里,当 $x\to x_0$(或 $x\to\infty$)时,α 是无穷小.

2. 无穷大

定义 2 如果当 $x\to x_0$(或 $x\to\infty$)时,$|f(x)|$ 无限增大,那么称当 $x\to x_0$(或 $x\to\infty$)时,$f(x)$ 为**无穷大**.

这时,$f(x)$ 的极限是不存在的,但为了便于叙述函数的这一性态,我们也说"函数的极限为无穷大",并记作

$$\lim\limits_{\substack{x\to x_0 \\ (x\to\infty)}} f(x) = \infty.$$

如果在无穷大的定义中,把 $|f(x)|$ 无限增大换成 $f(x) > 0$ 且 $f(x)$ 无限增大(或 $f(x) < 0$ 且 $-f(x)$ 无限增大),就记作

$$\lim\limits_{\substack{x\to x_0 \\ (x\to\infty)}} f(x) = +\infty\left(\text{或}\lim\limits_{\substack{x\to x_0 \\ (x\to\infty)}} f(x) = -\infty\right).$$

例如,因为当 $x\to 0$ 时,$\left|\dfrac{1}{x}\right|$ 无限增大,所以,当 $x\to 0$ 时,$\dfrac{1}{x}$ 是无穷大,即 $\lim\limits_{x\to 0}\dfrac{1}{x} = \infty$. 必须指出:无穷小的运算性质对无穷大不一定成立. 例如,当 $x\to\infty$ 时,x 和 $x+1$ 都是无穷大,但是它们的差 $f(x) = (x+1) - x = 1$ 却不是无穷大.

无穷大与无穷小有如下关系(证明从略).

定理 4 在自变量 x 的同一变化过程中,若 $f(x)$ 为无穷大,则 $\dfrac{1}{f(x)}$ 为无穷小;若 $f(x)$ 为无穷小,且 $f(x) \neq 0$,则 $\dfrac{1}{f(x)}$ 为无穷大.

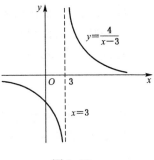

当 $x \to x_0$ 时,$f(x)$ 为无穷大的几何意义是:当点 x 从点 x_0 的左、右两侧无限趋近于点 x_0 时,函数的图形将无限地接近于直线 $x = x_0$.此时称 $x = x_0$ 是函数 $y = f(x)$ 的图形的**铅直渐近线**(或**垂直渐近线**).

图 1-22

例如,由图 1-22 可看到 $\lim\limits_{x \to 3} \dfrac{4}{x-3} = \infty$,所以,$x = 3$ 是函数 $y = \dfrac{4}{x-3}$ 的图形的铅直渐近线.

1.5.2 极限的运算法则

以下仅讨论当 $x \to x_0$ 时函数极限的运算法则,但这些法则对于自变量的其他变化过程的函数极限(包括数列极限)也是正确的.

1. 极限的四则运算法则

定理 5(四则运算法则) 设 $\lim\limits_{x \to x_0} f(x) = A$,$\lim\limits_{x \to x_0} g(x) = B$,$A$ 和 B 为有限常数,则

(1) $\lim\limits_{x \to x_0}[f(x) \pm g(x)] = \lim\limits_{x \to x_0} f(x) \pm \lim\limits_{x \to x_0} g(x) = A \pm B$;

(2) $\lim\limits_{x \to x_0} f(x)g(x) = \lim\limits_{x \to x_0} f(x) \, \lim\limits_{x \to x_0} g(x) = AB$;

(3) $\lim\limits_{x \to x_0} \dfrac{f(x)}{g(x)} = \dfrac{\lim\limits_{x \to x_0} f(x)}{\lim\limits_{x \to x_0} g(x)} = \dfrac{A}{B}$ $(B \neq 0)$.

证明 下面仅证明法则(1),法则(2)和法则(3)的证明类似.

因为 $\lim\limits_{x \to x_0} f(x) = A$,$\lim\limits_{x \to x_0} g(x) = B$,由本节定理 3,则有

$$f(x) = A + \alpha, \quad g(x) = B + \beta,$$

这里,当 $x \to x_0$ 时,α 与 β 是无穷小.于是

$$\begin{aligned} f(x) \pm g(x) &= (A + \alpha) \pm (B + \beta) \\ &= (A \pm B) + (\alpha \pm \beta), \end{aligned}$$

由本节定理 1 知,$\alpha \pm \beta$ 是无穷小,由本节定理 3 知

$$\lim\limits_{x \to x_0}[f(x) \pm g(x)] = A \pm B = \lim\limits_{x \to x_0} f(x) \pm \lim\limits_{x \to x_0} g(x).$$

定理 5 的法则(1)和法则(2)可以推广到有限个函数的和(差)及乘积的情形.

注意 使用极限的四则运算法则时,应注意它们的条件,即当每个函数的极限都存在时,才可使用和、差、积的极限法则;当分子、分母的极限都存在且分母的极限不

为零时,才可使用商的极限法则.

由法则(2)可以得到以下几个推论(证明从略).

推论 1　设 $\lim\limits_{x \to x_0} f(x)$ 存在,c 是有限常数,则

$$\lim_{x \to x_0} cf(x) = c \lim_{x \to x_0} f(x).$$

推论 1 说明,常数可以提到极限号外面.

推论 2　设 $\lim\limits_{x \to x_0} f(x) = A$,其中,$A$ 是有限常数,则

$$\lim_{x \to x_0} [f(x)]^n = [\lim_{x \to x_0} f(x)]^n = A^n,$$

这里,n 是正整数,且与自变量 x 无关.

推论 2 说明,函数正整数次幂的极限运算,在极限存在的前提下,可以交换运算次序.

例 2　设有理函数为

$$\frac{P(x)}{Q(x)} = \frac{a_0 x^n + a_1 x^{n-1} + \cdots + a_{n-1} x + a_n}{b_0 x^m + b_1 x^{m-1} + \cdots + b_{m-1} x + b_m} \quad (a_0 \neq 0,\ b_0 \neq 0),$$

且 $Q(x_0) \neq 0$,求 $\lim\limits_{x \to x_0} \dfrac{P(x)}{Q(x)}$.

解　由于

$$\lim_{x \to x_0} x = x_0, \qquad \lim_{x \to x_0} c = c \quad (c \text{ 为常数}),$$

于是,利用本节定理 5 的法则(1)及法则(2)的两个推论,可得

$$\lim_{x \to x_0} P(x) = \lim_{x \to x_0} (a_0 x^n + a_1 x^{n-1} + \cdots + a_{n-1} x + a_n)$$

$$= a_0 \lim_{x \to x_0} x^n + a_1 \lim_{x \to x_0} x^{n-1} + \cdots + a_{n-1} \lim_{x \to x_0} x + \lim_{x \to x_0} a_n$$

$$= a_0 x_0^n + a_1 x_0^{n-1} + \cdots + a_{n-1} x_0 + a_n = P(x_0).$$

同理

$$\lim_{x \to x_0} Q(x) = Q(x_0).$$

又已知 $Q(x_0) \neq 0$,因此,根据本节定理 5 的法则(3),有

$$\boxed{\lim_{x \to x_0} \frac{P(x)}{Q(x)} = \frac{P(x_0)}{Q(x_0)} \quad (Q(x_0) \neq 0).}$$ (1.5.1)

利用公式(1.5.1),可以较易地计算一些有理函数的极限.

例 3　求 $\lim\limits_{x \to 1} \dfrac{x^4 + x^3 + x^2 + 1}{x^3 + x + 1}$.

解　因为分母 $Q(1) = 1^3 + 1 + 1 = 3 \neq 0$,所以根据公式(1.5.1),有

$$\lim_{x \to 1} \frac{x^4 + x^3 + x^2 + 1}{x^3 + x + 1} = \frac{1^4 + 1^3 + 1^2 + 1}{1^3 + 1 + 1} = \frac{4}{3}.$$

当 $Q(x_0)=0$ 时，不能用本节定理 5 的法则 (3) 去求极限 $\lim\limits_{x \to x_0} \dfrac{P(x)}{Q(x)}$，即公式 (1.5.1) 不成立. 但是，如果不仅 $Q(x_0)=0$，而且还有 $P(x_0)=0$，则 $\lim\limits_{x \to x_0} \dfrac{P(x)}{Q(x)}$ 是否存在不能完全肯定，需作具体分析.

例 4 求 $\lim\limits_{x \to -1} \dfrac{x^3+1}{x+1}$.

解 此函数的分母 $Q(-1)=0$，不能用公式 (1.5.1). 因为分子、分母有公因子 $x+1$，而当 $x \to -1$ 时，$x \neq -1$，所以在求极限前，可约去分子、分母的公因子 $x+1$. 因此

$$\lim_{x \to -1} \frac{x^3+1}{x+1} = \lim_{x \to -1} \frac{(x+1)(x^2-x+1)}{x+1} = \lim_{x \to -1} (x^2-x+1) = 3.$$

例 5 求 $\lim\limits_{x \to 1} \left(\dfrac{1}{x-1} - \dfrac{2}{x^2-1} \right)$.

解 本例中，因为 $\lim\limits_{x \to 1} \dfrac{1}{x-1}$ 及 $\lim\limits_{x \to 1} \dfrac{2}{x^2-1}$ 均不存在，故不可用本节定理 5 的法则 (1) 去求两函数差的极限. 可先通分，再约去分子、分母中极限为零的公因子：

$$\lim_{x \to 1} \left(\frac{1}{x-1} - \frac{2}{x^2-1} \right) = \lim_{x \to 1} \frac{x+1-2}{x^2-1} = \lim_{x \to 1} \frac{x-1}{x^2-1} = \lim_{x \to 1} \frac{1}{x+1} = \frac{1}{2}.$$

例 6 求下列各极限.

(1) $\lim\limits_{x \to \infty} \dfrac{3x^3+2x-1}{4x^3+x^2+1}$; (2) $\lim\limits_{x \to \infty} \dfrac{x^3+x+1}{x^4+x^2+1}$; (3) $\lim\limits_{x \to \infty} \dfrac{5x^2+x+1}{x+1}$.

解 (1) 因为当 $x \to \infty$ 时，分子、分母的极限均不存在，故不能用极限的四则运算法则，可在分子、分母中，分别除以 x 的最高次幂 x^3，利用本节的定理 5 及上节的公式 (1.4.1) 与 (1.4.2)，可得

$$\lim_{x \to \infty} \frac{3x^3+2x-1}{4x^3+x^2+1} = \lim_{x \to \infty} \frac{3+\dfrac{2}{x^2}-\dfrac{1}{x^3}}{4+\dfrac{1}{x}+\dfrac{1}{x^3}} = \frac{\lim\limits_{x \to \infty}3 + 2\lim\limits_{x \to \infty}\dfrac{1}{x^2} - \lim\limits_{x \to \infty}\dfrac{1}{x^3}}{\lim\limits_{x \to \infty}4 + \lim\limits_{x \to \infty}\dfrac{1}{x} + \lim\limits_{x \to \infty}\dfrac{1}{x^3}} = \frac{3}{4}.$$

(2) 在分子、分母中，分别除以 x 的最高次幂 x^4，有

$$\lim_{x \to \infty} \frac{x^3+x+1}{x^4+x^2+1} = \lim_{x \to \infty} \frac{\dfrac{1}{x}+\dfrac{1}{x^3}+\dfrac{1}{x^4}}{1+\dfrac{1}{x^2}+\dfrac{1}{x^4}} = 0.$$

(3) 先求分式倒数的极限：

$$\lim_{x \to \infty} \frac{x+1}{5x^2 + x + 1} = \lim_{x \to \infty} \frac{\dfrac{1}{x} + \dfrac{1}{x^2}}{5 + \dfrac{1}{x} + \dfrac{1}{x^2}} = 0,$$

由本节的定理 4,有

$$\lim_{x \to \infty} \frac{5x^2 + x + 1}{x + 1} = \infty.$$

例 6 中的三种有理函数极限的结果可以推广到一般的情形,即有结论:

$$\lim_{x \to \infty} \frac{a_0 x^n + a_1 x^{n-1} + \cdots + a_{n-1} x + a_n}{b_0 x^m + b_1 x^{m-1} + \cdots + b_{m-1} x + b_m} = \begin{cases} 0, & \text{当 } m > n \text{ 时,} \\ \dfrac{a_0}{b_0}, & \text{当 } m = n \text{ 时,} \\ \infty, & \text{当 } m < n \text{ 时.} \end{cases} \tag{1.5.2}$$

例 7 求 $\lim\limits_{n \to \infty} \dfrac{(n+1)(n+2)(n+3)}{n(n+4)(n+5)}$.

解 利用公式(1.5.2),分子、分母都是 n 的 3 次多项式,即得

$$\lim_{n \to \infty} \frac{(n+1)(n+2)(n+3)}{n(n+4)(n+5)} = 1.$$

例 8 已知 $\lim\limits_{x \to 2} \dfrac{x^2 - ax + 8}{x - 2} = -2$,求 a 的值.

解 因为分式分母的极限为 0,所以分子极限也应为 0(否则极限不存在),即 $\lim\limits_{x \to 2}(x^2 - ax + 8) = 4 - 2a + 8 = 0$,解得 $a = 6$.

2. 极限的不等式定理

定理 6 如果在 x_0 的某一去心邻域内恒有 $\varphi(x) \geqslant \psi(x)$,且 $\lim\limits_{x \to x_0} \varphi(x) = a$,$\lim\limits_{x \to x_0} \psi(x) = b$,其中,$a,b$ 是有限常数,则 $a \geqslant b$.

证明 令 $f(x) = \varphi(x) - \psi(x)$,则由假设可知,在 x_0 的某一去心邻域内恒有 $f(x) = \varphi(x) - \psi(x) \geqslant 0$. 再由本节定理 5 的法则(1)得

$$\lim_{x \to x_0} f(x) = \lim_{x \to x_0} \varphi(x) - \lim_{x \to x_0} \psi(x) = a - b,$$

所以,根据 1.4 节中定理 5 的推论知,$a - b \geqslant 0$,即 $a \geqslant b$.

注意 若把"x_0 的某一去心邻域"改为"$|x| > X$(X 为充分大的正数)",把"$x \to x_0$"改为"$x \to \infty$",则此定理也成立.

3. 复合函数的极限

定理 7 设函数 $f[g(x)]$ 在 x_0 的某一去心邻域内有定义. 如果 $\lim\limits_{x \to x_0} g(x) = b$,

$\lim\limits_{u \to b} f(u) = A$, 这里, $u = g(x)$, b 及 A 都是有限常数, 且在 x_0 的某一去心邻域内, 恒有 $g(x) \neq b$, 则

$$\lim_{x \to x_0} f[g(x)] = \lim_{u \to b} f(u) = A. \qquad (1.5.3)$$

(证明从略)

此定理为在求极限的过程中作适当的变量代换提供了理论依据, 即只要满足定理条件, 便可通过变量代换 $u = g(x)$ 来求极限. 对 $x \to \infty$, $u \to \infty$ 及数列的情形, 均有类似的结论.

例 9 求 $\lim\limits_{x \to 0} \dfrac{\sqrt{x+1} - 1}{x}$.

解 分子、分母的极限都是 0, 不能用商的极限法则, 但可如下处理:

$$\lim_{x \to 0} \frac{\sqrt{x+1} - 1}{x} = \lim_{x \to 0} \frac{(\sqrt{x+1} - 1)(\sqrt{x+1} + 1)}{x(\sqrt{x+1} + 1)} = \lim_{x \to 0} \frac{x + 1 - 1}{x(\sqrt{x+1} + 1)}$$

$$= \lim_{x \to 0} \frac{x}{x(\sqrt{x+1} + 1)} = \lim_{x \to 0} \frac{1}{\sqrt{x+1} + 1} = \frac{1}{1 + 1} = \frac{1}{2}.$$

注意 $\lim\limits_{x \to 0} \sqrt{x+1} = 1$ 的原因: $\sqrt{x+1}$ 可看作是由 $y = \sqrt{u}$, $u = x + 1$ 复合而成; 由本节定理 5 的法则 (1) 及公式 (1.4.3) 和公式 (1.4.4), 可得 $\lim\limits_{x \to 0} u = \lim\limits_{x \to 0} (x+1) = 0 + 1 = 1$; 再由公式 (1.4.5), 可得 $\lim\limits_{u \to 1} \sqrt{u} = \sqrt{1} = 1$; 因而, 由本节定理 7 得 $\lim\limits_{x \to 0} \sqrt{x+1} = \lim\limits_{u \to 1} \sqrt{u} = 1$.

习题 1.5

1. 判断下列函数在自变量变化过程中, 是否为无穷小? 是否为无穷大?

(1) $x \sin \dfrac{1}{x}$ (当 $x \to 0$ 时);

(2) $\dfrac{1}{x} \arctan x$ (当 $x \to \infty$ 时);

(3) $\sqrt{1+x} - \sqrt{1-x}$ (当 $x \to 0$ 时);

(4) $\dfrac{x^2 - x + 1}{x^3 + 1}$ (当 $x \to -1$ 时);

(5) $\left(\dfrac{3}{2}\right)^n$ (当 $n \to \infty$ 时).

2. 下列极限的运算是否正确? 若不正确, 则说明理由, 并写出正确的解法及结果.

(1) $\lim\limits_{x \to \infty} \dfrac{x^2 - 1}{x^2 + 1} = \dfrac{\lim\limits_{x \to \infty} (x^2 - 1)}{\lim\limits_{x \to \infty} (x^2 + 1)} = \infty$;

(2) $\lim\limits_{n \to \infty} \left(\dfrac{1}{n^2} + \dfrac{2}{n^2} + \cdots + \dfrac{n}{n^2}\right) = \lim\limits_{n \to \infty} \dfrac{1}{n^2} + \lim\limits_{n \to \infty} \dfrac{2}{n^2} + \cdots + \lim\limits_{n \to \infty} \dfrac{n}{n^2} = 0 + 0 + \cdots + 0 = 0.$

3. 求下列极限.

(1) $\lim\limits_{x\to 9}\dfrac{\sqrt{x}-2}{x^2+2}$;

(2) $\lim\limits_{x\to 0}\dfrac{2x^3+5x^2+3x+1}{x^2+x-1}$;

(3) $\lim\limits_{x\to 1}\left(\dfrac{x+4}{x^2+1}-\dfrac{3x^2+1}{x^3+1}\right)$;

(4) $\lim\limits_{x\to\infty}\left(1+\dfrac{1}{x}\right)\left(2-\dfrac{1}{x^2}\right)$.

4. 求下列极限.

(1) $\lim\limits_{x\to 1}\dfrac{x^2+x-2}{x^2+2x-3}$;

(2) $\lim\limits_{x\to 1}\dfrac{x^n-1}{x^2-1}$（$n$ 为大于 2 的整数）;

(3) $\lim\limits_{x\to\beta}\left(\dfrac{1}{x-\beta}-\dfrac{2\beta}{x^2-\beta^2}\right)(\beta\neq 0)$;

(4) $\lim\limits_{x\to\infty}\sqrt{4+\dfrac{1}{x^2}}$;

(5) $\lim\limits_{x\to 2^+}\dfrac{\sqrt{x}-\sqrt{2}}{\sqrt{x-2}}$;

(6) $\lim\limits_{n\to\infty}\dfrac{(n+1)(n+2)}{(2n+1)(3n+2)}$;

(7) $\lim\limits_{n\to\infty}(1+q+q^2+\cdots+q^n)(|q|<1)$;

(8) $\lim\limits_{n\to\infty}\dfrac{1+\dfrac{1}{2}+\dfrac{1}{4}+\cdots+\dfrac{1}{2^{n-1}}}{1+\dfrac{1}{3}+\dfrac{1}{9}+\cdots+\dfrac{1}{3^{n-1}}}$.

5. 设 $f(x)=\begin{cases}x^2+2, & x>0,\\ 0, & x=0,\\ \dfrac{2}{1+x}, & x<0,\end{cases}$ 求 $\lim\limits_{x\to 0}f(x)$.

答 案

1. (1) 无穷小; (2) 无穷小; (3) 无穷小; (4) 无穷大; (5) 无穷大.

2. (1) 不正确. 因为 $\lim\limits_{x\to\infty}(x^2-1)$ 和 $\lim\limits_{x\to\infty}(x^2+1)$ 均不存在,不可用商的极限法则,应对分子、分母同除以 x 的最高次幂 x^2 后再求极限,其结果为 1.

(2) 不正确. 因为当 $n\to\infty$ 时,和的项数也无限增大,和的极限运算法则只适合有限项. 可用公式 $1+2+\cdots+n=\dfrac{n(n+1)}{2}$,化为有限项和后,再求极限,极限为 $\dfrac{1}{2}$.

3. (1) $\dfrac{1}{83}$; (2) -1; (3) $\dfrac{1}{2}$; (4) 2.

4. (1) $\dfrac{3}{4}$; (2) $\dfrac{n}{2}$; (3) $\dfrac{1}{2\beta}$; (4) 2; (5) 0; (6) $\dfrac{1}{6}$; (7) $\dfrac{1}{1-q}$; (8) $\dfrac{4}{3}$.

5. $\lim\limits_{x\to 0}f(x)=2$.

1.6 极限存在的夹逼准则、两个重要极限

1.6.1 极限存在的夹逼准则

定理 1(函数极限存在的夹逼准则) 若函数 $f(x)$,$g(x)$,$h(x)$ 满足下列条件:

(1) 当 $x \in \overset{\circ}{U}(x_0, r)$（或 $|x| > X > 0$），都有不等式

$$g(x) \leqslant f(x) \leqslant h(x)$$

成立；

(2) $\lim\limits_{\substack{x \to x_0 \\ (x \to \infty)}} g(x) = \lim\limits_{\substack{x \to x_0 \\ (x \to \infty)}} h(x) = A,$

则当 $x \to x_0$（或 $x \to \infty$）时，$f(x)$ 的极限存在且等于 A，即

$$\lim\limits_{\substack{x \to x_0 \\ (x \to \infty)}} f(x) = A.$$

证明 下面仅证明 $x \to x_0$ 的情形. $x \to \infty$ 的情形可类似证明.

因为 $\lim\limits_{x \to x_0} g(x) = A$，$\lim\limits_{x \to x_0} h(x) = A$，故对于任意给定的正数 ε，总存在正数 δ_1，当 $0 < | x - x_0 | < \delta_1$ 时，恒有不等式

$$| g(x) - A | < \varepsilon$$

成立；又总存在正数 δ_2，当 $0 < | x - x_0 | < \delta_2$ 时，恒有不等式

$$| h(x) - A | < \varepsilon$$

成立.

若取 $\delta = \min\{\delta_1, \delta_2, r\}$，则当 $0 < | x - x_0 | < \delta$ 时，不等式 $| g(x) - A | < \varepsilon$ 和 $| h(x) - A | < \varepsilon$ 同时成立. 把不等式的绝对值符号去掉，即有

$$A - \varepsilon < g(x) < A + \varepsilon \quad 及 \quad A - \varepsilon < h(x) < A + \varepsilon.$$

又由条件(1)，有

$$g(x) \leqslant f(x) \leqslant h(x),$$

于是，当 $0 < | x - x_0 | < \delta$ 时，有

$$A - \varepsilon < g(x) \leqslant f(x) \leqslant h(x) < A + \varepsilon,$$

从而 $$| f(x) - A | < \varepsilon,$$

所以 $$\lim\limits_{x \to x_0} f(x) = A.$$

定理 1 的结论对于自变量的其他变化过程，如 $x \to +\infty$ 或 $x \to -\infty$ 也成立，证明方法也类似. 对于数列，也有下面相应的定理.

定理 2(数列极限存在的夹逼准则) 如果数列 $\{x_n\}$，$\{y_n\}$，$\{z_n\}$ 满足下列条件：

(1) 从某一项开始，恒有不等式 $y_n \leqslant x_n \leqslant z_n$ 成立；

(2) $\lim\limits_{n \to \infty} y_n = a$，$\lim\limits_{n \to \infty} z_n = a$，

则数列 $\{x_n\}$ 的极限存在且等于 a，即 $\lim\limits_{n \to \infty} x_n = a$.

此定理的证明与本节定理 1 的证法类似,证明从略.

本节定理 1 和定理 2,有时也统称为**极限存在的夹逼定理**.

例 1 证明极限

$$\lim_{n\to\infty}\left(\frac{1}{n^2+1^2}+\frac{1}{n^2+2^2}+\cdots+\frac{1}{n^2+n^2}\right)$$

存在,并求极限. ·

证明 因为对任意的正整数 n,都有

$$\frac{1}{n^2+n^2}\leqslant\frac{1}{n^2+k^2}\leqslant\frac{1}{n^2+1}\ (k=1,\ 2,\ \cdots,\ n),$$

故

$$\underbrace{\frac{1}{n^2+n^2}+\cdots+\frac{1}{n^2+n^2}}_{n\text{项}}\leqslant\underbrace{\frac{1}{n^2+1^2}+\frac{1}{n^2+2^2}+\cdots+\frac{1}{n^2+n^2}}_{n\text{项}}$$

$$\leqslant\underbrace{\frac{1}{n^2+1}+\cdots+\frac{1}{n^2+1}}_{n\text{项}},$$

于是有

$$\frac{1}{2n}\leqslant\frac{1}{n^2+1^2}+\frac{1}{n^2+2^2}+\cdots+\frac{1}{n^2+n^2}\leqslant\frac{n}{n^2+1}.$$

因为

$$\lim_{n\to\infty}\frac{1}{2n}=\frac{1}{2}\lim_{n\to\infty}\frac{1}{n}=0,\ \lim_{n\to\infty}\frac{n}{n^2+1}=0,$$

所以,由本节定理 2 知,极限

$$\lim_{n\to\infty}\left(\frac{1}{n^2+1^2}+\frac{1}{n^2+2^2}+\cdots+\frac{1}{n^2+n^2}\right)$$

存在,且

$$\lim_{n\to\infty}\left(\frac{1}{n^2+1^2}+\frac{1}{n^2+2^2}+\cdots+\frac{1}{n^2+n^2}\right)=0.$$

1.6.2 两个重要极限

1. $\lim\limits_{x\to0}\dfrac{\sin x}{x}=1$

证明 先设 $x>0$,由于 $x\to0^+$,故又可设 $0<x<\dfrac{\pi}{2}$.作单位
圆 O,设点 A 和 C 在圆周上,且 $\angle AOC=x$(弧度).过点 A 和 C 作
半径 OC 的垂线,交 OC 及 OA 的延长线于 B 和 D(图 1-23).于是
有 $\sin x=\dfrac{AB}{AO}=AB,\ \tan x=\dfrac{DC}{OC}=DC,\ x=\overset{\frown}{AC}$.由图 1-23 可
以看到 $\triangle AOC$ 的面积 $<$ 扇形 AOC 的面积 $<\triangle DOC$ 的面积,而它
们的面积分别为

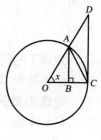

图 1-23

$$S_{\triangle AOC} = \frac{1}{2}AB \cdot OC = \frac{1}{2}AB = \frac{1}{2}\sin x,$$

$$S_{扇形 AOC} = \frac{1}{2}x,$$

$$S_{\triangle DOC} = \frac{1}{2}DC \cdot OC = \frac{1}{2}\tan x,$$

于是有
$$\frac{1}{2}\sin x < \frac{1}{2}x < \frac{1}{2}\tan x,$$

即有
$$\sin x < x < \tan x.$$

不等式两边同除以 $\sin x$（因 $0 < x < \frac{\pi}{2}$ 时，$\sin x > 0$，故同除以 $\sin x$ 后不等号的方向不会改变），得

$$1 < \frac{x}{\sin x} < \frac{1}{\cos x},$$

所以
$$\cos x < \frac{\sin x}{x} < 1. \tag{1.6.1}$$

由于 $\dfrac{\sin(-x)}{-x} = \dfrac{-\sin x}{-x} = \dfrac{\sin x}{x}$，$\cos(-x) = \cos x$，故上面的不等式对满足 $-\dfrac{\pi}{2} < x < 0$ 的一切 x 也成立. 因此，当 $0 < |x| < \dfrac{\pi}{2}$ 时，均有不等式 $(1.6.1)$ 成立.

下面只要证明 $\lim\limits_{x \to 0}\cos x = 1$，就能利用本节定理 1 证明 $\lim\limits_{x \to 0}\dfrac{\sin x}{x} = 1$.

因为在 $x = 0$ 的邻域内，有

$$0 \leqslant 1 - \cos x = 2\sin^2\frac{x}{2} \leqslant 2\left(\frac{x}{2}\right)^2 = \frac{x^2}{2},$$

而 $\lim\limits_{x \to 0}0 = 0$，$\lim\limits_{x \to 0}\dfrac{x^2}{2} = 0$，所以，由本节定理 1 知，$\lim\limits_{x \to 0}(1 - \cos x) = 0$. 因此

$$\lim\limits_{x \to 0}\cos x = \lim\limits_{x \to 0}[1 - (1 - \cos x)] = 1 - \lim\limits_{x \to 0}(1 - \cos x) = 1 - 0 = 1.$$

由 $\lim\limits_{x \to 0}1 = 1$，$\lim\limits_{x \to 0}\cos x = 1$ 及 $\cos x < \dfrac{\sin x}{x} < 1$，利用本节定理 1，最后就证得

$$\boxed{\lim\limits_{x \to 0}\frac{\sin x}{x} = 1.} \tag{1.6.2}$$

公式 $(1.6.2)$ 也可变化成其他形式. 例如，利用商的极限运算法则，就有

$$\lim\limits_{x \to 0}\frac{x}{\sin x} = 1. \tag{1.6.2'}$$

在上面的证明过程中,同时可以得到以下结果:

(1) $\lim\limits_{x\to 0}\cos x = 1$. $\qquad\qquad$ (1.6.3)

(2) $\mid \sin x \mid \leqslant \mid x \mid$ $\left(\text{当} \mid x \mid < \dfrac{\pi}{2} \text{时}\right)$. $\qquad$ (1.6.4)

当 $\mid x \mid \geqslant \dfrac{\pi}{2}$ 时,由于 $\mid \sin x \mid \leqslant 1 < \dfrac{\pi}{2} \leqslant \mid x \mid$,所以,不等式(1.6.4)对于满足 $\mid x \mid \geqslant \dfrac{\pi}{2}$ 的任意实数 x 也都成立.

(3) 对式(1.6.4)利用本节定理 1,可得 $\lim\limits_{x\to 0} \mid \sin x \mid = 0$. 再利用极限的定义,即可证得

$$\lim\limits_{x\to 0}\sin x = 0.$$

$\qquad\qquad$ (1.6.5)

例 2 求 $\lim\limits_{x\to 0} \dfrac{\tan x}{x}$.

解 $\lim\limits_{x\to 0} \dfrac{\tan x}{x} = \lim\limits_{x\to 0} \dfrac{\sin x}{x}\, \dfrac{1}{\cos x} = \lim\limits_{x\to 0} \dfrac{\sin x}{x} \lim\limits_{x\to 0} \dfrac{1}{\cos x} = 1 \times 1 = 1.$

例 3 求 $\lim\limits_{x\to 1} \dfrac{\sin(x^2-1)}{x^2-1}$.

解 令 $t = x^2 - 1$,当 $x \to 1$ 时,$t \to 0$. 所以

$$\lim\limits_{x\to 1} \dfrac{\sin(x^2-1)}{x^2-1} = \lim\limits_{t\to 0} \dfrac{\sin t}{t} = 1.$$

例 4 求 $\lim\limits_{x\to\infty} 2x\sin\dfrac{1}{3x}$.

解 因为 $2x\sin\dfrac{1}{3x} = \dfrac{2}{3}\cdot\dfrac{\sin\dfrac{1}{3x}}{\dfrac{1}{3x}}$,令 $t = \dfrac{1}{3x}$,则当 $x \to \infty$ 时,$t \to 0$. 所以

$$\lim\limits_{x\to\infty} 2x\sin\dfrac{1}{3x} = \lim\limits_{x\to\infty} \dfrac{2}{3}\cdot\dfrac{\sin\dfrac{1}{3x}}{\dfrac{1}{3x}} = \lim\limits_{t\to 0} \dfrac{2}{3}\cdot\dfrac{\sin t}{t}$$

$$= \dfrac{2}{3} \lim\limits_{t\to 0} \dfrac{\sin t}{t} = \dfrac{2}{3} \times 1 = \dfrac{2}{3}.$$

2. $\lim\limits_{x\to\infty}\left(1 + \dfrac{1}{x}\right)^x = \mathbf{e}$ 或 $\lim\limits_{x\to 0}(1+x)^{\frac{1}{x}} = \mathbf{e}$

* **证明** 首先证明 $\lim\limits_{x\to +\infty}\left(1 + \dfrac{1}{x}\right)^x = \mathrm{e}$.

因为 $x>0$，故不论 x 取什么数值，它总是介于两个正整数之间.设 $n \leqslant x < n+1$（$n=1,2,$ $3, \cdots$），则 $\dfrac{1}{n} \geqslant \dfrac{1}{x} > \dfrac{1}{n+1}$，于是有

$$\left(1+\frac{1}{n+1}\right)^{n} < \left(1+\frac{1}{x}\right)^{x} \leqslant \left(1+\frac{1}{n}\right)^{n+1}.$$

因为

$$\lim_{n \to \infty}\left(1+\frac{1}{n}\right)^{n+1} = \lim_{n \to \infty}\left[\left(1+\frac{1}{n}\right)^{n} \cdot \left(1+\frac{1}{n}\right)\right]$$

$$= \lim_{n \to \infty}\left(1+\frac{1}{n}\right)^{n} \cdot \lim_{n \to \infty}\left(1+\frac{1}{n}\right) = \mathrm{e} \cdot 1 = \mathrm{e}$$

$\left(\lim\limits_{n \to \infty}\left(1+\dfrac{1}{n}\right)^{n} = \mathrm{e}$ 的说明见 1.3 节$\right)$，而

$$\lim_{n \to \infty}\left(1+\frac{1}{n+1}\right)^{n} = \lim_{n \to \infty} \frac{\left(1+\dfrac{1}{n+1}\right)^{n+1}}{1+\dfrac{1}{n+1}} = \frac{\lim\limits_{n \to \infty}\left(1+\dfrac{1}{n+1}\right)^{n+1}}{\lim\limits_{n \to \infty}\left(1+\dfrac{1}{n+1}\right)} = \frac{\mathrm{e}}{1} = \mathrm{e},$$

所以，根据本节的定理 2，有

$$\lim_{x \to +\infty}\left(1+\frac{1}{x}\right)^{x} = \mathrm{e}.$$

令 $x=-(t+1)$ 还可以证明 $\lim\limits_{x \to -\infty}\left(1+\dfrac{1}{x}\right)^{x} = \mathrm{e}$（证明从略）.

因此，根据极限存在的充要条件（1.4 节中的定理 1）有

$$\boxed{\lim_{x \to \infty}\left(1+\frac{1}{x}\right)^{x} = \mathrm{e}.} \tag{1.6.6}$$

作变量代换 $t=\dfrac{1}{x}$，则 $x=\dfrac{1}{t}$，当 $x \to 0$ 时，$t \to \infty$，于是，根据式（1.6.6）又有

$$\lim_{x \to 0}(1+x)^{\frac{1}{x}} = \lim_{t \to \infty}\left(1+\frac{1}{t}\right)^{t} = \mathrm{e},$$

因此

$$\boxed{\lim_{x \to 0}(1+x)^{\frac{1}{x}} = \mathrm{e}.} \tag{1.6.6$'$}$$

例 5　求 $\lim\limits_{x \to \infty}\left(1+\dfrac{2}{x}\right)^{x}$.

解　将函数变形为

$$\left(1+\frac{2}{x}\right)^{x} = \left[\left(1+\frac{1}{\dfrac{x}{2}}\right)^{\frac{x}{2}}\right]^{2}.$$

它可以看作是由 $f(u)=u^2$, $u=\left(1+\dfrac{1}{\dfrac{x}{2}}\right)^{\frac{x}{2}}$ 复合而成.

因为

$$\lim_{x\to\infty}u=\lim_{x\to\infty}\left(1+\frac{1}{\dfrac{x}{2}}\right)^{\frac{x}{2}}\xlongequal{\;\diamondsuit\,t=\frac{x}{2}\;}\lim_{t\to\infty}\left(1+\frac{1}{t}\right)^{t}=\mathrm{e},\ \lim_{u\to\mathrm{e}}u^2=\mathrm{e}^2,$$

所以,根据 1.5 节中有关复合函数极限的定理 7,有

$$\lim_{x\to\infty}\left(1+\frac{2}{x}\right)^{x}=\lim_{x\to\infty}\left[\left(1+\frac{1}{\dfrac{x}{2}}\right)^{\frac{x}{2}}\right]^2=\lim_{u\to\mathrm{e}}u^2=\mathrm{e}^2.$$

例 6　求 $\lim\limits_{x\to0}(1+\sin x)^{\csc x}$.

解　由式(1.6.5)知,$\lim\limits_{x\to0}\sin x=0$. 令 $t=\sin x$,则当 $x\to0$ 时, $t\to0$. 于是

$$\lim_{x\to0}(1+\sin x)^{\csc x}=\lim_{x\to0}(1+\sin x)^{\frac{1}{\sin x}}=\lim_{t\to0}(1+t)^{\frac{1}{t}}=\mathrm{e}.$$

当计算较为熟练时,也可不再写出所设的变量代换.

例 7　求 $\lim\limits_{x\to0}\left(\dfrac{1+2x}{1-2x}\right)^{\frac{1}{x}}$.

解
$$\begin{aligned}
\lim_{x\to0}\left(\frac{1+2x}{1-2x}\right)^{\frac{1}{x}}&=\lim_{x\to0}\frac{(1+2x)^{\frac{1}{x}}}{(1-2x)^{\frac{1}{x}}}=\lim_{x\to0}\frac{\left[(1+2x)^{\frac{1}{2x}}\right]^2}{\left[(1-2x)^{\frac{1}{-2x}}\right]^{-2}}\\
&=\lim_{x\to0}\left[(1+2x)^{\frac{1}{2x}}\right]\left[(1-2x)^{\frac{1}{-2x}}\right]^2\\
&=\lim_{x\to0}\left[(1+2x)^{\frac{1}{2x}}\right]^2\lim_{x\to0}\left[(1-2x)^{\frac{1}{-2x}}\right]^2\\
&=\mathrm{e}^2\cdot\mathrm{e}^2=\mathrm{e}^4.
\end{aligned}$$

例 8(连续复利计算)　客户有一笔资金 P 存入银行,年利率为 r. 若以复利计息 (复利计息就是把每个存期的利息在存期已到日加上本金再计算下期利息),容易得出第 t 年末的本利和 A_t 的计算公式.若以年为单位计算复利,则第 1 年末本利和为

$$A_1=P+rP=P(1+r);$$

第 2 年末的本利和为

$$A_2=P(1+r)+P(1+r)r=P(1+r)^2;$$

依次推出第 t 年末的本利和为

$$A_t=P(1+r)^t.$$

若以月为单位计算复利,此时,每月利率为 $\dfrac{r}{12}$,那么,第 t 年末的本利和为

$$A_t = P\left(1 + \frac{r}{12}\right)^{12t}.$$

一般地,把一年均分为 n 期计算复利,此时,每期利率为 $\dfrac{r}{n}$.用同样方法可得出,第 t 年末的本利和为

$$A_t = P\left(1 + \frac{r}{n}\right)^{nt}.$$

现在让 $n \to \infty$,即每时每刻计算复利(称为**连续复利**),则第 t 年末的本利和 A 就是如下的极限:

$$A = \lim_{n \to \infty} P\left(1 + \frac{r}{n}\right)^{nt} = \lim_{n \to \infty} P\left[\left(1 + \frac{1}{\frac{n}{r}}\right)^{\frac{n}{r}}\right]^{rt} = Pe^{rt},$$

即

$$\boxed{A = Pe^{rt}.} \tag{1.6.7}$$

习题 1.6

1. 求下列极限.

(1) $\lim\limits_{x \to 0} \dfrac{\sin 3x}{\sin 5x}$;

(2) $\lim\limits_{x \to 0} \dfrac{1 - \cos x}{\sin x^2}$;

(3) $\lim\limits_{x \to 0} \tan \alpha x \cdot \cot \beta x \ (\alpha \neq 0,\ \beta \neq 0)$;

(4) $\lim\limits_{x \to 0} \dfrac{\sin \alpha x - \sin \beta x}{x}$;

(5) $\lim\limits_{n \to \infty} 2^{n-1} \cdot \sin \dfrac{x}{2^n} \ (x \neq 0)$;

(6) $\lim\limits_{x \to 0} (1 + \sin x)^{2\csc x}$;

(7) $\lim\limits_{x \to \frac{\pi}{2}} (1 + \cos x)^{3\sec x}$;

(8) $\lim\limits_{x \to \infty} \left(1 - \dfrac{1}{x}\right)^{5x}$;

(9) $\lim\limits_{n \to \infty} \left(\dfrac{n^2 - 1}{n^2}\right)^{2n^2}$;

(10) $\lim\limits_{x \to 0} \dfrac{\sin(1 + x) - \sin(1 - x)}{x}$.

2. 利用极限存在的夹逼准则证明.

(1) $\lim\limits_{n \to \infty} \left(\dfrac{1}{\sqrt{n^2 + 1}} + \dfrac{1}{\sqrt{n^2 + 2}} + \cdots + \dfrac{1}{\sqrt{n^2 + n}}\right) = 1$;

(2) $\lim\limits_{x \to 0} x \sin \dfrac{1}{x} = 0$.

1. (1) $\dfrac{3}{5}$；　(2) $\dfrac{1}{2}$；　(3) $\dfrac{\alpha}{\beta}$；　(4) $\alpha-\beta$；　(5) $\dfrac{x}{2}$；　(6) e^2；　(7) e^3；　(8) e^{-5}；

(9) e^{-2}；　(10) $2\cos 1$(提示:先对分子利用和差化积公式).

2. (1) 略；　(2) 提示: $\left| x \sin \dfrac{1}{x} \right| \leqslant |x|$.

1.7　无穷小的比较

我们知道,在同一自变量的变化过程中,两个无穷小的和、差、积均为无穷小. 但是,没有涉及两个无穷小的商.这是由于两个无穷小的商的极限有各种可能.例如:

(1) $\lim\limits_{x\to 1}\dfrac{x^2-1}{2(x-1)}=1$；

(2) $\lim\limits_{x\to\infty}\dfrac{\sin\dfrac{1}{x}}{\dfrac{1}{3x}}=3$；

(3) $\lim\limits_{x\to 0}\dfrac{\sin^2 x}{x}=0$；

(4) $\lim\limits_{x\to 1}\dfrac{\sin(x-1)}{(x-1)^2}=\infty$

等. 其原因是,分子、分母的两个无穷小趋近于零的"速度"可能不同.上面的(1)和(2)两个例子,极限分别是不等于零的有限数 1 和 3,说明分子和分母趋近于零的"速度"相仿;第(3)个例子,极限是零,说明分子趋于零的"速度"比分母快;第(4)个例子,极限是无穷大,说明分子趋于零的"速度"比分母慢. 由此产生了无穷小比较的概念.

本节仅讨论 $x\to x_0$ 的情形,对于自变量的其他变化过程(如 $x\to\infty$, $n\to\infty$ 等),也有相同的情形.

1.7.1　无穷小比较的概念

定义1　设当 $x\to x_0$ 时, α, β 均为无穷小,

(1) 如果 $\lim\limits_{x\to x_0}\dfrac{\beta}{\alpha}=0$,则称 β 是比 α **高阶**的无穷小,记作 $\beta=o(\alpha)$；

(2) 如果 $\lim\limits_{x\to x_0}\dfrac{\beta}{\alpha}=\infty$, 则称 β 是比 α **低阶**的无穷小；

(3) 如果 $\lim\limits_{x\to x_0}\dfrac{\beta}{\alpha}=c\neq 0$,则称 β 与 α 是**同阶无穷小**；特别是,如果 $\lim\limits_{x\to x_0}\dfrac{\beta}{\alpha}=1$,则

称 β 与 α 是**等价无穷小**,记作 $\alpha\sim\beta$.

例1　比较下列各题中两个无穷小的阶.

(1) 当 $x\to 0$ 时, $1-\cos x$ 与 $\dfrac{x^2}{2}$；

(2) 当 $x\to 0$ 时, $2\arcsin x$ 与 x；

(3) 当 $x\to 0$ 时, $\sin 2x$ 与 x^2；

(4) 当 $n\to\infty$ 时, $\dfrac{1}{n^2+1}$ 与 $\dfrac{1}{n}$.

解　(1) 由于

$$\lim_{x\to 0}\frac{1-\cos x}{\dfrac{x^2}{2}}=\lim_{x\to 0}\frac{2\sin^2\dfrac{x}{2}}{\dfrac{x^2}{2}}=\lim_{x\to 0}\left(\frac{\sin\dfrac{x}{2}}{\dfrac{x}{2}}\right)^2\xlongequal{\diamondsuit t=\frac{x}{2}}\lim_{t\to 0}\left(\frac{\sin t}{t}\right)^2=1,$$

所以,当 $x\to 0$ 时, $1-\cos x$ 与 $\dfrac{x^2}{2}$ 是等价无穷小,可记作 $1-\cos x\sim\dfrac{x^2}{2}$(当 $x\to 0$ 时).

(2) 由于 $\qquad\lim_{x\to 0}\dfrac{2\arcsin x}{x}\xlongequal{\diamondsuit t=\arcsin x}2\lim_{t\to 0}\dfrac{t}{\sin t}=2,$

所以,当 $x\to 0$ 时, $2\arcsin x$ 与 x 是同阶无穷小. 由此可见,当 $x\to 0$ 时, $\arcsin x$ 与 x 是等价无穷小,可记作 $\arcsin x\sim x$(当 $x\to 0$ 时).

(3) 由于 $\lim\limits_{x\to 0}\dfrac{x^2}{\sin 2x}=\lim\limits_{x\to 0}\dfrac{x\cdot x}{2\sin x\cos x}=\lim\limits_{x\to 0}\dfrac{x}{\sin x}\cdot\lim\limits_{x\to 0}\dfrac{x}{2\cos x}=1\times 0=0,$

所以, $\lim\limits_{x\to 0}\dfrac{\sin 2x}{x^2}=\infty$,即当 $x\to 0$ 时, $\sin 2x$ 是比 x^2 低阶的无穷小.

(4) 由于

$$\lim_{n\to\infty}\frac{\dfrac{1}{n^2+1}}{\dfrac{1}{n}}=\lim_{n\to\infty}\frac{n}{n^2+1}=0,$$

所以,当 $n\to\infty$ 时, $\dfrac{1}{n^2+1}$ 是比 $\dfrac{1}{n}$ 高阶的无穷小. 可记作 $\dfrac{1}{n^2+1}=o\left(\dfrac{1}{n}\right)$(当 $n\to\infty$ 时).

1.7.2 等价无穷小的性质及其应用

定理 1(等价无穷小的代换定理) 如果当 $x\to x_0$ 时, $\alpha\sim\alpha'$, $\beta\sim\beta'$,且 $\lim\limits_{x\to x_0}\dfrac{\beta'}{\alpha'}$ 存在,则

$$\boxed{\lim_{x\to x_0}\frac{\beta}{\alpha}=\lim_{x\to x_0}\frac{\beta'}{\alpha'}.}\qquad(1.7.1)$$

证明 因为当 $x\to x_0$ 时, $\alpha\sim\alpha'$, $\beta\sim\beta'$,所以

$$\lim_{x\to x_0}\frac{\beta}{\beta'}=1,\ \lim_{x\to x_0}\frac{\alpha'}{\alpha}=1,$$

因此 $\quad\lim\limits_{x\to x_0}\dfrac{\beta}{\alpha}=\lim\limits_{x\to x_0}\left(\dfrac{\beta}{\beta'}\cdot\dfrac{\beta'}{\alpha'}\cdot\dfrac{\alpha'}{\alpha}\right)=\lim\limits_{x\to x_0}\dfrac{\beta}{\beta'}\cdot\lim\limits_{x\to x_0}\dfrac{\beta'}{\alpha'}\cdot\lim\limits_{x\to x_0}\dfrac{\alpha'}{\alpha}=\lim\limits_{x\to x_0}\dfrac{\beta'}{\alpha'}.$

等价无穷小的代换定理表明:求两个无穷小商的极限时,分子、分母可分别用它们的等价无穷小代替. 这是简化极限运算的一种方法.

下面列出几个常用的等价无穷小:

(1) $\sin x \sim x$(当 $x \to 0$ 时);(2) $\tan x \sim x$(当 $x \to 0$ 时);

(3) $\arcsin x \sim x$(当 $x \to 0$ 时);(4) $\arctan x \sim x$(当 $x \to 0$ 时);

(5) $1 - \cos x \sim \dfrac{x^2}{2}$(当 $x \to 0$ 时);(6) $\ln(1+x) \sim x$(当 $x \to 0$ 时);

(7) $e^x - 1 \sim x$(当 $x \to 0$ 时).

例 2 求 $\lim\limits_{x \to 0} \dfrac{\arcsin 5x}{\sin 3x}$.

解 由等价无穷小可知,当 $x \to 0$ 时,$\arcsin 5x \sim 5x$,$\sin 3x \sim 3x$,所以

$$\lim_{x \to 0} \frac{\arcsin 5x}{\sin 3x} = \lim_{x \to 0} \frac{5x}{3x} = \frac{5}{3}.$$

例 3 下面的做法是否正确? 为什么?

当 $x \to 0$ 时,$\sin x \sim x$,$\tan x \sim x$,所以

$$\lim_{x \to 0} \frac{\tan x - \sin x}{\sin^3 x} = \lim_{x \to 0} \frac{x - x}{x^3} = \lim_{x \to 0} 0 = 0.$$

解 不正确.因为这种做法实际上是在分子中用 $x - x = 0$ 代换了 $\tan x - \sin x$,而

$$\lim_{x \to 0} \frac{x - x}{\tan x - \sin x} = \lim_{x \to 0} 0,$$

所以,当 $x \to 0$ 时,$x - x = 0$ 是比 $\tan x - \sin x$ 高阶的无穷小,它们不是等价无穷小,因此不能在极限运算中作代换.

正确的做法如下:

$$\lim_{x \to 0} \frac{\tan x - \sin x}{\sin^3 x} = \lim_{x \to 0} \frac{\dfrac{\sin x}{\cos x} - \sin x}{\sin^3 x} = \lim_{x \to 0} \frac{\sin x(1 - \cos x)}{\cos x \sin^3 x}$$

$$= \lim_{x \to 0} \frac{1 - \cos x}{\cos x \sin^2 x} = \lim_{x \to 0} \frac{\dfrac{x^2}{2}}{\cos x \cdot x^2}$$

$$= \frac{1}{2} \lim_{x \to 0} \frac{1}{\cos x} = \frac{1}{2}.$$

例 3 说明:只有当分子或分母为函数的连乘积时,各个乘积因式才可以分别用它们的等价无穷小代换.而对于和或差中的函数,一般不能分别用等价无穷小的代换.读者在应用等价无穷小的代换定理时,应特别注意这个问题.

习题 1.7

1. 比较下列各对无穷小的阶.

(1) 当 $x \to 0$ 时,$\tan x - \sin x$ 与 x^2;　　　　(2) 当 $x \to 0$ 时,$\arcsin x$ 与 x^2;

(3) 当 $x \to \infty$ 时，$\tan \dfrac{2}{x}$ 与 $\dfrac{1}{x}$； (4) 当 $x \to 1$ 时，$2\sin(x-1)$ 与 x^2-1.

2. 试证：当 $x \to 0$ 时，下列各对无穷小是等价无穷小.

(1) $\arctan x$ 与 x； (2) $\ln(1+x)$ 与 x； (3) $e^x - 1$ 与 x.

3. 利用等价无穷小的代换定理，求下列极限.

(1) $\lim\limits_{x \to 0} \dfrac{\tan 7x}{\arcsin 5x}$；

(2) $\lim\limits_{x \to 0} \dfrac{\sin(x^n)}{(\sin x)^m}$；

(3) $\lim\limits_{x \to 0} \dfrac{\ln(1+x^2)}{x \sin x}$；

(4) $\lim\limits_{x \to 0} \dfrac{\sec x - 1}{\tan^2 x}$；

(5) $\lim\limits_{x \to 1} \dfrac{\arctan(x-1)}{\ln x}$；

(6) $\lim\limits_{x \to \infty} (e^{\frac{3}{x}} - 1)x$.

答　案

1. (1) $\tan x - \sin x$ 比 x^2 高阶； (2) $\arcsin x$ 比 x^2 低阶； (3) 同阶； (4) 等价.

2. (1)，(2)，(3)均从略(提示：利用等价无穷小的定义).

3. (1) $\dfrac{7}{5}$； (2) 当 $n>m$ 时，极限为 0；当 $n=m$ 时，极限为 1；当 $n<m$ 时，极限为 ∞（极限不存在）； (3) 1； (4) $\dfrac{1}{2}$； (5) 1； (6) 3.

1.8　函数的连续性与间断点

1.8.1　函数的连续性

在自然界和日常生活中，有许多现象都是随着时间而连续变化的，如气温的变化、河水的流动、生物的生长等. 这些现象反映在函数的图形上，就是连续而无间隙的情形. 这也就是我们要讨论的函数连续性问题.

定义 1　设函数 $f(x)$ 在点 x_0 的某一邻域内有定义，且当 $x \to x_0$ 时，$f(x)$ 的极限存在，并有

$$\lim_{x \to x_0} f(x) = f(x_0),$$

则称函数 $f(x)$ 在点 x_0 处是**连续**的.

根据极限的定义，定义 1 也可叙述如下：

定义 2　设函数 $f(x)$ 在点 x_0 的某一邻域内有定义，如果对于任意给定的正数 ε，总存在正数 δ，当 $|x - x_0| < \delta$ 时，恒有不等式

$$| f(x) - f(x_0) | < \varepsilon$$

成立，则称函数 $f(x)$ 在点 x_0 处是**连续**的.

定义 1 还能表述成另一种形式. 在叙述之前，我们先介绍自变量 x 的增量(改变

量)及函数 $f(x)$ 的增量(改变量)的概念.

设 x_0 是自变量变化区间内一个给定的值,x 是另一个值,差式

$$\Delta x = x - x_0 \qquad\qquad (1.8.1)$$

称为自变量 x 在 x_0 处的**增量(改变量)**,x 和 x_0 所对应的函数值的差

$$\Delta y = f(x) - f(x_0) \qquad\qquad (1.8.2)$$

称为函数 $f(x)$ 在 x_0 处对应的**增量(改变量)**.

从式(1.8.1)知,$x = x_0 + \Delta x$,于是,式(1.8.2)又可写成

$$\Delta y = f(x_0 + \Delta x) - f(x_0). \qquad\qquad (1.8.2')$$

注意 Δx 和 Δy 只是增量的记号,它们可以为正,也可以为零,也可以为负.

如果函数 $f(x)$ 在点 x_0 处连续,即

$$\lim_{x \to x_0} f(x) = f(x_0).$$

只要用 $x = x_0 + \Delta x$ 代替上式中的 x,将 $f(x_0)$ 移到等式的左边,并放入极限记号内,且注意到 $x = x_0 + \Delta x \to x_0$ 等价于 $\Delta x \to 0$,于是有

$$\lim_{\Delta x \to 0}[f(x_0 + \Delta x) - f(x_0)] = 0,$$

即

$$\lim_{\Delta x \to 0} \Delta y = 0.$$

反之,如果当 $\Delta x \to 0$ 时,$\Delta y \to 0$,则有 $f(x) = f(x_0 + \Delta x) \to f(x_0)$,又 $\Delta x \to 0$ 等价于 $x \to x_0$,所以,$\lim\limits_{x \to x_0} f(x) = f(x_0)$,即函数 $f(x)$ 在点 x_0 处连续.

综合上面的分析,就得到函数 $f(x)$ 在点 x_0 处连续的另一个与本节定义 1 等价的定义.

定义 3 设函数 $f(x)$ 在点 x_0 的某一个邻域内有定义,如果当自变量 x 在 x_0 处的增量 $\Delta x = x - x_0 \to 0$ 时,相应的函数的增量 $\Delta y = f(x_0 + \Delta x) - f(x_0) \to 0$,即

$$\lim_{\Delta x \to 0} \Delta y = \lim_{\Delta x \to 0}[f(x_0 + \Delta x) - f(x_0)] = 0,$$

则称函数 $f(x)$ 在点 x_0 处连续.

下面给出函数 $f(x)$ 在开区间内连续的定义.

定义 4 如果函数 $f(x)$ 在某个开区间内的每一点都连续,则称函数 $f(x)$ 在该开区间内连续,或称函数 $f(x)$ 是该开区间内的连续函数.

例 1 证明函数 $f(x) = \cos x$ 在点 $x_0 = 0$ 处是连续的.

证明 因为 $f(0) = \cos 0 = 1$,而

$$\lim_{x \to 0} f(x) = \lim_{x \to 0} \cos x = 1$$

（参看 1.6 节公式 (1.6.3)），所以有

$$\lim_{x \to 0} f(x) = f(0).$$

根据本节定义 1 可知，函数 $f(x) = \cos x$ 在点 $x_0 = 0$ 处是连续的.

类似地，由公式 (1.6.5) 知 $\lim\limits_{x \to 0} \sin x = 0$，而 $\sin 0 = 0$，故函数 $f(x) = \sin x$ 在 $x = 0$ 处也是连续的.

例 2 证明有理函数

$$\frac{P(x)}{Q(x)} = \frac{a_0 x^n + a_1 x^{n-1} + \cdots + a_{n-1} x + a_n}{b_0 x^m + b_1 x^{m-1} + \cdots + b_{m-1} x + b_m}$$

$(a_0, a_1, \cdots, a_n; b_0, b_1, \cdots, b_m$ 均是常数，$a_0 \neq 0, b_0 \neq 0)$ 在其定义域内连续.

证明 有理函数 $\dfrac{P(x)}{Q(x)}$ 的定义域是使分母 $Q(x) \neq 0$ 的全体实数构成的集合. 设 x_0 是其定义域内任意一点，则 $Q(x_0) \neq 0$. 根据 1.5 节中的公式 (1.5.1)，有

$$\lim_{x \to x_0} \frac{P(x)}{Q(x)} = \frac{P(x_0)}{Q(x_0)} \quad (Q(x_0) \neq 0),$$

故函数 $\dfrac{P(x)}{Q(x)}$ 在点 x_0 处连续，而 x_0 是其定义域内任意一点，所以，有理函数 $\dfrac{P(x)}{Q(x)}$ 在其定义域内连续.

作为特例，易知有理函数 $a_0 x^n + a_1 x^{n-1} + \cdots + a_{n-1} x + a_n$，在其定义域 $(-\infty, +\infty)$ 内是连续的.

1.8.2 左、右连续及连续的充要条件

由左、右极限的概念，我们可建立左、右连续的概念.

定义 5 如果函数 $f(x)$ 当 $x \to x_0$ 时的左极限存在，且等于函数值 $f(x_0)$，即

$$f(x_0^-) = \lim_{x \to x_0^-} f(x) = f(x_0),$$

则称函数 $f(x)$ 在点 x_0 处**左连续**；如果函数 $f(x)$ 当 $x \to x_0$ 时的右极限存在，且等于函数值 $f(x_0)$，即

$$f(x_0^+) = \lim_{x \to x_0^+} f(x) = f(x_0),$$

则称函数 $f(x)$ 在点 x_0 处**右连续**.

根据本节定义 1、定义 5 以及极限存在的充要条件，容易证明（证明从略）下面的定理：

定理 函数 $f(x)$ 在点 x_0 处连续的充要条件是：$f(x)$ 在点 x_0 处左、右连续，即

$$f(x_0^-) = f(x_0^+) = f(x_0). \tag{1.8.3}$$

注意 公式(1.8.3)有两个等号,第一个等号表明 $\lim\limits_{x \to x_0} f(x)$ 存在,第二个等号表明 $f(x)$ 的极限等于函数值 $f(x_0)$.

下面,我们给出函数 $f(x)$ 在闭区间$[a, b]$上连续的定义.

定义 6 如果函数 $f(x)$ 在开区间(a, b)内连续,且在左端点 a 处右连续,在右端点 b 处左连续,则称函数 $f(x)$ **在闭区间$[a, b]$上连续**,或称 $f(x)$ 是**闭区间$[a, b]$上的连续函数**.

例 3 确定常数 k,使函数

$$f(x) = \begin{cases} x^2 + k, & x \leqslant 0, \\ \dfrac{\sin 3x}{x}, & x > 0 \end{cases}$$

在 $x = 0$ 处连续.

解 $f(0^-) = \lim\limits_{x \to 0^-} f(x) = \lim\limits_{x \to 0^-} (x^2 + k) = k$,

$\quad\quad f(0^+) = \lim\limits_{x \to 0^+} f(x) = \lim\limits_{x \to 0^+} \dfrac{\sin 3x}{x} = 3$.

要使 $f(x)$ 在 $x = 0$ 处连续,必须

$$f(0^-) = f(0^+) = f(0),$$

而 $f(0) = k$,所以 $k = 3$. 从而得出当 $k = 3$ 时,函数 $f(x)$ 在 $x = 0$ 处连续.

1.8.3 函数的间断点及其分类

设 $f(x)$ 在点 x_0 的某一去心邻域内有定义. 如果函数 $f(x)$ 在点 x_0 处不连续,我们就称 x_0 是 $f(x)$ 的**不连续点**,或称 x_0 是 $f(x)$ 的**间断点**.

根据连续的定义不难知道,函数 $f(x)$ 在点 x_0 处不连续的原因,不外乎以下三种情况中至少有一种情况出现:

(1) 函数 $f(x)$ 在 x_0 处没有定义;

(2) 极限 $\lim\limits_{x \to x_0} f(x)$ 不存在;

(3) $\lim\limits_{x \to x_0} f(x) = A$($A$ 是有限常数),且 $A \neq f(x_0)$.

为了研究方便,通常把间断点分为两大类:

(1) 如果点 x_0 是 $f(x)$ 的间断点,且左极限 $f(x_0^-)$、右极限 $f(x_0^+)$ 都存在,则称点 x_0 是 $f(x)$ 的**第一类间断点**.

(2) $f(x)$ 的非第一类间断点 x_0,统称为 $f(x)$ 的**第二类间断点**.

例 4 讨论下列函数在指定点处的连续性,若是间断点,指出其类型:

(1) $y = \dfrac{x^2 - 1}{x + 1}$, $x = -1$;

(2) $f(x) = \begin{cases} x^2, & x < 0, \\ 1, & x = 0, \\ 2x, & x > 0, \end{cases}$ $x = 0$;

(3) $f(x) = \begin{cases} x-1, & x<1, \\ x+1, & x\geqslant 1, \end{cases}$ $x=1$.

解 （1）函数 $y = \dfrac{x^2-1}{x+1}$ 在 $x=-1$ 处没有定义,故点 $x=-1$ 是间断点.
因为

$$\lim_{x\to -1} f(x) = \lim_{x\to -1}\frac{x^2-1}{x+1} = \lim_{x\to -1}(x-1) = -2.$$

于是,根据极限存在的充要条件知,$f(-1^-)$ 和 $f(-1^+)$
都存在,所以,点 $x=-1$ 是函数的第一类间断点.

又,$f(-1^-) = f(-1^+)$,故如果补充函数的定义,令
$f(-1) = -2$,则该函数在点 $x=-1$ 处是连续的.因此又称点
$x=-1$ 是函数 $y = \dfrac{x^2-1}{x+1}$ 的**可去间断点**(图 1-24).

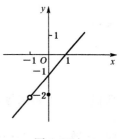

图 1-24

（2）因为 $f(0^-) = \lim_{x\to 0^-} x^2 = 0$,

$\qquad\qquad f(0^+) = \lim_{x\to 0^+} 2x = 0$,

$\qquad\qquad f(0) = 1$,

故 $f(x)$ 当 $x\to 0$ 时的极限存在,即 $\lim_{x\to 0} f(x) = 0$,但不等于
$f(0)$,所以,点 $x=0$ 是 $f(x)$ 的第一类间断点.

如果改变函数 $f(x)$ 在 $x=0$ 处的定义:令 $f(0)=0$,则函
数 $f(x)$ 在点 $x=0$ 处是连续的.因此,也称点 $x=0$ 为函数
$f(x)$ 的**可去间断点**(图 1-25).

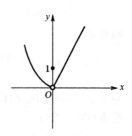

图 1-25

（3）因为 $f(1^-) = \lim_{x\to 1^-}(x-1) = 0$,

$\qquad\qquad f(1^+) = \lim_{x\to 1^+}(x+1) = 2$,

故 $f(1^-)$ 和 $f(1^+)$ 都存在,但不相等.所以,点 $x=1$ 是 $f(x)$
的第一类间断点.

由于函数 $f(x)$ 的图形在点 $x=1$ 处产生跳跃(图 1-26).
因此,点 $x=1$ 又称为 $f(x)$ 的**跳跃间断点**.

例 5 讨论下列函数在指定点处的连续性,若是间断点,
指出其类型.

（1）$y = \sin\dfrac{1}{x}$, $x=0$; （2）$y = \dfrac{1}{x-2}$, $x=2$; （3）$y=$
$2^{\frac{1}{x}}$, $x=0$.

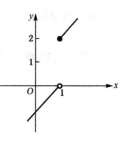

图 1-26

解 （1）函数 $y = \sin\dfrac{1}{x}$ 在点 $x=0$ 处没定义,故 $x=0$ 是间断点.当 $x\to 0^+$ 时,

函数 $y = \sin\dfrac{1}{x}$ 的值在 -1 与 1 之间变动无限多

次,故 $f(0^+) = \lim\limits_{x \to 0^+} \sin\dfrac{1}{x}$ 不存在. 所以 $x = 0$ 是

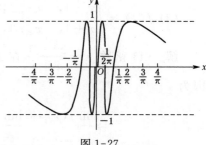

函数 $y = \sin\dfrac{1}{x}$ 的第二类间断点,它又称为**振荡**

间断点(图 1-27).

图 1-27

(2) 因为函数 $y = \dfrac{1}{x-2}$ 在 $x = 2$ 处无定

义,且

$$\lim_{x \to 2} \frac{1}{x-2} = \infty,$$

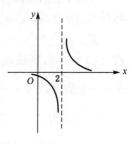

所以,$x = 2$ 是函数 $y = \dfrac{1}{x-2}$ 的第二类间断点. 由于当 $x \to 2$

时,函数 $y = \dfrac{1}{x-2}$ 的极限是无穷大,因此,点 $x = 2$ 又称为**无**

穷间断点(图 1-28).

图 1-28

(3) 因为函数 $y = 2^{\frac{1}{x}}$ 在 $x = 0$ 没有定义,故点 $x = 0$ 是

间断点.

又 $\qquad f(0^+) = \lim\limits_{x \to 0^+} 2^{\frac{1}{x}} = \infty,$

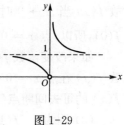

即 $f(0^+)$ 不存在,所以,点 $x = 0$ 是函数 $y = 2^{\frac{1}{x}}$ 的**第二类间**

断点(图 1-29).

图 1-29

最后,我们把函数 $f(x)$ 的间断点 x_0 的类型简要地归纳如下:

第一类间断点 x_0 $\begin{cases} \text{跳跃间断点 } x_0(f(x_0^-) \neq f(x_0^+)),\ \text{即} \lim\limits_{x \to x_0} f(x) \ \text{不存在;} \\ \text{可去间断点 } x_0(f(x_0^-) = f(x_0^+)),\ \text{即} \lim\limits_{x \to x_0} f(x) \ \text{存在.} \end{cases}$

($f(x_0^-)$ 与 $f(x_0^+)$ 均存在)

第二类间断点(除第一类以外的间断点),常见的第二类间断点有两类:

$\begin{cases} \text{振荡间断点;} \\ \text{无穷间断点 } x_0(\lim\limits_{x \to x_0} f(x) = \infty). \end{cases}$

习题 1.8

1. 找出下列函数的间断点,试说明间断点类型.

(1) $y = \dfrac{x+2}{x^2+5x+6}$;

(2) $y = x \sin\dfrac{1}{x}$;

(3) $y = e^{\frac{1}{x}}$;

(4) $y = \begin{cases} \sin x, & x \leqslant 0, \\ \cos x, & x > 0; \end{cases}$

(5) $y = \begin{cases} \cos \dfrac{1}{x}, & -1 < x < 0, \\ 1, & 0 \leqslant x \leqslant 1; \end{cases}$

(6) $y = \begin{cases} \dfrac{\sin x}{x}, & x \neq 0, \\ 2, & x = 0. \end{cases}$

2. 确定常数 a,k,使函数

$$f(x) = \begin{cases} \dfrac{\sin kx}{x}, & x < 0, \\ a, & x = 0, \\ (1-x)^{\frac{1}{x}}, & x > 0 \end{cases}$$

在点 $x=0$ 处连续.

答　案

1. (1) $x=-2$ 为可去间断点,补充定义 $f(-2)=1$,则 $x=-2$ 为连续点;$x=-3$ 是无穷间断点; (2) $x=0$ 为可去间断点,补充定义 $f(0)=0$,则 $x=0$ 为连续点; (3) $x=0$ 为第二类间断点; (4) $x=0$ 是第一类(跳跃)间断点; (5) $x=0$ 为第二类间断点; (6) $x=0$ 是可去间断点,修改定义 $f(0)=2$ 为 $f(0)=1$,则 $x=0$ 为连续点.

2. $a=k=\dfrac{1}{e}$.

1.9　连续函数的运算及初等函数的连续性

1.9.1　连续函数的四则运算

定理 1　设函数 $f(x)$ 和 $g(x)$ 都在点 x_0 处连续,则 $f(x) \pm g(x)$,$f(x) \cdot g(x)$,$\dfrac{f(x)}{g(x)}$($g(x_0) \neq 0$)均在点 x_0 处连续.

定理 1 的证明,只要利用极限的四则运算法则及函数在点 x_0 处连续的定义即可.下面仅证明和(差)的情形,类似地可以证明积和商的情形.

证明　因为 $f(x)$ 和 $g(x)$ 在点 x_0 处连续,故有

$$\lim_{x \to x_0} f(x) = f(x_0) \quad 及 \quad \lim_{x \to x_0} g(x) = g(x_0),$$

于是有　$\lim\limits_{x \to x_0} [f(x) \pm g(x)] = \lim\limits_{x \to x_0} f(x) \pm \lim\limits_{x \to x_0} g(x) = f(x_0) \pm g(x_0)$,

因此,$f(x) \pm g(x)$ 在点 x_0 处连续.

定理 1 可以推广到有限多个函数的和(差)及乘积的情形.此外,由定理 1 还可得到以下两个推论.

推论 1　如果函数 $f(x)$ 在点 x_0 处连续,c 是常数,则函数 $cf(x)$ 在点 x_0 处也

连续.

推论 2 如果函数 $f(x)$ 在点 x_0 处连续,则 $[f(x)]^n$(n 是正整数)在点 x_0 处也连续.

1.9.2 反函数与复合函数的连续性

定理 2 若函数 $y=f(x)$ 在区间 I 上单调增加(减少)且连续,则其反函数 $x=\varphi(y)$ 在对应的区间 W(即为 $y=f(x)$ 的值域)上单调增加(减少)且连续(证明从略).

例如,$y=\tan x$ 在开区间 $\left(-\dfrac{\pi}{2},\dfrac{\pi}{2}\right)$ 内单调增加且连续,则其反函数 $y=\arctan x$ 在对应区间 $(-\infty,+\infty)$ 内也单调增加且连续.

利用函数的连续性,可把 1.5 节中的定理 7 改述为下面的定理.

定理 3 若 $y=f(u)$ 与 $u=g(x)$ 构成复合函数 $y=f[g(x)]$,且 $\lim\limits_{x\to x_0}u=\lim\limits_{x\to x_0}g(x)=b$,而 $y=f(u)$ 在 $u=b$ 处连续(b 为常数),则

$$\lim_{x\to x_0}f[g(x)]=\lim_{u\to b}f(u)=f(b)=f[\lim_{x\to x_0}g(x)]. \tag{1.9.1}$$

式(1.9.1)说明,在定理的条件下,求复合函数的极限,函数符号 f 与极限号 $\lim\limits_{x\to x_0}$ 可以交换次序.

把定理 3 中 $x\to x_0$ 换成 $x\to\infty$,也有类似的定理.

定理 4 若 $y=f(u)$ 与 $u=g(x)$ 构成复合函数 $y=f[g(x)]$,函数 $u=g(x)$ 在点 x_0 处连续,函数 $y=f(u)$ 在对应点 $u_0=g(x_0)$ 处连续,则复合函数 $y=f[g(x)]$ 在点 x_0 处连续,即

$$\lim_{x\to x_0}f[g(x)]=f[g(x_0)]. \tag{1.9.2}$$

证明 由定理 3 可得 $\lim\limits_{x\to x_0}f[g(x)]=f[\lim\limits_{x\to x_0}g(x)]=f[g(x_0)]$,即复合函数 $y=f[g(x)]$ 在点 x_0 处连续.

式(1.9.2)说明,只要函数 $f[g(x)]$ 在点 x_0 处连续,则函数值 $f[g(x_0)]$ 就是当 $x\to x_0$ 时函数 $f[g(x)]$ 的极限. 此结论可以推广到有限多个函数复合的情形.

1.9.3 初等函数的连续性

基本初等函数有:幂函数 $y=x^\mu$($\mu\neq0$,μ 是实数),指数函数 $y=a^x$($a>0$,$a\neq1$),对数函数 $y=\log_a x$($a>0$,$a\neq1$),三角函数及反三角函数. 可以证明它们在各自的定义域内是连续的.

初等函数是由基本初等函数及常数经过有限次四则运算和有限次复合步骤构成的. 因此,**一切初等函数在其定义区间**(是指包含在定义域内的区间)**内是连续函数**.

故初等函数的连续区间就是它的定义区间.

例 1 求函数 $f(x) = \dfrac{1}{\sqrt[3]{x-1}}$ 的连续区间及间断点,并指出间断点的类型.

解 $f(x) = \dfrac{1}{\sqrt[3]{x-1}}$ 是初等函数. 因为 $f(x)$ 的定义域是 $(-\infty, 1) \bigcup (1, +\infty)$,所以,根据初等函数在其定义区间内是连续的结论,可知 $f(x)$ 的连续区间就是它的定义区间 $(-\infty, 1)$ 及 $(1, +\infty)$.

因为 $f(x)$ 在 $x = 1$ 处是没有定义的,所以,$x = 1$ 是 $f(x)$ 的间断点. 又因为

$$\lim_{x \to 1} \frac{1}{\sqrt[3]{x-1}} = \infty,$$

因此,$x = 1$ 是函数 $f(x) = \dfrac{1}{\sqrt[3]{x-1}}$ 的第二类间断点(无穷间断点).

利用初等函数在其定义区间内是连续的结论,以及函数在一点处连续的定义可知,若 x_0 是初等函数 $f(x)$ 在其定义区间内的点,则求 $f(x)$ 当 $x \to x_0$ 时的极限,就等于计算该点处的函数值,即有

$$\lim_{x \to x_0} f(x) = f(x_0). \tag{1.9.3}$$

例 2 求 $\lim\limits_{x \to \frac{\pi}{2}} \ln \sin x$.

解 因为点 $x_0 = \dfrac{\pi}{2}$ 是初等函数 $f(x) = \ln \sin x$ 的一个定义区间 $(0, \pi)$ 内的点,所以

$$\lim_{x \to \frac{\pi}{2}} \ln \sin x = \ln \sin \frac{\pi}{2} = \ln 1 = 0.$$

例 3 求函数 $f(x) = \dfrac{1}{\sqrt[3]{x^2 - 3x + 2}}$ 的连续区间,并求 $\lim\limits_{x \to 3} f(x)$.

解 因为所给函数是初等函数,它的定义域是 $(-\infty, 1) \bigcup (1, 2) \bigcup (2, +\infty)$,所以,它的连续区间就是定义区间:$(-\infty, 1) \bigcup (1, 2) \bigcup (2, +\infty)$.

又因为点 $x_0 = 3$ 是该函数的一个定义区间 $(2, +\infty)$ 内的点,所以,由式 $(1.9.3)$ 可知

$$\lim_{x \to 3} f(x) = f(3) = \frac{1}{\sqrt[3]{x^2 - 3x + 2}}\bigg|_{x=3} = \frac{1}{\sqrt[3]{2}}.$$

例 4 利用复合函数的连续性求下列极限.

(1) $\lim\limits_{x \to 0} \dfrac{\mathrm{e}^x - 1}{x}$;   (2) $\lim\limits_{x \to 0} \dfrac{\sqrt{1+2x}-1}{x}$.

解 (1) $\lim\limits_{x\to 0}\dfrac{e^x-1}{x}\xlongequal{\diamondsuit\, t=e^x-1}\lim\limits_{t\to 0}\dfrac{t}{\ln(1+t)}=\lim\limits_{t\to 0}\dfrac{1}{\ln(1+t)^{\frac{1}{t}}}$

$$=\dfrac{1}{\lim\limits_{t\to 0}\ln(1+t)^{\frac{1}{t}}}=\dfrac{1}{\ln\left[\lim\limits_{t\to 0}(1+t)^{\frac{1}{t}}\right]}=\dfrac{1}{\ln e}=1.$$

(2) 将所给分式的分子有理化,则

$$\lim\limits_{x\to 0}\dfrac{\sqrt{1+2x}-1}{x}=\lim\limits_{x\to 0}\dfrac{(\sqrt{1+2x}-1)(\sqrt{1+2x}+1)}{x(\sqrt{1+2x}+1)}$$

$$=\lim\limits_{x\to 0}\dfrac{2x}{x(\sqrt{1+2x}+1)}=\lim\limits_{x\to 0}\dfrac{2}{\sqrt{1+2x}+1}=1.$$

最后一个等号成立,是因为 $x=0$ 是初等函数 $\dfrac{2}{\sqrt{1+2x}+1}$ 的定义区间

$\left[-\dfrac{1}{2},+\infty\right)$ 内的点,所以可直接由式(1.9.3)得到.

例5 设函数

$$f(x)=\begin{cases} e^{\frac{\sin x}{x}}, & x<0,\\ a-1, & x=0,\\ x^3+b, & x>0, \end{cases}$$

问 a,b 为何值时,$f(x)$ 在 $x=0$ 处连续.

解 因为 $f(0)=a-1$,左、右极限分别为

$$f(0^-)=\lim\limits_{x\to 0^-}f(x)=\lim\limits_{x\to 0^-}e^{\frac{\sin x}{x}}=e^{\lim\limits_{x\to 0^-}\frac{\sin x}{x}}=e,$$

$$f(0^+)=\lim\limits_{x\to 0^+}f(x)=\lim\limits_{x\to 0^+}(x^3+b)=b,$$

要使 $f(x)$ 在 $x=0$ 处连续,必须 $f(0^-)=f(0^+)=f(0)$,即

$$e=b=a-1,\quad \text{即} \ a=e+1, b=e.$$

所以,当 $a=e+1$,$b=e$ 时,$f(x)$ 在 $x=0$ 处连续.

例6 设函数

$$f(x)=\begin{cases} \dfrac{\sin x}{x}, & x<0,\\ a, & x=0,\\ x\sin\dfrac{1}{x}+b, & x>0, \end{cases}$$

问 a,b 为何值时,$f(x)$ 是 $(-\infty,+\infty)$ 内的连续函数?

解 先考虑 $f(x)$ 在点 $x=0$ 处的连续性.因为 $f(0)=a$,

左极限：$f(0^-) = \lim\limits_{x\to 0^-} f(x) = \lim\limits_{x\to 0^-} \dfrac{\sin x}{x} = 1$,

右极限：$f(0^+) = \lim\limits_{x\to 0^+} f(x) = \lim\limits_{x\to 0^+}\left(x\sin\dfrac{1}{x} + b\right) = b$.

要使 $f(x)$ 在 $x=0$ 处连续,必须 $f(0^-) = f(0^+) = f(0)$,即 $a = b = 1$. 故当 $a = b = 1$ 时,$f(x)$ 在 $x = 0$ 处连续.

又当 $x < 0$,即 $x \in (-\infty, 0)$ 时,$f(x) = \dfrac{\sin x}{x}$ 为初等函数,故 $f(x)$ 在 $(-\infty, 0)$ 内连续;当 $x > 0$,即 $x \in (0, +\infty)$ 时,$f(x) = x\sin\dfrac{1}{x} + 1$ 亦为初等函数,故 $f(x)$ 在 $(0, +\infty)$ 内也连续.

综上讨论可知,当 $a = b = 1$ 时,函数 $f(x)$ 在 $(-\infty, +\infty)$ 内连续.

习题 1.9

1. 求下列极限.

(1) $\lim\limits_{x\to 0} \dfrac{\arctan(1+x) + \sin x^2}{e^{\cos x} + 1}$;

(2) $\lim\limits_{x\to 1} \dfrac{\sqrt{x + \sqrt{x + \sqrt{x}}}}{\sin\dfrac{\pi}{2}x}$;

(3) $\lim\limits_{x\to 0} \dfrac{\sqrt{1+4x} - 1}{\arctan 2x}$;

(4) $\lim\limits_{x\to 0} \dfrac{\ln(1+3x)}{\tan x}$;

(5) $\lim\limits_{x\to 0} \dfrac{\sin(\sin x)}{\arcsin 4x}$;

(6) $\lim\limits_{x\to 0} \dfrac{x^3 - x^2}{e^{x^2} - 1}$;

(7) $\lim\limits_{x\to +\infty} \dfrac{(\sqrt{x^2+1} + 2x)^2}{3x^2 + 1}$;

(8) $\lim\limits_{x\to 1} \dfrac{\sqrt{x+1} - \sqrt{5-3x}}{x-1}$;

(9) $\lim\limits_{x\to -8} \dfrac{\sqrt{1-x} - 3}{2 + \sqrt[3]{x}}$;

(10) $\lim\limits_{x\to 0}\left(\dfrac{\csc^2 x + 3}{\csc^2 x}\right)^{\frac{1}{9\sin^2 x}}$.

2. 设

$$f(x) = \begin{cases} \dfrac{\sin 2x}{x}, & x < 0, \\ 3x^2 - 2x + k, & x \geqslant 0, \end{cases}$$

问 k 为何值时,函数在其定义域内连续? 为什么?

答 案

1. (1) $\dfrac{\pi}{4(e+1)}$; (2) $\sqrt{1+\sqrt{2}}$; (3) 1; (4) 3; (5) $\dfrac{1}{4}$; (6) -1; (7) 3; (8) $\sqrt{2}$;

(9) -2; (10) $e^{\frac{1}{3}}$.

2. $k = 2$. 因为当 $k = 2$ 时 $f(x)$ 在 $x = 0$ 处连续;又 $x < 0$ 时 $f(x) = \dfrac{\sin 2x}{x}$ 是初等函数,所以 $f(x)$ 在 $(-\infty, 0)$ 内连续;当 $x \geqslant 0$ 时 $f(x) = 3x^2 - 2x + 2$ 也是初等函数,它在 $[0, +\infty)$ 内连续,所以当 $k = 2$ 时,函数 $f(x)$ 在 $(-\infty, +\infty)$ 内连续.

1.10 闭区间上连续函数的性质

本节将叙述在闭区间上的连续函数所具有的一些性质.这些性质的证明已超出本书的范围,因此,证明均从略.

1.10.1 最大值和最小值定理

定理1(最大值和最小值定理) 如果函数 $f(x)$ 在闭区间 $[a,b]$ 上连续,则存在 $\xi_1,\xi_2 \in [a,b]$,使得对于一切 $x \in [a,b]$,有

$$f(\xi_2) \leqslant f(x) \leqslant f(\xi_1).$$

这里,$f(\xi_1)$ 和 $f(\xi_2)$ 分别称为 $f(x)$ 在闭区间 $[a,b]$ 上的最大值和最小值,一般记作 $\max\limits_{a \leqslant x \leqslant b} f(x)$ 和 $\min\limits_{a \leqslant x \leqslant b} f(x)$.如图 1-30(a)所示.

注意 点 ξ_1,ξ_2 也可能多于一个(图1-30(b)).

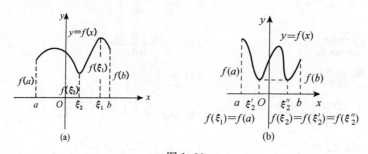

图 1-30

例1 函数 $y = \sin x$ 在闭区间 $[0,\pi]$ 上是连续的,它在 $x = \dfrac{\pi}{2}$ 处取得最大值 $f\left(\dfrac{\pi}{2}\right) = 1$,而在区间的端点 $x = 0$ 和 $x = \pi$ 处取得最小值 $f(0) = f(\pi) = 0$.

例1说明,函数的最大值和最小值可能在区间端点处取得.

若函数 $f(x)$ 在开区间 (a,b) 内连续,则定理 1 的结论不一定成立.例如,函数 $y = x$ 在 $(-1,1)$ 内连续,但它在 $(-1,1)$ 内无最大值及最小值.

若函数 $f(x)$ 在闭区间 $[a,b]$ 上不连续,定理 1 的结论也可能不成立.例如,函数

$$y = \begin{cases} -1-x, & -1 \leqslant x < 0, \\ 0, & x = 0, \\ 1-x, & 0 < x \leqslant 1 \end{cases}$$

在闭区间$[-1,1]$上有间断点$x=0$,且此函数既无最大值,也无最小值(图 1-31).

由定理 1 可得到以下推论(证明从略).

推论 如果函数$f(x)$在闭区间$[a,b]$上连续,则$f(x)$在$[a,b]$上有界.

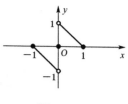

图 1-31

1.10.2 介值定理

定理 2(介值定理) 如果函数$f(x)$在闭区间$[a,b]$上连续,且$f(a)\neq f(b)$,则不论C是介于$f(a)$和$f(b)$之间的怎样的一个数,在开区间(a,b)内至少有一点ξ,使得

$$f(\xi)=C \quad (a<\xi<b).$$

定理 2 的几何意义是,若在y轴上以$f(a)$和$f(b)$为端点的区间内的任意一点C,作平行于x轴的直线$y=C$,则直线$y=C$必然与连续曲线$y=f(x)$至少相交于一点$(\xi,f(\xi))$(图 1-32).

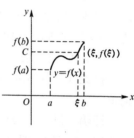

图 1-32

定理 2 也有以下 3 个重要的推论.

推论 1(零点定理) 如果函数$f(x)$在闭区间$[a,b]$上连续,且$f(a)$和$f(b)$异号,即$f(a)\cdot f(b)<0$,则$f(x)$在开区间(a,b)内至少有一个零点,即在开区间(a,b)内至少存在一点ξ,使得

$$f(\xi)=0.$$

推论 2 如果函数$f(x)$满足推论 1 的条件,且在开区间(a,b)内是单调增加的(或减少的),则$f(x)$在开区间(a,b)内有唯一的零点,即在开区间(a,b)内存在唯一的一点ξ,使得

$$f(\xi)=0.$$

证明 不妨设$f(a)<0$,$f(b)>0$,显然,$C=0$是介于$f(a)$和$f(b)$之间. 因为$f(x)$在闭区间$[a,b]$上连续,且$f(a)\neq f(b)$,于是,由介值定理知,对于介于$f(a)$与$f(b)$之间的数$C=0$,至少存在一点$\xi\in(a,b)$,使得

$$f(\xi)=0.$$

这就证明了推论 1.

如果$f(x)$在开区间(a,b)内还是单调增加的(或减少的),则不可能存在另一点ξ_1,使得$f(\xi_1)=0$. 否则,与$f(x)$在(a,b)内的单调性矛盾,因此,ξ是唯一的. 这就证明了推论 2.

推论 1 和推论 2 的几何解释如图 1-33 及图 1-34 所示.

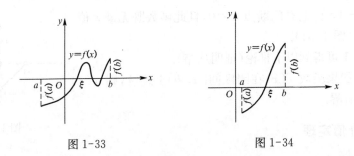

图 1-33   图 1-34

注意 函数 $f(x)$ 的零点也就是方程 $f(x)=0$ 的实根. 因此, 若 $f(x)$ 在闭区间 $[a, b]$ 上满足推论 1 的条件, 则表明在开区间 (a, b) 内方程 $f(x)=0$ 至少有一个实根; 若又满足推论 2 中 "单调增加 (或减少)" 的条件, 则在开区间 (a, b) 内, 方程 $f(x)=0$ 只有唯一的实根.

推论 3 在闭区间上连续的函数必取得介于最大值 M 与最小值 m 之间的任何值.

证明 设 $m=f(x_1)$, $M=f(x_2)$, 而 $m \neq M$, 在闭区间 $[x_1, x_2]$ (或 $[x_2, x_1]$) 上应用介值定理, 即可得到推论 3.

例 2 试说明函数 $f(x)=e^x-2x-2$ 在 $(0, 2)$ 内至少有一个零点.

解 因为 $f(x)=e^x-2x-2$ 在 $[0, 2]$ 上连续, 且 $f(0)=e^0-0-2=-1<0$, $f(2)=e^2-6>0$. 所以, 由零点定理, 至少存在一点 ξ, 使得 $f(\xi)=e^\xi-2\xi-2=0$, 即 ξ 是 $f(x)$ 的零点.

例 3 设 a, b, c 皆为大于零的常数, 且 $a+b-c>0$, 试证方程 $ax^3+bx-c=0$ 在开区间 $(0, 1)$ 内有唯一的实根.

证明 令函数 $f(x)=ax^3+bx-c$, 则 $f(x)$ 在 $[0, 1]$ 上连续, 且 $f(0)=-c<0$. $f(1)=a+b-c>0$. 下面证明 $f(x)$ 是单调增加函数, 在 $(0, 1)$ 内任取 x_1 与 x_2, 且 $x_1<x_2$, 则

$$f(x_2)-f(x_1)=ax_2^3+bx_2-c-(ax_1^3+bx_1-c)=a(x_2^3-x_1^3)+b(x_2-x_1)>0,$$

所以, $f(x)$ 在 $(0, 1)$ 内单调增加, 由介值定理的推论 2 可知, 存在唯一的 $\xi \in (0, 1)$, 使得 $f(\xi)=a\xi^3+b\xi-c=0$. 这说明, 方程 $ax^3+bx-c=0$ 在 (a, b) 内有唯一的实根 $x=\xi$.

习题 1.10

1. 试证方程 $x^2-\sin x-1=0$ 在区间 $(0, \frac{\pi}{2})$ 内至少有一个实根.

2. 试证方程 $e^x+x=2$ 在 $[0, 1]$ 中有唯一的一个实根.

3. 设 $f(x)$ 在 $[a, b]$ 上连续, 且 $a<x_1<x_2<\cdots<x_n<b$, 则在 $[a, b]$ 上必有点 ξ, 使得

$$f(\xi)=\frac{f(x_1)+f(x_2)+\cdots+f(x_n)}{n}.$$

4. 证明在 $\left(1, \dfrac{\pi}{2}\right)$ 内存在一点 ξ，使得 $\ln \xi = \cos \xi$.

答　案

1. 对 $f(x) = x^2 - \sin x - 1$ 用零点定理.

2. 提示：用介值定理的推论 2.

3. 提示：对 $f(x)$ 用介值定理（令 $C = \dfrac{f(x_1) + f(x_2) + \cdots + f(x_n)}{n}$，$C$ 是常数）.

4. 略.

复习题(1)

(A)

1. 求函数 $y = \dfrac{\arccos \dfrac{2x-1}{7}}{\sqrt{x^2 - x - 6}}$ 的定义域.

2. 已知 $f[g(x)] = \mathrm{e}^{\sin x} + 1$，$g(x) = \sqrt{x} + 1$，求 $f(x)$.

3. 求下列极限.

(1) $\lim\limits_{x \to 0} \dfrac{\mathrm{e}^{x^2} \ln(1 + 9x^2)}{1 - \cos 3x}$；

(2) $\lim\limits_{x \to 0} \dfrac{\sqrt{1 + \tan x} - \sqrt{1 - \tan x}}{\sin 2x}$；

(3) $\lim\limits_{x \to \infty} (\sqrt[3]{x^3 + x^2} - x)$；

(4) $\lim\limits_{x \to \infty} \left(\dfrac{2x + 3}{2x + 1}\right)^{x + 10}$；

(5) $\lim\limits_{x \to 0} \mathrm{e}^{\frac{\sin x}{|x|}}$；

(6) $\lim\limits_{x \to \frac{\pi}{2}} \left(\dfrac{1}{1 + \cot x}\right)^{\tan x}$；

(7) $\lim\limits_{x \to 0} \dfrac{\sqrt{1 + \sin x} - 1}{\mathrm{e}^{2x} - 1}$.

4. 讨论函数 $f(x) = \begin{cases} \dfrac{1}{\mathrm{e}^{\frac{1}{x}} + 1}, & x < 0, \\ 1, & x = 0, \\ 2 + x \sin \dfrac{1}{x}, & x > 0 \end{cases}$ 在 $x = 0$ 处的连续性，若不连续，指出间断点的类型.

5. 设 $f(x) = \begin{cases} \dfrac{2}{x}, & x \geqslant 1, \\ a \cos \pi x, & x < 1, \end{cases}$ 问常数 a 为何值时，$f(x)$ 在 $(-\infty, +\infty)$ 内连续.

6. 利用极限存在的夹逼准则证明：

$$\lim\limits_{n \to \infty} n \left(\dfrac{1}{n^2 + \pi} + \dfrac{1}{n^2 + 2\pi} + \cdots + \dfrac{1}{n^2 + n\pi}\right) = 1.$$

7. 设 $f(x)$，$g(x)$ 是闭区间 $[a, b]$ 上的两个连续函数，而 $f(a) > g(a)$，$f(b) < g(b)$，证明在

(a,b) 内至少存在一点 ξ,使得 $f(\xi)=g(\xi)$.

8. 设函数 $f(x)$ 在 $[a,b]$ 上连续,$f(a)>a$,$f(b)<b$,证明在 (a,b) 内方程 $f(x)=x$ 至少有一个实根.

(B)

1. 选择题

(1) $f(x)$ 在点 $x=x_0$ 有定义是 $f(x)$ 在 $x=x_0$ 连续的 （ ）.

A. 必要条件　　　B. 充分条件　　　C. 充要条件　　　D. 无关条件

(2) 当 $n\to\infty$ 时,$n\sin\dfrac{n\pi}{2}$ 是一个 （ ）.

A. 无穷小　　　B. 无穷大　　　C. 无界量　　　D. 有界量

(3) 当 $x\to0$ 时,与无穷小量 $x+1\,000x^3$ 等价的无穷小是 （ ）.

A. $\sqrt[3]{x}$　　　B. $\sqrt{x}$　　　C. x　　　D. x^3

2. 填空题

(1) $f(x)=(x-2)(8-x)$,则 $f[f(3)]=$ _____.

(2) $\displaystyle\lim_{x\to\infty}x\sin\dfrac{1}{x}=$ _____.

(3) $f(x)=\dfrac{\sqrt{x-1}}{x^2-2x-3}$ 的连续区间是_____,间断点是_____.

(4) 设 $f(x)=\dfrac{\ln(1-x)}{|x|(x+2)}$,则 $x=0$ 是 $f(x)$ 的第____类中的_____间断点;$x=-2$ 是 $f(x)$ 的第____类中的_____间断点.

答　案
(A)

1. $[-3,-2)\bigcup(3,4]$;　　　2. $f(x)=e^{\sin(x-1)^2}+1$;

3. (1) 2;　(2) $\dfrac{1}{2}$;　(3) $\dfrac{1}{3}$;　(4) e;　(5) 不存在;　(6) $\dfrac{1}{e}$;　(7) $\dfrac{1}{4}$.

4. $f(0^-)=1$,$f(0^+)=2$. $x=0$ 是第一类中的跳跃间断点.

5. $a=-2$.　　　　　　　　　　　6. 略.

7. 提示:设 $F(x)=f(x)-g(x)$,对 $F(x)$ 用零点定理.

8. 提示:设 $F(x)=f(x)-x$,对 $F(x)$ 用零点定理.

(B)

1. (1) A;　(2) C;　(3) C.

2. (1) 9;　(2) 1;　(3) 连续区间 $[1,3)$,$(3,+\infty)$,间断点是 $x=3$;　(4) $x=0$ 是第一类中的跳跃间断点;$x=-2$ 是第二类中的无穷间断点.

第 2 章　导数与微分

前面介绍了函数极限与连续的概念,本章将利用极限概念作为工具,建立函数的导数概念及求导法则,并引出函数的微分概念,然后介绍函数的微分法则及微分的应用.

2.1　导数概念

在诸多实际问题中,如物理学中运动体的瞬时速度,几何学中曲线的切线斜率,经济学中边际、弹性分析等等常需研究某个变量相对于另一个变量变化的快慢程度.这类问题通常称为**变化率**问题.

2.1.1　变化率问题举例

1. 变速直线运动的瞬时速度

当质点作匀速直线运动时,在任何时刻的速度,可用公式

$$速度 = \frac{经过路程}{所用时间}$$

来计算,它是一个常量.但在多数场合,质点运动的速度是变化的.这时要引出瞬时速度的概念.

设质点沿数轴自原点 O 按运动规律 $s = s(t)$ 作直线运动,这里 t 为时间,s 是质点在数轴上的坐标.$s = s(t)$ 也称为**位置(或位移)**函数.

从时刻 t_0 至 $t_0 + \Delta t$ 时,质点的位移函数 $s(t)$ 有增量(图 2-1)

图 2-1

$$\Delta s = s(t_0 + \Delta t) - s(t_0).$$

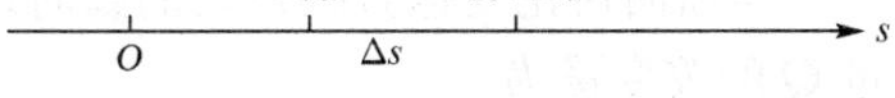

作比值

$$\bar{v} = \frac{\Delta s}{\Delta t} = \frac{s(t_0 + \Delta t) - s(t_0)}{\Delta t},$$

它是质点在上述这段时间内的平均速度.

通常,变速运动速度是连续变化的.因此,当 $|\Delta t|$ 很小时,平均速度 $\bar{v}$ 可作为质点在时刻 t_0 的瞬时速度的近似值.当 $|\Delta t|$ 越小,$\bar{v}$ 越接近质点在时刻 t_0 的瞬时速度.因此,当 $\Delta t \to 0$ 时,$\bar{v}$ 的极限(若存在)称为质点在时刻 t_0 的**瞬时速度**,记作 $v(t_0)$,即

$$v(t_0) = \lim_{\Delta t \to 0} \bar{v} = \lim_{\Delta t \to 0} \frac{s(t_0 + \Delta t) - s(t_0)}{\Delta t}.$$

例如,对前面介绍过的自由落体运动,其运动规律为 $s = \frac{1}{2}gt^2$. 它在时刻 t_0 的瞬时速度为

$$v(t_0) = \lim_{\Delta t \to 0} \frac{\frac{1}{2}g(t_0 + \Delta t)^2 - \frac{1}{2}gt_0^2}{\Delta t} = \lim_{\Delta t \to 0} \left(gt_0 + \frac{1}{2}g\Delta t \right) = gt_0.$$

2. 曲线的切线斜率

设曲线 C 的方程为 $y = f(x)$,曲线 C 上两点 M_0,M 的坐标分别为 $(x_0,\ f(x_0))$,$(x,\ f(x))$,割线 M_0M(图 2-2)的斜率为

$$\tan \varphi = \frac{f(x) - f(x_0)}{x - x_0}.$$

让点 M 沿曲线 C 无限趋近于点 M_0,即 $x \to x_0$,割线 M_0M 的极限位置为直线 M_0T(若存在),则称 M_0T 为曲线 C 在点 M_0 处的**切线**(图 2-2). 其斜率为

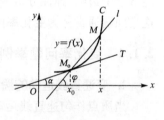

$$\tan \alpha = \lim_{x \to x_0} \tan \varphi = \lim_{x \to x_0} \frac{f(x) - f(x_0)}{x - x_0}.$$

若令 $\Delta x = x - x_0$,当 $x \to x_0$ 即 $\Delta x \to 0$,则曲线 C 在点 M_0 处的切线 M_0T 的斜率也可表示为

图 2-2

$$\tan \alpha = \lim_{\Delta x \to 0} \frac{f(x_0 + \Delta x) - f(x_0)}{\Delta x}.$$

3. 产品产量的变化率

设某产品产量 $Q = Q(t)$,即 Q 为时间 t 的函数. 求产量函数 $Q = Q(t)$ 在时刻 t_0 的变化率.

与前面讨论变速直线运动的瞬时速度类似,从时刻 t_0 至 $t_0 + \Delta t$ 这段时间内,产量 Q 的改变量为

$$\Delta Q = Q(t_0 + \Delta t) - Q(t_0).$$

作比值

$$\frac{\Delta Q}{\Delta t} = \frac{Q(t_0 + \Delta t) - Q(t_0)}{\Delta t},$$

这是产量函数 $Q(t)$ 在上述这段时间内的平均变化率. 当 $\Delta t \to 0$ 时,如果极限

$$\lim_{\Delta t \to 0} \frac{\Delta Q}{\Delta t} = \lim_{\Delta t \to 0} \frac{Q(t_0 + \Delta t) - Q(t_0)}{\Delta t}$$

存在,则称此极限为产量 $Q=Q(t)$ 在时刻 t_0 的**瞬时变化率**,也称为时刻 t_0 的**生产率**.

2.1.2 函数的导数

1. 导数的定义

上述 3 个问题虽然具体内容不同,但所得到的数学模式却是相同的,它们都可归结为计算函数的增量与自变量的增量之比当自变量的增量趋于零时的极限. 在自然科学和工程技术等领域内,还有其他许多实际问题具有这样的数学模式. 我们通过数学的抽象,撇开这些量的具体意义,抓住它们在数量关系上的共性,就可引入函数的导数的定义.

定义 设函数 $y=f(x)$ 在点 x_0 的某一邻域内有定义,当自变量 x 在 x_0 处取得增量 Δx(点 $x_0+\Delta x$ 仍在该邻域内)时,相应的函数 y 取得增量 $\Delta y=f(x_0+\Delta x)-f(x_0)$. 如果极限

$$\lim_{\Delta x \to 0}\frac{\Delta y}{\Delta x}=\lim_{\Delta x \to 0}\frac{f(x_0+\Delta x)-f(x_0)}{\Delta x}$$

存在,则称该极限为**函数** $y=f(x)$ **在点** x_0 **处的导数**,记作 $f'(x_0)$,即

$$f'(x_0)=\lim_{\Delta x \to 0}\frac{\Delta y}{\Delta x}=\lim_{\Delta x \to 0}\frac{f(x_0+\Delta x)-f(x_0)}{\Delta x}, \tag{2.1.1}$$

也可记作 $y'|_{x=x_0}$, $\dfrac{\mathrm{d}y}{\mathrm{d}x}\Big|_{x=x_0}$ 或 $\dfrac{\mathrm{d}}{\mathrm{d}x}f(x)\Big|_{x=x_0}$.

函数 $f(x)$ 在点 x_0 处的导数存在,亦称函数 $f(x)$ 在点 x_0 处**可导**,否则就称函数 $f(x)$ 在点 x_0 处**不可导**. 如果增量之比 $\dfrac{\Delta y}{\Delta x}$(当 $\Delta x \to 0$ 时)的极限为无穷大,导数是不存在的,但为叙述方便,也称函数在点 x_0 处的导数为无穷大.

显然,上述函数增量与自变量增量之比 $\dfrac{\Delta y}{\Delta x}$,就是函数在以 x_0 和 $x_0+\Delta x$ 为端点的区间上的平均变化率,而导数 $y'|_{x=x_0}$ 是函数在点 x_0 处的变化率,它反映了函数随自变量的变化而变化的快慢程度.

在式(2.1.1)中,如果令 $x=x_0+\Delta x$,则 $\Delta x=x-x_0$,当 $\Delta x \to 0$ 时,有 $x \to x_0$. 这时,式(2.1.1)就可写成

$$f'(x_0)=\lim_{x \to x_0}\frac{f(x)-f(x_0)}{x-x_0}, \tag{2.1.2}$$

这是导数定义的另一种形式.

如果函数 $y=f(x)$ 在区间 (a,b) 内每一点处都具有导数,即在区间 (a,b) 内每一点都可导,那么,就称函数 $y=f(x)$ 在区间 (a,b) 内可导. 这时,对于区间 (a,b) 内每一个给定的 x,函数都有一个确定的导数值与之对应,这样就构成了一个新的函

数,该函数称为原来函数 $y = f(x)$ 的**导函数**,记作

$$y', f'(x), \frac{\mathrm{d}y}{\mathrm{d}x} \quad 或 \quad \frac{\mathrm{d}}{\mathrm{d}x}f(x),$$

即有

$$f'(x) = \lim_{\Delta x \to 0} \frac{f(x + \Delta x) - f(x)}{\Delta x}. \tag{2.1.3}$$

显然,函数 $y = f(x)$ 在点 x_0 处的导数 $f'(x_0)$ 就是导函数 $f'(x)$ 在点 x_0 处的函数值,即

$$f'(x_0) = f'(x)\,|_{x=x_0}.$$

通常,在不致于发生混淆的情况下,导函数 $f'(x)$ 也简称为**导数**.

根据导数定义,就可以把 2.1.1 目中所讨论的 3 个实际问题简述如下:

(1) 变速直线运动在时刻 t_0 的瞬时速度 $v(t_0)$ 是位置函数 $s(t)$ 在 t_0 处的导数,即

$$v(t_0) = \frac{\mathrm{d}s}{\mathrm{d}t}\bigg|_{t=t_0}.$$

(2) 曲线 $y = f(x)$ 在点 $M_0(x_0, f(x_0))$ 处的切线的斜率为

$$k_T = f'(x_0).$$

(3) 产量 $Q = Q(t)$ 在时刻 t_0 的瞬时变化率是产量函数 $Q(t)$ 在 t_0 处的导数,即 $Q'(t_0)$.

根据定义求 $y = f(x)$ 的导数,可分为以下三步:

(1) 求增量: $\Delta y = f(x + \Delta x) - f(x)$;

(2) 算比值: $\dfrac{\Delta y}{\Delta x} = \dfrac{f(x + \Delta x) - f(x)}{\Delta x}$;

(3) 取极限: $y' = \lim\limits_{\Delta x \to 0} \dfrac{\Delta y}{\Delta x}$.

例 1 求函数 $y = f(x) = c$(c 为常数)的导数.

解 (1) 求增量: $\Delta y = f(x + \Delta x) - f(x) = c - c = 0$.

(2) 算比值: $\dfrac{\Delta y}{\Delta x} = 0$.

(3) 取极限: $y' = \lim\limits_{\Delta x \to 0} \dfrac{\Delta y}{\Delta x} = \lim\limits_{\Delta x \to 0} 0 = 0$,

即得

$$\boxed{(c)' = 0.} \tag{2.1.4}$$

这就是说,**常数的导数为零**.

例 2 求函数 $y = x^n$(n 为正整数)的导数.

解 （1）求增量.利用二项式定理展开,可得

$$\Delta y = (x + \Delta x)^n - x^n$$

$$= x^n + nx^{n-1}\Delta x + \frac{n(n-1)}{2!}x^{n-2}(\Delta x)^2 + \cdots + (\Delta x)^n - x^n$$

$$= nx^{n-1}\Delta x + \frac{n(n-1)}{2!}x^{n-2}(\Delta x)^2 + \cdots + (\Delta x)^n.$$

（2）算比值

$$\frac{\Delta y}{\Delta x} = nx^{n-1} + \frac{n(n-1)}{2!}x^{n-2}\Delta x + \cdots + (\Delta x)^{n-1}.$$

（3）取极限

$$y' = \lim_{\Delta x \to 0}\frac{\Delta y}{\Delta x} = \lim_{\Delta x \to 0}\left[nx^{n-1} + \frac{n(n-1)}{2!}x^{n-2}(\Delta x) + \cdots + (\Delta x)^{n-1} \right] = nx^{n-1},$$

即得

$$\boxed{(x^n)' = nx^{n-1}.}$$

（2.1.5）

一般地,对于幂函数 $y = x^\mu$（μ 为实数且 $\mu \neq 0$）,有

$$\boxed{(x^\mu)' = \mu x^{\mu-1}.}$$

（2.1.6）

这就是**幂函数的导数公式**.这公式的证明将在 2.4 节中给出.利用公式（2.1.6）可以很方便地求出幂函数的导数,例如：

$$(\sqrt{x})' = (x^{\frac{1}{2}})' = \frac{1}{2}x^{-\frac{1}{2}} = \frac{1}{2\sqrt{x}}; \quad \left(\frac{1}{x}\right)' = (x^{-1})' = -\frac{1}{x^2}.$$

例3 求函数 $y = \sin x$ 的导数.

解 （1）求增量

$$\Delta y = f(x + \Delta x) - f(x) = \sin(x + \Delta x) - \sin x,$$

利用三角学中的和差化积公式,可把 Δy 改写为

$$\Delta y = 2\cos\frac{x + \Delta x + x}{2}\sin\frac{x + \Delta x - x}{2} = 2\cos\left(x + \frac{\Delta x}{2}\right)\sin\frac{\Delta x}{2}.$$

（2）算比值

$$\frac{\Delta y}{\Delta x} = \frac{2\cos\left(x + \frac{\Delta x}{2}\right)\sin\frac{\Delta x}{2}}{\Delta x} = \cos\left(x + \frac{\Delta x}{2}\right)\frac{\sin\frac{\Delta x}{2}}{\frac{\Delta x}{2}}.$$

（3）取极限 $y' = \lim\limits_{\Delta x \to 0} \frac{\Delta y}{\Delta x} = \lim\limits_{\Delta x \to 0} \cos\left(x + \frac{\Delta x}{2}\right) \frac{\sin\frac{\Delta x}{2}}{\frac{\Delta x}{2}}$,

因为 $\cos x$ 连续，所以 $\lim\limits_{\Delta x \to 0} \cos\left(x + \frac{\Delta x}{2}\right) = \cos x$.

从而 $y' = \lim\limits_{\Delta x \to 0} \frac{\Delta y}{\Delta x} = \lim\limits_{\Delta x \to 0} \cos\left(x + \frac{\Delta x}{2}\right) \frac{\sin\frac{\Delta x}{2}}{\frac{\Delta x}{2}} = \cos x \cdot 1 = \cos x$,

即得

$$(\sin x)' = \cos x.$$ (2.1.7)

用类似的方法，可求得余弦函数 $y = \cos x$ 的导数为

$$(\cos x)' = -\sin x.$$ (2.1.8)

例 4 求函数 $y = \log_a x \ (a > 0, \ a \neq 1)$ 的导数.

解 因为 $\Delta y = \log_a(x + \Delta x) - \log_a x = \log_a \frac{x + \Delta x}{x} = \log_a\left(1 + \frac{\Delta x}{x}\right)$,

所以

$$\lim\limits_{\Delta x \to 0} \frac{\Delta y}{\Delta x} = \lim\limits_{\Delta x \to 0} \frac{\log_a\left(1 + \frac{\Delta x}{x}\right)}{\Delta x} = \lim\limits_{\Delta x \to 0} \frac{1}{x} \log_a\left(1 + \frac{\Delta x}{x}\right)^{\frac{x}{\Delta x}}$$

$$= \frac{1}{x} \log_a \mathrm{e} = \frac{1}{x \ln a}.$$

于是有

$$(\log_a x)' = \frac{1}{x \ln a}.$$ (2.1.9)

特别地，当 $a = \mathrm{e}$ 时，有

$$(\ln x)' = \frac{1}{x}.$$ (2.1.10)

2. 单侧导数

函数 $y = f(x)$ 在点 x_0 处的导数的定义是一个极限（公式(2.1.1)）. 由左、右极限的概念，现引入左、右导数的定义. 左极限 $\lim\limits_{\Delta x \to 0^-} \frac{\Delta y}{\Delta x}$ 和右极限 $\lim\limits_{\Delta x \to 0^+} \frac{\Delta y}{\Delta x}$ 分别称为 $y = f(x)$ 在点 x_0 处的**左导数**和**右导数**，分别记作 $f'_-(x_0)$ 和 $f'_+(x_0)$，即

$$f'_-(x_0) = \lim_{\Delta x \to 0^-} \frac{f(x_0 + \Delta x) - f(x_0)}{\Delta x}, \; f'_+(x_0) = \lim_{\Delta x \to 0^+} \frac{f(x_0 + \Delta x) - f(x_0)}{\Delta x}.$$

(2.1.11)

左导数和右导数统称为**单侧导数**.

根据极限存在的充分必要条件易得,**函数 $y = f(x)$ 在点 x_0 处可导的充分必要条件是,它在点 x_0 处的左导数和右导数都存在且相等**.

例如,函数 $f(x) = |x|$ 在 $x = 0$ 处的左导数 $f'_-(0) = -1$,右导数 $f'_+(0) = 1$,即 $f'_-(0) \neq f'_+(0)$,所以 $f(x) = |x|$ 在 $x = 0$ 处不可导.

下面举一个分段函数在分段点可导的例子.

例5 求 $f(x) = \begin{cases} x^2, & x \leqslant 0, \\ x^3, & x > 0 \end{cases}$ 在 $x = 0$ 处的导数.

解 由于在分段点 $x = 0$ 两边的函数表达式不同,所以必须分别求左、右导数.
在 $x = 0$ 处的左导数

$$f'_-(0) = \lim_{\Delta x \to 0^-} \frac{f(0 + \Delta x) - f(0)}{\Delta x} = \lim_{\Delta x \to 0^-} \frac{(\Delta x)^2}{\Delta x} = 0,$$

右导数

$$f'_+(0) = \lim_{\Delta x \to 0^+} \frac{f(0 + \Delta x) - f(0)}{\Delta x} = \lim_{\Delta x \to 0^+} \frac{(\Delta x)^3}{\Delta x} = 0.$$

即 $f'_-(0) = f'_+(0) = 0$,所以,函数 $f(x)$ 在 $x = 0$ 处可导,且 $f'(0) = 0$.

2.1.3 导数的几何意义

由 2.1.1 目及 2.1.2 目知,$f'(x_0)$ 在几何上表示曲线 $y = f(x)$ 在点 $M_0(x_0, f(x_0))$ 处的切线的斜率,即 $k_T = f'(x_0)$. 如果 $f'(x_0) = \infty$,那么,切线垂直于 x 轴.

根据导数的几何意义,利用平面解析几何中直线的点斜式方程,可得出**曲线 $y = f(x)$ 在点 $M_0(x_0, y_0)$ 处的切线方程**为

$$\boxed{y - y_0 = f'(x_0)(x - x_0).}$$

(2.1.12)

过切点 $M_0(x_0, y_0)$ 且与切线垂直的直线,称为曲线 $y = f(x)$ 在点 $M_0(x_0, y_0)$ 处的**法线**. 如果 $f'(x_0) \neq 0$,法线的斜率为 $-\dfrac{1}{f'(x_0)}$,从而可得**曲线 $y = f(x)$ 在点 $M_0(x_0, y_0)$ 处的法线方程**为

$$\boxed{y - y_0 = -\frac{1}{f'(x_0)}(x - x_0) \; (f'(x_0) \neq 0).}$$

(2.1.13)

例6 求立方抛物线 $y=x^3$ 在点 $(2,8)$ 处的切线斜率,并写出在该点处的切线方程及法线方程.

解 所求切线在点 $(2,8)$ 处的斜率为

$$y'|_{x=2}=(x^3)'|_{x=2}=3x^2|_{x=2}=12.$$

从而所求的切线方程为

$$y-8=12(x-2), \quad 即 \quad 12x-y-16=0;$$

相应的法线斜率为 $-\dfrac{1}{y'|_{x=2}}=-\dfrac{1}{12}$. 从而所求的法线方程为

$$y-8=-\frac{1}{12}(x-2), \quad 即 \quad x+12y-98=0.$$

例7 求曲线 $y=\ln x$ 上哪一点处的切线平行于直线 $y=3x-1$,并写出此切线方程.

解 在曲线上任意一点 (x,y) 处的切线斜率为 $y'=\dfrac{1}{x}$,已知直线斜率为 3. 要使曲线的切线平行于已知直线,只要 $y'=\dfrac{1}{x}=3$,从而解出 $x=\dfrac{1}{3}$. 把 $x=\dfrac{1}{3}$ 代入所给的曲线方程,得 $y=\ln\dfrac{1}{3}=-\ln 3$. 由此得到曲线上一点 $M\left(\dfrac{1}{3},-\ln 3\right)$. 这样,过曲线 $y=\ln x$ 上点 $M\left(\dfrac{1}{3},-\ln 3\right)$ 处的切线与已知直线 $y=3x-1$ 平行,其切线方程为

$$y+\ln 3=3\left(x-\frac{1}{3}\right), \quad 即 \quad y=3x-\ln 3-1.$$

2.1.4 函数的可导性与连续性的关系

定理 若函数 $y=f(x)$ 在点 x 处可导,则函数在该点处必连续.

证明 已知函数 $y=f(x)$ 在点 x 处可导,即

$$\lim_{\Delta x\to 0}\frac{\Delta y}{\Delta x}=f'(x)$$

存在,由函数极限与无穷小的关系(见 1.5 节定理 3),可知

$$\frac{\Delta y}{\Delta x}=f'(x)+\alpha,$$

其中,α 为当 $\Delta x\to 0$ 时的无穷小. 上式两边同乘以 Δx,得

$$\Delta y=f'(x)\Delta x+\alpha\Delta x.$$

由此可见,当 $\Delta x \to 0$ 时,必有 $\Delta y \to 0$. 这就表明函数 $y = f(x)$ 在点 x 处是连续的. 证毕.

该定理表明了函数在某点连续是函数在该点可导的必要条件. 但不是充分条件,即函数在某点连续却不一定可导.

例如,函数 $f(x) = |x|$ 在 $x = 0$ 处是连续的,但是,前面已提到它在 $x = 0$ 处是不可导的.

例 8 讨论函数

$$f(x) = \begin{cases} x - 1, & x \leqslant 0, \\ 2x, & 0 < x \leqslant 1, \\ x^2 + 1, & 1 < x \leqslant 2, \\ \dfrac{1}{2}x + 4, & x > 2 \end{cases}$$

在 $x = 0$,$x = 1$ 及 $x = 2$ 处的连续性与可导性.

解 在 $x = 0$ 处,$f(0^-) = \lim\limits_{x \to 0^-}(x - 1) = -1$,$f(0^+) = \lim\limits_{x \to 0^+} 2x = 0$. 因为 $f(0^-) \neq f(0^+)$,所以 $\lim\limits_{x \to 0} f(x)$ 不存在. 从而 $f(x)$ 在 $x = 0$ 不连续,当然不可导.

在 $x = 1$ 处,

$$f(1^-) = \lim_{x \to 1^-} 2x = 2, \quad f(1^+) = \lim_{x \to 1^+}(x^2 + 1) = 2.$$

因为 $f(1^-) = f(1^+) = f(1) = 2$,所以 $f(x)$ 在 $x = 1$ 处连续. 且

$$f'_-(1) = \lim_{\Delta x \to 0^-} \frac{f(1 + \Delta x) - f(1)}{\Delta x} = \lim_{\Delta x \to 0^-} \frac{2(1 + \Delta x) - 2}{\Delta x} = 2,$$

$$f'_+(1) = \lim_{\Delta x \to 0^+} \frac{f(1 + \Delta x) - f(1)}{\Delta x} = \lim_{\Delta x \to 0^+} \frac{(1 + \Delta x)^2 + 1 - 2}{\Delta x} = 2,$$

因为 $f'_-(1) = f'_+(1) = 2$,所以 $f(x)$ 在 $x = 1$ 处可导,且导数 $f'(1) = 2$.

在 $x = 2$ 处,

$$f(2^-) = \lim_{x \to 2^-}(x^2 + 1) = 5, \quad f(2^+) = \lim_{x \to 2^+}\left(\frac{1}{2}x + 4\right) = 5.$$

因为 $f(2^-) = f(2^+) = f(2) = 5$,所以 $f(x)$ 在 $x = 2$ 处连续. 但是

$$f'_-(2) = \lim_{x \to 2^-} \frac{f(x) - f(2)}{x - 2} = \lim_{x \to 2^-} \frac{x^2 + 1 - 5}{x - 2} = \lim_{x \to 2^-}(x + 2) = 4,$$

$$f'_+(2) = \lim_{x \to 2^+} \frac{f(x) - f(2)}{x - 2} = \lim_{x \to 2^+} \frac{\dfrac{1}{2}x + 4 - 5}{x - 2} = \lim_{x \to 2^+} \frac{\dfrac{1}{2}(x - 2)}{x - 2} = \frac{1}{2}.$$

因为 $f'_-(2) \neq f'_+(2)$,所以 $f(x)$ 在 $x = 2$ 处不可导.

例 9 设 $y = f(x)$ 为偶函数,且在 $x = 0$ 处可导,则在 $x = 0$ 处的导数 $f'(0) = 0$.

证明 因为 $f(x)$ 在 $x = 0$ 处可导,所以

$$f'(0) = f'_-(0) = f'_+(0).$$

由于 $f'_-(0) = \lim\limits_{\Delta x \to 0^-} \dfrac{f(\Delta x) - f(0)}{\Delta x}$ 存在,且

$$f'(0) = f'_+(0) = \lim_{\Delta x \to 0^+} \frac{f(\Delta x) - f(0)}{\Delta x} \xlongequal{\text{令} h = -\Delta x}$$

$$\lim_{h \to 0^-} \frac{f(-h) - f(0)}{-h}$$

(因 $f(-h) = f(h)$)

$$= -\lim_{h \to 0^-} \frac{f(h) - f(0)}{h} = -f'_-(0) = -f'(0).$$

这样,$f'(0) = -f'(0)$. 所以 $2f'(0) = 0$,即 $f'(0) = 0$.

习题 2.1

1. 已知客户购买的理财产品(5 万元本金,期限 7 天)其收益(利息)y 与利率 x 间有一次函数关系 $y = \dfrac{70\,000}{73} x$. 求:(1) $\dfrac{\Delta y}{\Delta x}$;(2) $\dfrac{\mathrm{d}y}{\mathrm{d}x}$.

2. 求下列函数的导数.

(1) $y = \dfrac{x^2 \sqrt{x}}{\sqrt[5]{x}}$;

(2) $y = \begin{cases} x, & x \leqslant 0, \\ \sin x, & x > 0. \end{cases}$

3. 求曲线 $y = \sqrt[4]{x}$ 在 $(1,1)$ 处的切线方程和法线方程.

4. 求曲线 $y = \sin x$ 在 $\left(\dfrac{\pi}{6}, \dfrac{1}{2}\right)$ 处的切线方程和法线方程.

5. 下列各题中均假定 $f'(x_0)$ 存在,按照导数的定义观察下列极限,指出 A 表示什么.

(1) $\lim\limits_{\Delta x \to 0} \dfrac{f(x_0 - \Delta x) - f(x_0)}{\Delta x} = A$;

(2) $\lim\limits_{x \to 0} \dfrac{f(x)}{x} = A$,其中 $f(0) = 0$, $f'(0)$ 存在;

(3) $\lim\limits_{\Delta x \to 0} \dfrac{f(x_0 + 3\Delta x) - f(x_0)}{\Delta x} = A$;

(4) $\lim\limits_{h \to 0} \dfrac{f(x_0 + h) - f(x_0 - h)}{h} = A$.

6. 讨论 $y = |\sin x|$ 在 $x = 0$ 处是否连续? 是否可导?

7. 证明:双曲线 $xy = a^2$ 上任意一点处的切线与两坐标轴构成的三角形的面积都等于 $2a^2$.

答 案

1. (1) $\dfrac{70\,000}{73}$; (2) $\dfrac{70\,000}{73}$

2. (1) $\dfrac{23}{10} x^{\frac{13}{10}}$; (2) $f'(x) = \begin{cases} 1, & x \leqslant 0, \\ \cos x, & x > 0. \end{cases}$

3. 切线方程为 $x - 4y + 3 = 0$;法线方程为 $4x + y - 5 = 0$.

4. 切线方程为 $6\sqrt{3}x - 12y + 6 - \sqrt{3}\pi = 0$;法线方程为 $12\sqrt{3}x + 18y - 2\sqrt{3}\pi - 9 = 0$.

5. (1) $A = -f'(x_0)$; (2) $A = f'(0)$; (3) $A = 3f'(x_0)$; (4) $A = 2f'(x_0)$.

6. 在 $x = 0$ 连续,但不可导.

7. 证略.

2.2 函数的四则运算求导法则

前面根据导数的定义,计算了一些简单函数的导数.但是,对于比较复杂的函数,根据定义求导数将是很困难的.从本节起,将介绍一些求导的运算法则,借助于这些法则,就能比较方便地求出常见的初等函数的导数.

2.2.1 函数的和、差求导法则

定理 1 若函数 $u(x)$ 和 $v(x)$ 在点 x 处可导,则函数 $u(x) \pm v(x)$ 在点 x 处也可导,且

$$\boxed{[u(x) \pm v(x)]' = u'(x) \pm v'(x).} \tag{2.2.1}$$

证明 设 $y = u(x) + v(x)$,则

$$\Delta y = [u(x + \Delta x) + v(x + \Delta x)] - [u(x) + v(x)]$$
$$= [u(x + \Delta x) - u(x)] + [v(x + \Delta x) - v(x)] = \Delta u + \Delta v.$$
$$\frac{\Delta y}{\Delta x} = \frac{\Delta u}{\Delta x} + \frac{\Delta v}{\Delta x}.$$

已知 $u(x)$ 和 $v(x)$ 在点 x 处可导,即有

$$\lim_{\Delta x \to 0} \frac{\Delta u}{\Delta x} = u'(x) \quad 及 \quad \lim_{\Delta x \to 0} \frac{\Delta v}{\Delta x} = v'(x),$$

于是 $\quad \displaystyle\lim_{\Delta x \to 0} \frac{\Delta y}{\Delta x} = \lim_{\Delta x \to 0} \left(\frac{\Delta u}{\Delta x} + \frac{\Delta v}{\Delta x} \right) = \lim_{\Delta x \to 0} \frac{\Delta u}{\Delta x} + \lim_{\Delta x \to 0} \frac{\Delta v}{\Delta x} = u'(x) + v'(x).$

从而有 $\qquad\qquad [u(x) + v(x)]' = u'(x) + v'(x).$

同理可证 $\qquad\qquad [u(x) - v(x)]' = u'(x) - v'(x).$

这就是说,**两个可导函数之和(差)的导数等于这两个函数的导数之和(差)**.
本定理可以推广到有限个可导函数相加、相减的情形.
例如,设 $u(x)$,$v(x)$,$w(x)$ 均可导,则有

$$[u(x) \pm v(x) \pm w(x)]' = u'(x) \pm v'(x) \pm w'(x).$$

例 1 已知 $y = x^3 + \cos x - \ln x + \pi$,求 y'.

解 $\quad y' = (x^3 + \cos x - \ln x + \pi)' = (x^3)' + (\cos x)' - (\ln x)' + (\pi)'$

$$= 3x^2 - \sin x - \frac{1}{x} + 0 = 3x^2 - \sin x - \frac{1}{x}.$$

例 2 设 $y = \sqrt[5]{x} + \dfrac{1}{x^3} - \sin x + \log_2 x + \cos \dfrac{\pi}{4}$，求 y' 及 $y'|_{x=1}$.

解 $y' = \left(\sqrt[5]{x} + \dfrac{1}{x^3} - \sin x + \log_2 x + \cos \dfrac{\pi}{4} \right)'$

$\qquad = (x^{\frac{1}{5}})' + (x^{-3})' - (\sin x)' + (\log_2 x)' + \left(\cos \dfrac{\pi}{4} \right)'$

$\qquad = \dfrac{1}{5} x^{\frac{1}{5}-1} - 3x^{-4} - \cos x + \dfrac{1}{x\ln 2} + 0$

$\qquad = \dfrac{1}{5\sqrt[5]{x^4}} - \dfrac{3}{x^4} - \cos x + \dfrac{1}{x\ln 2}.$

$y'\Big|_{x=1} = \left(\dfrac{1}{5\sqrt[5]{x^4}} - \dfrac{3}{x^4} - \cos x + \dfrac{1}{x\ln 2} \right)\Big|_{x=1} = \dfrac{1}{5} - 3 - \cos 1 + \dfrac{1}{\ln 2}$

$\qquad = -\dfrac{14}{5} - \cos 1 + \dfrac{1}{\ln 2}.$

例 3 设 $y = \dfrac{x^2 + \sqrt{x} + 1}{x^2}$，求 y'.

解 因为 $y = \dfrac{x^2 + \sqrt{x} + 1}{x^2} = 1 + x^{-\frac{3}{2}} + x^{-2}$，所以

$$y' = (1 + x^{-\frac{3}{2}} + x^{-2})' = -\dfrac{3}{2} x^{-\frac{5}{2}} - 2x^{-3} = -\dfrac{3}{2\sqrt{x^5}} - \dfrac{2}{x^3}.$$

2.2.2 函数的积、商求导法则

定理 2 若函数 $u(x)$ 和 $v(x)$ 在点 x 处可导，则函数 $u(x)v(x)$，$\dfrac{u(x)}{v(x)}$ $(v(x)$ $\neq 0)$ 在点 x 处也可导，且有

(1) $\boxed{[u(x)v(x)]' = u'(x)v(x) + u(x)v'(x);}$ \qquad (2.2.2)

(2) $\boxed{\left[\dfrac{u(x)}{v(x)} \right]' = \dfrac{u'(x)v(x) - u(x)v'(x)}{v^2(x)} \quad (v(x) \neq 0).}$ \qquad (2.2.3)

证明 (1) 设 $y = u(x)v(x)$，则

$\Delta y = u(x+\Delta x)v(x+\Delta x) - u(x)v(x)$

$\quad = u(x+\Delta x)v(x+\Delta x) - u(x)v(x+\Delta x) + u(x)v(x+\Delta x) - u(x)v(x)$

$$=[u(x+\Delta x)-u(x)]v(x+\Delta x)+u(x)[v(x+\Delta x)-v(x)]$$
$$=\Delta u v(x+\Delta x)+u(x)\Delta v.$$

$$\frac{\Delta y}{\Delta x}=\frac{\Delta u}{\Delta x}v(x+\Delta x)+u(x)\frac{\Delta v}{\Delta x}.$$

已知函数 $u(x)$ 和 $v(x)$ 在点 x 处可导,即有

$$\lim_{\Delta x\to 0}\frac{\Delta u}{\Delta x}=u'(x),\quad \lim_{\Delta x\to 0}\frac{\Delta v}{\Delta x}=v'(x),$$

又因函数 $v(x)$ 在点 x 处可导必连续(见 2.1.4 目),故

$$\lim_{\Delta x\to 0}v(x+\Delta x)=v(x).$$

于是
$$\lim_{\Delta x\to 0}\frac{\Delta y}{\Delta x}=\lim_{\Delta x\to 0}\frac{\Delta u}{\Delta x}\lim_{\Delta x\to 0}v(x+\Delta x)+u(x)\lim_{\Delta x\to 0}\frac{\Delta v}{\Delta x}$$
$$=u'(x)v(x)+u(x)v'(x);$$

从而有
$$[u(x)v(x)]'=u'(x)v(x)+u(x)v'(x).$$

这就是说,两个可导函数乘积的导数等于第一个因子的导数与第二个因子的乘积,加上第一个因子与第二个因子的导数的乘积.

特殊地,若 $v(x)=c$(c 为常数),则

$$[cu(x)]'=(c)'u(x)+cu'(x)=cu'(x),$$

这就是说,求常数与一个可导函数的乘积的导数时,常数因子可移到导数记号的外面.

本定理的结论(1)也可以推广到有限个可导函数之积的情形.

例如,设 $u(x)$,$v(x)$,$w(x)$ 均可导,则有

$$(uvw)'=[(uv)w]'=(uv)'w+(uv)w'=(u'v+uv')w+uvw',$$

即
$$(uvw)'=u'vw+uv'w+uvw'.$$

(2) 证明从略.

结论(2)表示:当分母不为零时,两个可导函数之商的导数等于分子的导数与分母的乘积减去分母的导数与分子的乘积,再除以分母的平方.

例 4　设 $f(x)=x^2\ln x$,求 $f'(x)$.

解　$f'(x)=(x^2\ln x)'=(x^2)'\ln x+x^2(\ln x)'=2x\ln x+x^2\cdot\dfrac{1}{x}=2x\ln x+x.$

例 5　设 $f(x)=\sqrt[3]{x}\cos x\ln x$,求 $f'(x)$.

解　$f'(x)=(\sqrt[3]{x}\cos x\ln x)'=(x^{\frac{1}{3}})'\cos x\ln x+\sqrt[3]{x}(\cos x)'\ln x+\sqrt[3]{x}\cos x(\ln x)'$

$$= \frac{1}{3} x^{-\frac{2}{3}} \cos x \ln x - \sqrt[3]{x} \sin x \ln x + \frac{\sqrt[3]{x}}{x} \cos x$$

$$= \frac{1}{3 \sqrt[3]{x^2}} \cos x \ln x - \sqrt[3]{x} \sin x \ln x + \frac{1}{\sqrt[3]{x^2}} \cos x.$$

例 6　设 $y = \tan x$，求 y'.

解　由于 $\tan x = \dfrac{\sin x}{\cos x}$，应用公式(2.2.3)，得

$$y' = (\tan x)' = \left(\frac{\sin x}{\cos x} \right)' = \frac{(\sin x)' \cos x - \sin x (\cos x)'}{(\cos x)^2}$$

$$= \frac{\cos^2 x + \sin^2 x}{\cos^2 x} = \frac{1}{\cos^2 x} = \sec^2 x.$$

从而得到正切函数的导数公式：

$$\boxed{(\tan x)' = \sec^2 x.} \tag{2.2.4}$$

用同样方法可推出余切函数的导数公式：

$$\boxed{(\cot x)' = -\csc^2 x.} \tag{2.2.5}$$

例 7　设 $y = \sec x$，求 y'.

解　由于 $\sec x = \dfrac{1}{\cos x}$，应用公式(2.2.3)，得

$$y' = (\sec x)' = \left(\frac{1}{\cos x} \right)' = \frac{(1)' \cos x - 1 \cdot (\cos x)'}{\cos^2 x} = \frac{\sin x}{\cos^2 x} = \sec x \tan x.$$

从而得到正割函数的导数公式：

$$\boxed{(\sec x)' = \sec x \tan x.} \tag{2.2.6}$$

用同样方法可推出余割函数的导数公式：

$$\boxed{(\csc x)' = -\csc x \cot x.} \tag{2.2.7}$$

以上是函数的和、差、积、商的求导法则. 函数的求导运算，常需要把这些法则结合起来使用.

例 8　设 $f(x) = \dfrac{\tan x \sec x}{1 + x}$，求 $f'(0)$.

解 $f'(x) = \dfrac{(\tan x \sec x)'(1+x) - \tan x \sec x (1+x)'}{(1+x)^2}$

$\qquad = \dfrac{(\sec^2 x \sec x + \tan x \sec x \tan x)(1+x) - \tan x \sec x}{(1+x)^2}$

$\qquad = \dfrac{\sec x[(\sec^2 x + \tan^2 x)(1+x) - \tan x]}{(1+x)^2}$,

$f'(0) = \left.\dfrac{\sec x[(\sec^2 x + \tan^2 x)(1+x) - \tan x]}{(1+x)^2}\right|_{x=0} = 1.$

例 9 设 $y = \dfrac{\sin x}{\sqrt{x}}$，求 y'.

解法 1 利用商的求导法则，得

$$y' = \left(\frac{\sin x}{\sqrt{x}}\right)' = \frac{\sqrt{x}\cos x - \dfrac{1}{2\sqrt{x}}\sin x}{x} = \frac{1}{\sqrt{x}}\cos x - \frac{1}{2x\sqrt{x}}\sin x.$$

解法 2 将函数变形后利用乘积的求导法则，得

$$y' = \left(\frac{\sin x}{\sqrt{x}}\right)' = (x^{-\frac{1}{2}}\sin x)' = -\frac{1}{2}x^{-\frac{3}{2}}\sin x + x^{-\frac{1}{2}}\cos x = \frac{1}{\sqrt{x}}\cos x - \frac{1}{2x\sqrt{x}}\sin x.$$

习题 2.2

1. 求下列函数的导数.

(1) $y = \left(\dfrac{1}{x} - 1\right)(\sqrt{x} + 1)$;　　　(2) $y = \dfrac{x^2 + \sqrt{x} + 1}{x}$;　　　(3) $y = \dfrac{\cos x}{1 + \sin x}$;

(4) $y = \dfrac{\tan x + \cos x}{\ln x}$;　　　(5) $y = \dfrac{x \tan x}{1+x}$;　　　(6) $y = \dfrac{2\csc x}{1+x^2}$.

2. 曲线 $y = x\ln x$ 上哪一点的切线与直线 $y = 4x - 1$ 平行?

3. 证明

(1) $(\cot x)' = -\csc^2 x$;　　　(2) $(\csc x)' = -\csc x \cdot \cot x$.

4. 求下列函数的导数.

(1) $y = x\sin x \ln x$;　　　(2) $y = \dfrac{\sin x \cos x}{\sqrt{x}}$.

5. 设 $s(t) = \dfrac{1 - \sqrt{t}}{1 + \sqrt{t}}$，求 $s'(t)$，$s'(1)$.

6. 设 $s(t) = \dfrac{3}{5-t} + \dfrac{t^2}{5}$，求 $s'(0)$，$s'(2)$.

7. 求抛物线 $y = ax^2 + bx + c$ 上具有水平切线的点.

8. 求曲线 $y = x - \dfrac{1}{x}$ 在它与 x 轴交点处的切线方程.

1. (1) $-\dfrac{1}{x^2}(\sqrt{x}+1)+\left(\dfrac{1}{x}-1\right)\dfrac{1}{2\sqrt{x}}$;　　(2) $1-\dfrac{1}{2x\sqrt{x}}-\dfrac{1}{x^2}$;

   (3) $-\dfrac{1}{1+\sin x}$;　　(4) $\dfrac{x(\sec^2 x-\sin x)\ln x-\tan x-\cos x}{x\ln^2 x}$;

   (5) $\dfrac{\tan x+x\sec^2 x(1+x)}{(1+x)^2}$;　　(6) $\dfrac{-2\csc x\cot x(1+x^2)-4x\csc x}{(1+x^2)^2}$.

2. $(\mathrm{e}^3,\ 3\mathrm{e}^3)$.

3. 略.

4. (1) $\sin x\ln x+x\cos x\ln x+\sin x$;　　(2) $-\dfrac{\sin x\cos x}{2x\sqrt{x}}+\dfrac{\cos^2 x-\sin^2 x}{\sqrt{x}}$.

5. $\dfrac{-1}{\sqrt{t}(1+\sqrt{t})^2}$; $-\dfrac{1}{4}$.

6. $\dfrac{3}{25}$; $\dfrac{17}{15}$.

7. $\left(-\dfrac{b}{2a},\ -\dfrac{b^2-4ac}{4a}\right)$.

8. 切线方程为 $2x-y-2=0$ 或 $2x-y+2=0$.

2.3　反函数的导数

前面已经得到了常数、幂函数、三角函数及对数函数的导数公式. 本节要推导指数函数和反三角函数的导数公式. 由于指数函数和反三角函数分别是对数函数和三角函数的反函数, 所以先给出反函数的求导法则.

2.3.1　反函数的求导法则

我们知道, 如果函数 $x=\varphi(y)$ 在某区间上单调连续, 那么, 它的反函数 $y=f(x)$ 在对应的区间上也是单调连续的. 现在来推导具有上述性质的反函数的导数与直接函数的导数之间的关系.

定理　设直接函数 $x=\varphi(y)$ 在某区间内单调连续, 在该区间内任一点 y 处具有导数, 且 $\varphi'(y)\neq 0$, 则其反函数 $y=f(x)$ 在对应点 x 处也具有导数, 且有

$$f'(x)=\frac{1}{\varphi'(y)}\quad(\varphi'(y)\neq 0)\quad\text{或}\quad\frac{\mathrm{d}y}{\mathrm{d}x}=\frac{1}{\dfrac{\mathrm{d}x}{\mathrm{d}y}}\quad\left(\frac{\mathrm{d}x}{\mathrm{d}y}\neq 0\right).$$

(2.3.1)

证明　因函数 $x=\varphi(y)$ 在给定的区间内单调连续, 故它的反函数 $y=f(x)$ 在对应的区间内也是单调连续的. 从而当 x 有增量 $\Delta x\neq 0$ 时, 相应地 y 有增量 $\Delta y=f(x+\Delta x)-f(x)\neq 0$, 故有

$$\frac{\Delta y}{\Delta x} = \frac{1}{\frac{\Delta x}{\Delta y}}.$$

由于 $y = f(x)$ 连续,故当 $\Delta x \to 0$ 时,也一定有 $\Delta y \to 0$. 又由于 $x = \varphi(y)$ 在点 y 处可导,且 $\varphi'(y) \neq 0$,即 $\lim\limits_{\Delta y \to 0} \frac{\Delta x}{\Delta y} \neq 0$. 于是有

$$\lim_{\Delta x \to 0} \frac{\Delta y}{\Delta x} = \lim_{\Delta y \to 0} \frac{1}{\frac{\Delta x}{\Delta y}} = \frac{1}{\lim\limits_{\Delta y \to 0} \frac{\Delta x}{\Delta y}} = \frac{1}{\varphi'(y)},$$

即证得

$$f'(x) = \frac{1}{\varphi'(y)} \quad (\varphi'(y) \neq 0) \quad \text{或} \quad \frac{\mathrm{d}y}{\mathrm{d}x} = \frac{1}{\frac{\mathrm{d}x}{\mathrm{d}y}} \quad \left(\frac{\mathrm{d}x}{\mathrm{d}y} \neq 0\right).$$

这就是说,反函数的导数等于直接函数的导数(不等于零)的倒数.

下面应用公式(2.3.1)来推导指数函数与反三角函数的导数公式.

2.3.2 指数函数的导数

设对数函数 $x = \log_a y$ $(a > 0, a \neq 1)$ 是直接函数,则指数函数 $y = a^x$ 是它的反函数. 因为对数函数 $x = \log_a y$ 在区间 $0 < y < +\infty$ 内单调连续且可导,其导数为

$$\frac{\mathrm{d}x}{\mathrm{d}y} = (\log_a y)' = \frac{1}{y \ln a}.$$

所以,根据公式(2.3.1),在对应区间 $-\infty < x < +\infty$(对数函数的值域)内,所求的指数函数 $y = a^x$ 的导数为

$$(a^x)' = \frac{1}{(\log_a y)'} = \frac{1}{\frac{1}{y \ln a}} = y \ln a,$$

将 $y = a^x$ 代入上式右端,得

$$\boxed{(a^x)' = a^x \ln a \quad (a > 0, a \neq 1).}$$

(2.3.2)

这就是以 a 为底的指数函数的导数公式. 当 $a = e$ 时,公式(2.3.2)成为

$$\boxed{(e^x)' = e^x.}$$

(2.3.3)

这就是说,以 e 为底的指数函数的导数就是其自身.

例 1 设 $y = \dfrac{3^x \sin x}{\ln x}$，求 y'.

解 $y' = \dfrac{(3^x \sin x)' \ln x - 3^x \sin x (\ln x)'}{\ln^2 x} = \dfrac{(3^x \ln 3 \sin x + 3^x \cos x) \ln x - \dfrac{3^x}{x} \sin x}{\ln^2 x}$

$\qquad = \dfrac{x(3^x \ln 3 \sin x + 3^x \cos x) \ln x - 3^x \sin x}{x \ln^2 x}.$

2.3.3 反三角函数的导数

1. 反正弦函数和反余弦函数的导数

设 $x = \sin y$ 为直接函数，则 $y = \arcsin x$ 是它的反函数. 因为函数 $x = \sin y$ 在区间 $-\dfrac{\pi}{2} < y < \dfrac{\pi}{2}$ 内单调增加连续且可导，其导数为

$$\frac{\mathrm{d}x}{\mathrm{d}y} = (\sin y)' = \cos y > 0 \qquad \left(-\frac{\pi}{2} < y < \frac{\pi}{2}\right).$$

所以，根据公式 $(2.3.1)$，在对应区间 $-1 < x < 1$ 内，有

$$\frac{\mathrm{d}y}{\mathrm{d}x} = (\arcsin x)' = \frac{1}{\dfrac{\mathrm{d}x}{\mathrm{d}y}} = \frac{1}{\cos y} = \frac{1}{\sqrt{1 - \sin^2 y}} = \frac{1}{\sqrt{1 - x^2}},$$

其中，$\cos y = \sqrt{1 - x^2}$ 是因为当 $-\dfrac{\pi}{2} < y < \dfrac{\pi}{2}$ 时，$\cos y > 0$，所以根号前取正号.

从而得到反正弦函数的导数公式：

$$\boxed{(\arcsin x)' = \frac{1}{\sqrt{1 - x^2}}.} \qquad\qquad (2.3.4)$$

用类似的方法可得反余弦函数的导数公式：

$$\boxed{(\arccos x)' = -\frac{1}{\sqrt{1 - x^2}}.} \qquad\qquad (2.3.5)$$

2. 反正切函数和反余切函数的导数

设 $x = \tan y$ 为直接函数，则 $y = \arctan x$ 是它的反函数. 因为函数 $x = \tan y$ 在区间 $-\dfrac{\pi}{2} < y < \dfrac{\pi}{2}$ 内单调增加连续且可导，其导数为

$$\frac{\mathrm{d}x}{\mathrm{d}y} = (\tan y)' = \sec^2 y \neq 0 \qquad \left(-\frac{\pi}{2} < y < \frac{\pi}{2}\right);$$

所以，根据公式 $(2.3.1)$，在对应的区间 $-\infty < x < +\infty$ 内，有

$$\frac{\mathrm{d}y}{\mathrm{d}x} = (\arctan x)' = \frac{1}{(\tan y)'} = \frac{1}{\sec^2 y} = \frac{1}{1 + \tan^2 y} = \frac{1}{1 + x^2},$$

从而得到反正切函数的导数公式：

$$\boxed{(\arctan x)' = \frac{1}{1 + x^2}.}$$ (2.3.6)

用类似的方法可得反余切函数的导数公式：

$$\boxed{(\operatorname{arccot} x)' = -\frac{1}{1 + x^2}.}$$ (2.3.7)

例 2 求 $y = \arcsin x \arctan x + \mathrm{e}^x \operatorname{arccot} x$ 的导数.

解 $y' = (\arcsin x \arctan x)' + (\mathrm{e}^x \operatorname{arccot} x)'$

$$= \frac{\arctan x}{\sqrt{1 - x^2}} + \frac{\arcsin x}{1 + x^2} + \mathrm{e}^x \operatorname{arccot} x - \frac{\mathrm{e}^x}{1 + x^2}$$

$$= \frac{\arctan x}{\sqrt{1 - x^2}} + \frac{\arcsin x - \mathrm{e}^x}{1 + x^2} + \mathrm{e}^x \operatorname{arccot} x.$$

习题 2.3

求下列函数的导数.

(1) $y = 2^x + x^2$；

(2) $y = x^2 a^x (a > 0, a \neq 1)$；

(3) $y = \mathrm{e}^x \arcsin x + \ln 3$；

(4) $y = (1 + x^2) \operatorname{arccot} x$；

(5) $y = \dfrac{\arctan x}{\mathrm{e}^x}$；

(6) $y = \dfrac{x}{\arccos x}$.

答 案

(1) $2^x \ln 2 + 2x$；

(2) $2xa^x + x^2 a^x \ln a$；

(3) $\mathrm{e}^x \arcsin x + \dfrac{\mathrm{e}^x}{\sqrt{1 - x^2}}$；

(4) $2x \operatorname{arccot} x - 1$；

(5) $\dfrac{1 - (1 + x^2) \arctan x}{\mathrm{e}^x (1 + x^2)}$；

(6) $\dfrac{\sqrt{1 - x^2} \arccos x + x}{\sqrt{1 - x^2} (\arccos x)^2}$.

2.4 复合函数的求导法则

2.4.1 复合函数的求导法则

到目前为止，我们已经掌握了基本初等函数的导数公式及函数的四则运算的求导法则. 但对于一般的初等函数的求导数, 还需要解决复合函数的求导问题.

例如, 要求函数 $y = \sin 2x$ 的导数, 就不能用导数公式 $(\sin x)' = \cos x$ 得出 $(\sin 2x)' = \cos 2x$. 事实上, 利用函数乘积的求导法则, 得到

$$(\sin 2x)' = (2\sin x \cos x)' = 2(\sin x \cos x)' = 2[(\sin x)' \cos x + \sin x (\cos x)']$$
$$= 2[\cos^2 x - \sin^2 x] = 2\cos 2x \neq \cos 2x.$$

这里, 我们注意到, $y = \sin 2x$ 可看作由 $y = \sin u$, $u = 2x$ 复合而成的复合函数. 下面就来推导复合函数的求导法则.

定理(链锁法则)   如果函数 $u = \varphi(x)$ 在点 x 处可导, $y = f(u)$ 在对应点 $u = \varphi(x)$ 处也可导, 则复合函数 $y = f[\varphi(x)]$ 在点 x 处也可导, 且

$$\frac{dy}{dx} = \frac{dy}{du} \cdot \frac{du}{dx}. \tag{2.4.1}$$

上式也可以写成

$$y'_x = y'_u u'_x \qquad \text{或} \qquad y'(x) = f'(u)\varphi'(x). \tag{2.4.1'}$$

式中, y'_x 表示 y 对 x 的导数, y'_u 表示 y 对中间变量 u 的导数, 而 u'_x 表示中间变量 u 对自变量 x 的导数.

证明   由于函数 $y = f(u)$ 在点 u 处可导, 因此

$$\lim_{\Delta u \to 0} \frac{\Delta y}{\Delta u} = f'(u)$$

存在, 于是根据函数极限与无穷小的关系(见 1.5 节定理 3), 有

$$\frac{\Delta y}{\Delta u} = f'(u) + \alpha(\Delta u),$$

其中, $\alpha(\Delta u)$ 是当 $\Delta u \to 0$ 时的无穷小. 上式中 $\Delta u \neq 0$, 用 Δu 乘上式两端, 得

$$\Delta y = f'(u)\Delta u + \alpha(\Delta u) \cdot \Delta u. \tag{2.4.2}$$

当 $\Delta u = 0$ 时, 规定 $\alpha(\Delta u) = 0$, 这时因为 $\Delta y = f(u + \Delta u) - f(u) = 0$, 而且式(2.4.2)右端也为零, 所以式(2.4.2)当 $\Delta u = 0$ 时也成立. 用 $\Delta x \neq 0$ 除式(2.4.2)两端, 得

$$\frac{\Delta y}{\Delta x} = f'(u)\frac{\Delta u}{\Delta x} + \alpha(\Delta u) \cdot \frac{\Delta u}{\Delta x},$$

于是

$$\lim_{\Delta x \to 0} \frac{\Delta y}{\Delta x} = \lim_{\Delta x \to 0} \left[f'(u)\frac{\Delta u}{\Delta x} + \alpha(\Delta u) \cdot \frac{\Delta u}{\Delta x} \right].$$

根据函数在某点可导必在该点连续的性质知道, 当 $\Delta x \to 0$ 时, $\Delta u \to 0$, 从而可以推知

$$\lim_{\Delta x \to 0} \alpha(\Delta u) = \lim_{\Delta u \to 0} \alpha(\Delta u) = 0.$$

又因函数 $u = \varphi(x)$ 在点 x 处可导,故

$$\lim_{\Delta x \to 0} \frac{\Delta u}{\Delta x} = \varphi'(x)$$

存在,于是

$$\lim_{\Delta x \to 0} \frac{\Delta y}{\Delta x} = f'(u) \cdot \lim_{\Delta x \to 0} \frac{\Delta u}{\Delta x} + \lim_{\Delta x \to 0} \alpha(\Delta u) \cdot \lim_{\Delta x \to 0} \frac{\Delta u}{\Delta x}$$
$$= f'(u) \cdot \varphi'(x),$$

即

$$y'(x) = f'(u)\varphi'(x).$$

这就证明了定理.

前面讲过函数 $y = \sin 2x$ 可看作由函数 $y = \sin u, u = 2x$ 复合而成的复合函数,现应用公式(2.4.1),可得

$$(\sin 2x)' = (\sin u)'_u (2x)'_x = \cos u \cdot 2 = 2\cos 2x.$$

利用复合函数的求导法则求导时,关键是把所给的复合函数可看作由若干个简单函数复合而成,或者说,所给函数可分解成若干个简单函数(一般为基本初等函数,或由基本初等函数与常数经四则运算所得的函数)的复合,而这些简单函数的导数都已会求,然后再像"剥笋"那样,由外层到里层,层层求导后相乘.

例1 求 $y = \sqrt[3]{\sin x}$ 的导数.

解 该函数可分解为 $y = \sqrt[3]{u}$ 与 $u = \sin x$,利用复合函数求导法则,得

$$y' = (\sqrt[3]{u})'_u (\sin x)'_x = \frac{1}{3\sqrt[3]{u^2}} \cdot \cos x = \frac{\cos x}{3\sqrt[3]{\sin^2 x}}.$$

注意 用复合函数求导法则得出的结果,要把引进的中间变量回代成原来自变量的式子.

例2 求 $y = \arctan(\ln x)$ 的导数.

解 该函数可分解为 $y = \arctan u$ 与 $u = \ln x$. 因此

$$y' = (\arctan u)'_u (\ln x)'_x = \frac{1}{1+u^2} \cdot \frac{1}{x} = \frac{1}{x(1+\ln^2 x)}.$$

例3 求 $y = \dfrac{1}{\sqrt{a^2 - x^2}}$ 的导数.

解 该函数可分解为 $y = \dfrac{1}{\sqrt{u}} = u^{-\frac{1}{2}}$ 与 $u = a^2 - x^2$. 因此

$$y' = (u^{-\frac{1}{2}})'_u (a^2 - x^2)'_x = -\frac{1}{2} u^{-\frac{3}{2}} \cdot (-2x) = \frac{x}{\sqrt{(a^2 - x^2)^3}}.$$

当计算比较熟练后,也可不写出中间变量,直接"从外到里"层层求导相乘. 请看下面例子.

例 4　求 $y = e^{\sin x}$ 的导数.

解　$y' = (e^{\sin x})' = e^{\sin x} (\sin x)' = e^{\sin x} \cos x.$　（把 $\sin x$ 看作中间变量 u）

例 5　求 $y = \ln(e^x + \arcsin x)$ 的导数.

解　$y' = \dfrac{(e^x + \arcsin x)'}{e^x + \arcsin x} = \dfrac{e^x + \dfrac{1}{\sqrt{1-x^2}}}{e^x + \arcsin x} = \dfrac{e^x \sqrt{1-x^2} + 1}{(e^x + \arcsin x)\sqrt{1-x^2}}.$

在本例的计算过程中,实际上是把 $e^x + \arcsin x$ 看作中间变量 u.

复合函数的求导法则,可以推广到多个中间变量的情形. 为方便起见,下面给出两个中间变量情况下的复合函数的求导公式.

设有复合函数 $y = f\{\varphi[\psi(x)]\}$. 其分解式为 $y = f(u)$, $u = \varphi(v)$, $v = \psi(x)$. 假定上式右端所出现的函数的导数在相应点处都存在,则有

$$\frac{\mathrm{d}y}{\mathrm{d}x} = \frac{\mathrm{d}y}{\mathrm{d}u} \cdot \frac{\mathrm{d}u}{\mathrm{d}v} \cdot \frac{\mathrm{d}v}{\mathrm{d}x} \quad \text{或} \quad y'_x = y'_u u'_v v'_x,$$

也可写成

$$y'(x) = f'(u)\varphi'(v)\psi'(x).$$

例 6　求 $y = e^{\sqrt{\sin x}}$ 的导数.

解　该函数可分解成 $y = e^u$, $u = \sqrt{v}$, $v = \sin x$. 这里,u, v 是两个中间变量. 利用上述复合函数的求导法则,得

$$y'(x) = (e^u)'(\sqrt{v})'(\sin x)' = e^u \frac{1}{2\sqrt{v}} \cos x = \frac{e^{\sqrt{\sin x}} \cos x}{2\sqrt{\sin x}}.$$

若不写出中间变量,则可"从外到里"层层求导如下:

$$y' = (e^{\sqrt{\sin x}})' = e^{\sqrt{\sin x}} (\sqrt{\sin x})' = e^{\sqrt{\sin x}} \frac{(\sin x)'}{2\sqrt{\sin x}} = \frac{e^{\sqrt{\sin x}} \cos x}{2\sqrt{\sin x}}.$$

例 7　求 $y = \arctan \sqrt{2 + \sin x}$ 的导数.

解　$y' = \dfrac{(\sqrt{2 + \sin x})'}{1 + 2 + \sin x} = \dfrac{(2 + \sin x)'}{2(3 + \sin x)\sqrt{2 + \sin x}} = \dfrac{\cos x}{2(3 + \sin x)\sqrt{2 + \sin x}}.$

例 8　求 $y = 3^{\cos(1+\sqrt[3]{x})}$ 的导数.

解　$y' = 3^{\cos(1+\sqrt[3]{x})} \ln 3 [\cos(1 + \sqrt[3]{x})]' = -3^{\cos(1+\sqrt[3]{x})} \ln 3 \cdot \sin(1 + \sqrt[3]{x})(1 + \sqrt[3]{x})'$

$$= \frac{-1}{\sqrt[3]{x^2}} \cdot 3^{\cos(1+\sqrt[3]{x})-1} \ln 3 \sin(1 + \sqrt[3]{x}).$$

下面,我们利用复合函数的求导法则及指数函数的导数公式,就 $x > 0$ 的情形来证明一般情形下的幂函数求导公式:

$$(x^\mu)' = \mu x^{\mu-1} \quad (\mu \text{ 为实数}, \mu \neq 0).$$

因为 $x^\mu = \mathrm{e}^{\ln x^\mu} = \mathrm{e}^{\mu\ln x}$,所以

$$(x^\mu)' = (\mathrm{e}^{\mu\ln x})' = \mathrm{e}^{\mu\ln x}(\mu\ln x)' = \mathrm{e}^{\mu\ln x}\frac{\mu}{x} = x^\mu \cdot \frac{\mu}{x} = \mu x^{\mu-1}.$$

即证得

$$\boxed{(x^\mu)' = \mu x^{\mu-1} \quad (x > 0, \mu \text{ 为实数}, \mu \neq 0).}$$

2.4.2 基本求导公式与求导法则

熟记基本初等函数的导数公式,熟练掌握求导运算法则,对于求初等函数的导数是非常重要的. 为了便于查阅,现将前面所推导出的导数公式和求导法则归纳如下:

1. 基本求导公式

(1) $(c)' = 0$,

(2) $(x^\mu)' = \mu x^{\mu-1}$ (μ 为实数,$\mu \neq 0$),

(3) $(\sin x)' = \cos x$,

(4) $(\cos x)' = -\sin x$,

(5) $(\tan x)' = \sec^2 x$,

(6) $(\cot x)' = -\csc^2 x$,

(7) $(\sec x)' = \sec x \tan x$,

(8) $(\csc x)' = -\csc x \cot x$,

(9) $(a^x)' = a^x \ln a$ ($a > 0, a \neq 1$),

(10) $(\mathrm{e}^x)' = \mathrm{e}^x$,

(11) $(\log_a x)' = \dfrac{1}{x\ln a}$ ($a > 0, a \neq 1$),

(12) $(\ln x)' = \dfrac{1}{x}$,

(13) $(\arcsin x)' = \dfrac{1}{\sqrt{1-x^2}}$,

(14) $(\arccos x)' = -\dfrac{1}{\sqrt{1-x^2}}$,

(15) $(\arctan x)' = \dfrac{1}{1+x^2}$,

(16) $(\operatorname{arccot} x)' = -\dfrac{1}{1+x^2}$.

2. 函数的四则运算的求导法则

设 $u = u(x)$ 及 $v = v(x)$ 均可导,则

(1) $(u \pm v)' = u' \pm v'$,

(2) $(cu)' = cu'$ (c 为常数),

(3) $(uv)' = u'v + uv'$,

(4) $\left(\dfrac{u}{v}\right)' = \dfrac{u'v - uv'}{v^2}$ ($v \neq 0$).

3. 复合函数的求导法则

设 $y = f(u)$ 及 $u = \varphi(x)$ 均可导,则复合函数 $y = f[\varphi(x)]$ 的导数为

$$\frac{\mathrm{d}y}{\mathrm{d}x} = \frac{\mathrm{d}y}{\mathrm{d}u} \cdot \frac{\mathrm{d}u}{\mathrm{d}x} \quad \text{或} \quad y' = f'(u)\varphi'(x).$$

最后，再举两个求初等函数的导数的例子.

例 9 设 $y = x\ln(x+\sqrt{1+x^2})$，求 y'.

解
$$y' = \ln(x+\sqrt{1+x^2}) + x[\ln(x+\sqrt{1+x^2})]'$$
$$= \ln(x+\sqrt{1+x^2}) + \frac{x}{x+\sqrt{1+x^2}}(x+\sqrt{1+x^2})'$$
$$= \ln(x+\sqrt{1+x^2}) + \frac{x}{x+\sqrt{1+x^2}}\left(1+\frac{2x}{2\sqrt{1+x^2}}\right)$$
$$= \ln(x+\sqrt{1+x^2}) + \frac{x}{\sqrt{1+x^2}}.$$

例 10 求 $y = \sqrt{x+\sqrt{x+\sqrt{x}}}$ 的导数.

解
$$y' = \frac{(x+\sqrt{x+\sqrt{x}})'}{2\sqrt{x+\sqrt{x+\sqrt{x}}}} = \frac{1+\frac{(x+\sqrt{x})'}{2\sqrt{x+\sqrt{x}}}}{2\sqrt{x+\sqrt{x+\sqrt{x}}}} = \frac{1+\frac{1+\frac{1}{2\sqrt{x}}}{2\sqrt{x+\sqrt{x}}}}{2\sqrt{x+\sqrt{x+\sqrt{x}}}}$$
$$= \frac{1+2\sqrt{x}+4\sqrt{x}\sqrt{x+\sqrt{x}}}{8\sqrt{x}\sqrt{x+\sqrt{x}}\sqrt{x+\sqrt{x+\sqrt{x}}}}.$$

习题 2. 4

1. 将下列函数分解成简单函数的复合，并求导数.

(1) $y = \left(\dfrac{1+x}{1-x}\right)^5$；　(2) $y = \sin(x+1)^2$；　　(3) $y = \arctan\sqrt{x+2}$；

(4) $y = \cot^2 x$；　　　(5) $y = \sqrt{1+x^2}$；　　(6) $y = \ln(1+\sqrt{x})$；

(7) $y = e^{\tan x}$；　　　(8) $y = [\ln(1+\sin x)]^2$；　(9) $y = a^{\sin(1+x^3)}$　$(a>0, a\neq 1)$；

(10) $y = \ln\cot x^3$.

2. 求下列函数的导数.

(1) $y = \sqrt{1+\sqrt{1+x}}$；　　(2) $y = 4^{\frac{1}{x}} + x^\pi$；　　(3) $y = \sin^n x\cos nx$；

(4) $y = e^{ax}(\sin\beta x + \cos\beta x)$；　(5) $y = \sqrt{1-x^2}\arcsin x$；　(6) $y = \dfrac{\cos^2 x}{\cos x^2}$；

(7) $y = \dfrac{\arctan x}{\sqrt{1+x^2}}$；　　　(8) $y = e^x\sqrt{1-e^{2x}} + \arccos e^x$；

(9) $y = \ln\tan\dfrac{x}{2} - \cot x\ln(1+\sin x) - x$；　(10) $y = \dfrac{1}{4}\ln\dfrac{1+x}{1-x} - \dfrac{1}{2}\arctan x$.

3. 设 $f'(x)$ 存在. 求下列函数的导数.

(1) $y = \ln[1+f^2(x)]$；　　(2) $y = \arcsin[f(x)]$.

4. 设 $f'(x)$ 存在. 试证：若 $f(x)$ 为奇（偶）函数，则 $f'(x)$ 为偶（奇）函数.

5. 质量为 m_0 的物质,在化学分解过程中,经过时间 t 以后,所剩的物质的质量 m 与时间 t 的关系如下:

$$m = m_0 \mathrm{e}^{-kt} \quad (k \text{ 是常数}, k > 0),$$

试求物质的质量 m 对于时间 t 的变化率.

答 案

1. (1) $y = u^5$, $u = \dfrac{1+x}{1-x}$, $y' = 10 \dfrac{(1+x)^4}{(1-x)^6}$;

   (2) $y = \sin u$, $u = v^2$, $v = x+1$, $y' = 2(x+1)\cos(x+1)^2$;

   (3) $y = \arctan u$, $u = \sqrt{v}$, $v = x+2$, $y' = \dfrac{1}{2(x+3)\sqrt{x+2}}$;

   (4) $y = u^2$, $u = \cot x$, $y' = -2\cot x \csc^2 x$;

   (5) $y = \sqrt{u}$, $u = 1+x^2$, $y' = \dfrac{x}{\sqrt{1+x^2}}$;

   (6) $y = \ln u$, $u = 1+\sqrt{x}$, $y' = \dfrac{1}{2(1+\sqrt{x})\sqrt{x}}$;

   (7) $y = \mathrm{e}^u$, $u = \tan x$, $y' = (\sec^2 x)\mathrm{e}^{\tan x}$;

   (8) $y = u^2$, $u = \ln v$, $v = 1+\sin x$, $y' = \dfrac{2\cos x \ln(1+\sin x)}{1+\sin x}$;

   (9) $y = a^u$, $u = \sin v$, $v = 1+x^3$, $y' = 3x^2 a^{\sin(1+x^3)} \ln a \cos(1+x^3)$;

   (10) $y = \ln u$, $u = \cot v$, $v = x^3$, $y' = \dfrac{-3x^2 \csc^2 x^3}{\cot x^3}$.

2. (1) $y' = \dfrac{1}{4\sqrt{1+x}\sqrt{1+\sqrt{1+x}}}$;   (2) $y' = -\dfrac{1}{x^2} 4^{\frac{1}{x}} \ln 4 + \pi x^{\pi-1}$;

   (3) $y' = n\sin^{n-1}x\cos(n+1)x$;   (4) $y' = \mathrm{e}^{\alpha x}[(\alpha-\beta)\sin\beta x + (\alpha+\beta)\cos\beta x]$;

   (5) $y' = 1 - \dfrac{x\arcsin x}{\sqrt{1-x^2}}$;   (6) $y' = \dfrac{2\cos x(x\cos x\sin x^2 - \sin x\cos x^2)}{\cos^2 x^2}$;

   (7) $y' = \dfrac{1 - x\arctan x}{\sqrt{(1+x^2)^3}}$;   (8) $-\dfrac{2\mathrm{e}^{3x}}{\sqrt{1-\mathrm{e}^{2x}}}$;

   (9) $\csc x + \csc^2 x \ln(1+\sin x) - \dfrac{\cot x\cos x}{1+\sin x} - 1$;   (10) $\dfrac{x^2}{1-x^4}$.

3. (1) $y' = \dfrac{2f(x)f'(x)}{1+f^2(x)}$;   (2) $y' = \dfrac{f'(x)}{\sqrt{1-f^2(x)}}$.

4. 略

5. $\dfrac{\mathrm{d}m}{\mathrm{d}t} = -km_0 \mathrm{e}^{-kt}$.

2.5 高 阶 导 数

我们已经知道,变速直线运动的速度 $v(t)$ 是位置函数 $s(t)$ 对时间 t 的导数,即

$$v = \frac{\mathrm{d}s}{\mathrm{d}t} \quad 或 \quad v = s'(t).$$

而加速度 a 又是速度函数 $v(t)$ 对时间 t 的变化率，即速度函数 $v(t)$ 对时间 t 的导数，即

$$a = \frac{\mathrm{d}v}{\mathrm{d}t} = \frac{\mathrm{d}}{\mathrm{d}t}\left(\frac{\mathrm{d}s}{\mathrm{d}t}\right) \quad 或 \quad a = [s'(t)]'.$$

这种导数的导数 $\frac{\mathrm{d}}{\mathrm{d}t}\left(\frac{\mathrm{d}s}{\mathrm{d}t}\right)$ 或 $[s'(t)]'$ 叫做 s 对 t 的二阶导数，记作 $\frac{\mathrm{d}^2 s}{\mathrm{d}t^2}$ 或 $s''(t)$. 所以，变速直线运动的加速度 a 就是位置函数 s 对时间 t 的二阶导数.

一般地，函数 $y = f(x)$ 的导数 $y' = f'(x)$ 仍然是 x 的函数. 如果函数 $f'(x)$ 的导数存在，那么称 $y' = f'(x)$ 的导数为函数 $y = f(x)$ 的**二阶导数**，记作 $f''(x)$，y'' 或 $\frac{\mathrm{d}^2 y}{\mathrm{d}x^2}$，即

$$f''(x) = [f'(x)]', \ y'' = (y')' \quad 或 \quad \frac{\mathrm{d}^2 y}{\mathrm{d}x^2} = \frac{\mathrm{d}}{\mathrm{d}x}\left(\frac{\mathrm{d}y}{\mathrm{d}x}\right).$$

根据导数的定义，函数 $y = f(x)$ 在点 x 处的二阶导数可定义为

$$f''(x) = \lim_{\Delta x \to 0} \frac{f'(x + \Delta x) - f'(x)}{\Delta x}.$$

相应地，把 $y = f(x)$ 的导数 $f'(x)$ 叫做函数 $y = f(x)$ 的**一阶导数**.

类似地，如果函数 $y'' = f''(x)$ 的导数存在，那么，这个导数称为原来函数 $y = f(x)$ 的**三阶导数**，记作 $y''' = f'''(x)$. 一般地，如果 $(n-1)$ 阶导数 $y^{(n-1)} = f^{(n-1)}(x)$ 的导数存在，那么，这个导数称为原来函数 $y = f(x)$ 的 n **阶导数**. 二阶及二阶以上的导数分别记作

$$y'', \ y''', \ y^{(4)}, \ \cdots, \ y^{(n)} \quad 或 \quad \frac{\mathrm{d}^2 y}{\mathrm{d}x^2}, \ \frac{\mathrm{d}^3 y}{\mathrm{d}x^3}, \ \frac{\mathrm{d}^4 y}{\mathrm{d}x^4}, \ \cdots, \ \frac{\mathrm{d}^n y}{\mathrm{d}x^n}.$$

函数 $f(x)$ 具有 n 阶导数，也称函数 $f(x)$ n 阶可导. 函数的二阶及二阶以上的导数统称为**高阶导数**. 事实上，求函数的高阶导数就是应用前面学过的方法，逐次地求出所需阶数的导数.

例 1 一质点按规律 $s = a\mathrm{e}^{-kt}$ 作变速直线运动，求它的加速度及初始加速度. 这里，s 是位移，t 为时间，$a > 0$，$k > 0$.

解 由前面的讨论可知，变速直线运动的加速度是位移 s 对 t 的二阶导数 $\frac{\mathrm{d}^2 s}{\mathrm{d}t^2}$. 因为

$$\frac{\mathrm{d}s}{\mathrm{d}t} = (a\mathrm{e}^{-kt})' = -ak\mathrm{e}^{-kt},$$

所以加速度为

$$\frac{\mathrm{d}^2 s}{\mathrm{d}t^2} = (-ak\,\mathrm{e}^{-kt})' = ak^2\mathrm{e}^{-kt}.$$

假设运动开始时 $t=0$，则所求初始加速度为

$$\frac{\mathrm{d}^2 s}{\mathrm{d}t^2}\bigg|_{t=0} = (ak^2\mathrm{e}^{-kt})\bigg|_{t=0} = ak^2.$$

例 2 求 $y = \mathrm{e}^{px}$ 的 n 阶导数（p 为常数）.

解 $y' = (\mathrm{e}^{px})' = p\mathrm{e}^{px}$，$y'' = (p\mathrm{e}^{px})' = p^2\mathrm{e}^{px}$，这样依此类推，可得 $y^{(n)} = p^n\mathrm{e}^{px}$.

例 3 求 $y = \sin kx$ 的 n 阶导数（k 为常数）.

解 $y' = (\sin kx)' = k\cos kx = k\sin\left(kx + \dfrac{\pi}{2}\right)$，

$$y'' = \left[k\sin\left(kx + \frac{\pi}{2}\right)\right]' = k^2\cos\left(kx + \frac{\pi}{2}\right) = k^2\sin\left(kx + 2\cdot\frac{\pi}{2}\right),$$

这样依此类推，可得

$$y^{(n)} = k^n\sin\left(kx + n\,\frac{\pi}{2}\right) \quad （n\text{ 为正整数）}.$$

用类似方法可得到

$$(\cos kx)^{(n)} = k^n\cos\left(kx + n\,\frac{\pi}{2}\right) \quad （n\text{ 为正整数）}.$$

例 4 求幂函数 $y = x^\mu$ 的 n 阶导数.

解 $y' = \mu x^{\mu-1}$，$y'' = \mu(\mu-1)x^{\mu-2}$，这样依此类推，可得 $y^{(n)} = \mu(\mu-1)\cdots(\mu-n+1)x^{\mu-n}$. 当 $\mu = n$（正整数）时，$(x^n)^{(n)} = n(n-1)\cdots(n-n+1) = n!$.

例 5 求 $y = \ln(x+a)$ 的 n 阶导数（a 为常数）.

解 $y' = \dfrac{1}{x+a} = (x+a)^{-1}$，$y'' = (-1)(x+a)^{-2}$，$y''' = (-1)(-2)(x+a)^{-3} = (-1)^2\cdot 2!(x+a)^{-3}$，这样依此类推，可得 $y^{(n)} = (-1)^{n-1}(n-1)!(x+a)^{-n}$.

习题 2.5

1. 求下列函数的二阶导数.

(1) $y = \dfrac{x^2+1}{(x+1)^2}$；

(2) $y = \sin ax + \cos bx$（a，b 是常数）；

(3) $y = x^2\sin x$；

(4) $y = \sqrt{1+x^2}$；

(5) $y = \mathrm{e}^{ax}\cos\beta x$；

(6) $y = x^2\ln x$；

(7) $y = \cos(\ln x)$;　　　　　　　(8) $y = \ln \cos x$;

(9) $y = (4 + x^2) \arctan \dfrac{x}{2}$;　　　(10) $y = \ln(x + \sqrt{1 + x^2})$.

2. 设 $y = f(x)$ 具有三阶导数,求 $y = f(e^x)$ 的三阶导数.

3. 设 $f(x) = e^{3x-2}$,求 $f''(1)$.

4. 验证 $y = \dfrac{x-3}{x-4}$ 满足关系式:$2y'^2 = (y-1)y''$.

5. 验证函数 $y = \sin\omega x + \cos\omega x$ 满足方程:$y'' + \omega^2 y = 0$.

6. 求函数 $y = 2^{rx}$ (r 为常数) 的 n 阶导数.

答　案

1. (1) $\dfrac{4(2-x)}{(x+1)^4}$;　　　　　　(2) $-(a^2 \sin ax + b^2 \cos bx)$;

(3) $(2 - x^2)\sin x + 4x\cos x$;　　(4) $\dfrac{1}{\sqrt{(1+x^2)^3}}$;

(5) $[(\alpha^2 - \beta^2)\cos\beta x - 2\alpha\beta\sin\beta x]e^{\alpha x}$;　　(6) $2\ln x + 3$;

(7) $-\dfrac{\cos(\ln x) - \sin(\ln x)}{x^2}$;　　(8) $-\sec^2 x$;

(9) $2\arctan\dfrac{x}{2} + \dfrac{4x}{4+x^2}$;　　(10) $\dfrac{-x}{\sqrt{(1+x^2)^3}}$.

2. $e^x f'(e^x) + 3e^{2x} f''(e^x) + e^{3x} f'''(e^x)$.

3. 9e.

4. 证略.

5. 证略.

6. $2^{rx} r^n \cdot \ln^n 2$.

2.6　隐函数的导数　由参数方程所确定的函数的导数

2.6.1　隐函数的导数

　　以前我们所遇到的函数,大多数可用公式法表示成 $y = f(x)$ 的形式,这样的函数称为**显函数**.

　　在通常的情况下,一个含有 x 与 y 的二元方程也可能确定 y 是 x 的函数,例如,在方程 $x^5 + 4xy^3 - 3y^5 - 2 = 0$ 中,当 x 在 $(-\infty, +\infty)$ 内任取一个值时,相应地就有一个满足此方程的 y 值与之对应,故这个方程确定了 y 是 x 的函数. 但应注意,并非每一个二元方程都一定能确定 y 是 x 的函数. 例如,方程 $x^2 + y^2 + 1 = 0$ 就不能确定 y 是 x 的函数,因为当 x 取定一个值时,满足此方程的 y 值在实数范围内是不存在的.

　　一般说来,如果在含有 x, y 的二元方程中,当 x 取某区间内的任一值时,相应地总有满足该方程的一个 y 值与之对应,那么就说该方程确定了 y 是 x 的函数.这样的函数称为**隐函数**.

把一个隐函数化成显函数,叫做隐函数的**显化**.例如,从方程 $x^3 + y^3 - 1 = 0$ 可以解出 $y = \sqrt[3]{1 - x^3}$.又例如,方程 $x^5 + 4xy^3 - 3y^5 - 2 = 0$ 对于 x 的任一确定值,根据代数学的基本定理,y 至少有一个实根,所以,该方程确定了 x 的一个隐函数 y,但这个隐函数很难显化.由此可见,隐函数的显化有时是困难的,甚至是不可能的.

在实际问题中,有时需要计算隐函数的导数,因此,我们希望有一种方法,不管隐函数能否显化,都能直接由方程算出它所确定的隐函数的导数.下面我们通过具体例子来说明这种方法.

例 1 求由方程 $x^5 + 4xy^3 - 3y^5 - 2 = 0$ 所确定的隐函数 $y = y(x)$ 的导数 y'.

解 方程两边分别对 x 求导数,方程左边对 x 求导时,特别注意 y 是 x 的函数.如第二项 $4xy^3$,应按乘积求导法则及复合函数求导法则来求 $4xy^3$ 对 x 的导数.这样,方程左边对 x 求导,得

$$(x^5 + 4xy^3 - 3y^5 - 2)' = 5x^4 + 4y^3 + 12xy^2 y' - 15y^4 y'.$$

方程右边对 x 求导,得

$$(0)' = 0.$$

由于等式两边对 x 的导数相等,则有

$$5x^4 + 4y^3 + 12xy^2 y' - 15y^4 y' = 0.$$

从中解出 y',得

$$y' = \frac{5x^4 + 4y^3}{15y^4 - 12xy^2} \ (15y^3 - 12xy \neq 0).$$

例 2 求椭圆 $\dfrac{x^2}{a^2} + \dfrac{y^2}{b^2} = 1$ 上点 (x_0, y_0)(其中,$y_0 \neq 0$)处的切线方程.

解 所求切线斜率为 $y' \Big|_{x = x_0}$.因此把椭圆方程两边对 x 求导,得

$$\frac{2x}{a^2} + \frac{2y}{b^2} y' = 0, \quad \text{解得} \ y' = -\frac{b^2 x}{a^2 y}.$$

这样,在椭圆上点 (x_0, y_0) 处的切线斜率为

$$y' \Big|_{x = x_0} = -\frac{b^2 x_0}{a^2 y_0}.$$

于是,所求切线方程为 $y - y_0 = -\dfrac{b^2 x_0}{a^2 y_0}(x - x_0)$,即

$$\frac{(y-y_0)y_0}{b^2} = -\frac{(x-x_0)x_0}{a^2} \quad \text{或} \quad \frac{x_0 x}{a^2} + \frac{y_0 y}{b^2} = \frac{x_0^2}{a^2} + \frac{y_0^2}{b^2}.$$

因为(x_0,y_0)在椭圆上,所以$\dfrac{x_0^2}{a^2} + \dfrac{y_0^2}{b^2} = 1$. 从而所求的切线方程为

$$\frac{x_0 x}{a^2} + \frac{y_0 y}{b^2} = 1.$$

例 3 求由方程$xe^y - y + 1 = 0$所确定的隐函数$y = y(x)$的二阶导数y''.

解 方程两边对x求导,得

$$e^y + xe^y y' - y' = 0.$$

解出y',得

$$y' = \frac{e^y}{1 - xe^y} \ (1 - xe^y \neq 0).$$

为求y'',将y'表达式两边分别对x求导,并应用商和积的求导法则及复合函数的求导法则,得

$$y'' = \frac{e^y y'(1 - xe^y) + e^y(e^y + xe^y y')}{(1 - xe^y)^2}.$$

然后,把$y' = \dfrac{e^y}{1-xe^y}$代入上式右端,得

$$y'' = \frac{e^y \cdot e^y + e^{2y}\left(1 + x \cdot \dfrac{e^y}{1-xe^y}\right)}{(1-xe^y)^2} = \frac{2e^{2y} + x\dfrac{e^{3y}}{1-xe^y}}{(1-xe^y)^2}$$

$$= \frac{2e^{2y}(1-xe^y) + xe^{3y}}{(1-xe^y)^3} = \frac{2e^{2y} - 2xe^{3y} + xe^{3y}}{(1-xe^y)^3}$$

$$= \frac{2e^{2y} - xe^{3y}}{(1-xe^y)^3} \ (1 - xe^y \neq 0).$$

2.6.2 对数求导法

对函数先取自然对数(假设对数有意义),通过对数运算法则化简后,再利用隐函数求导法则求出函数的导数,这种求导方法称为**对数求导法**. 它在某些情况下,可使求导运算变得简便些. 下面通过具体例子来说明.

例 4 设$y = x^{\sin x}$(其中,$x > 0$),求y'.

解 首先注意到,函数$y = x^{\sin x}$既不是幂函数,也不是指数函数,我们称为**幂指函数**. 为了求这函数的导数,先在方程两边取对数,得

$$\ln y = \sin x \ln x,$$

上式两边对 x 求导, 注意到 y 是 x 的函数, 得

$$\frac{1}{y}y' = \cos x \ln x + \frac{\sin x}{x},$$

解出 y', 得

$$y' = y\left(\cos x \ln x + \frac{\sin x}{x}\right) = x^{\sin x}\left(\cos x \ln x + \frac{\sin x}{x}\right).$$

幂指函数的一般形式为 $y = [u(x)]^{v(x)}$ $(u(x) > 0)$. 若函数 $u(x)$ 和 $v(x)$ 都具有导数, 则可利用对数求导法仿照例 4 来求导.

对数求导法对于由乘、除、开方构成的函数也是适用的, 可简化求导运算.

例 5 设 $y = x\sqrt[3]{\dfrac{x-1}{(x-2)(x-3)^2}}$ (其中, $x > 3$), 求 y'.

解 先在两边取对数, 得

$$\ln y = \ln x + \frac{1}{3}\ln(x-1) - \frac{1}{3}\ln(x-2) - \frac{2}{3}\ln(x-3),$$

然后将上式两边对 x 求导, 得

$$\frac{1}{y}y' = \frac{1}{x} + \frac{1}{3(x-1)} - \frac{1}{3(x-2)} - \frac{2}{3(x-3)},$$

解出 y', 便得

$$
\begin{aligned}
y' &= y\left[\frac{1}{x} + \frac{1}{3(x-1)} - \frac{1}{3(x-2)} - \frac{2}{3(x-3)}\right] \\
&= x\sqrt[3]{\frac{x-1}{(x-2)(x-3)^2}}\left[\frac{1}{x} + \frac{1}{3(x-1)} - \frac{1}{3(x-2)} - \frac{2}{3(x-3)}\right].
\end{aligned}
$$

2.6.3 由参数方程所确定的函数的导数

在研究物体的运动轨迹时, 常会用到参数方程. 例如, 某物体从空中某点处以速度 v_0 沿水平方向射出后, 便开始作平抛运动. 它可看作是沿水平方向的匀速运动和铅直向下的自由落体运动的合成运动. 若取物体开始运动的起点为坐标原点, 水平方向 x 轴向右为正, 铅直方向 y 轴向上为正 (图 2-3), 则在不计空气阻力时, 该物体运动的轨迹可表示为

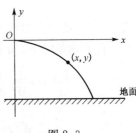

图 2-3

$$\begin{cases} x = v_0 t, \\ y = -\dfrac{1}{2} g t^2 \end{cases} \quad (0 \leqslant t \leqslant T).$$ (2.6.1)

这是以 t 为参数的参数方程,其中,g 是重力加速度,t 是时间,T 为物体落地所需的时间,x 和 y 是物体运行时所在位置的横坐标和纵坐标.

从式(2.6.1)可以看出,由于 x 和 y 都是 t 的函数,通过 t 的联系,从而 x 与 y 之间也存在有函数关系. 这种函数就是由参数方程(2.6.1)所确定的函数.

如果在式(2.6.1)中消去参数 t,可得

$$y = -\frac{g}{2v_0^2} x^2.$$

从而直接表达了 y 与 x 之间的函数关系.

一般地,参数方程

$$\begin{cases} x = \varphi(t), \\ y = \psi(t). \end{cases}$$ (2.6.2)

可以确定 y 是 x 的函数,就称为**由参数方程所确定的函数**.

在实际问题中,需要计算由参数方程所确定的函数的导数,但从式(2.6.2)中消去参数 t,有时会有困难. 因此,我们希望有一种方法,能直接由参数方程(2.6.2)算出它所确定的函数的导数来. 下面我们就来推导由参数方程所确定的函数的求导公式.

在式(2.6.2)中,如果 $x = \varphi(t)$ 与 $y = \psi(t)$ 都具有导数,且 $\varphi'(t) \neq 0$,$x = \varphi(t)$ 具有单调连续反函数 $t = \varphi^{-1}(x)$,则 y 是 x 的复合函数,即

$$y = \psi(t), \ t = \varphi^{-1}(x) \quad \text{或} \quad y = \psi[\varphi^{-1}(x)],$$

由复合函数的求导法则与反函数的求导公式,可得

$$\frac{\mathrm{d}y}{\mathrm{d}x} = \frac{\mathrm{d}y}{\mathrm{d}t} \cdot \frac{\mathrm{d}t}{\mathrm{d}x} = \frac{\mathrm{d}y}{\mathrm{d}t} \cdot \frac{1}{\dfrac{\mathrm{d}x}{\mathrm{d}t}} = \frac{\psi'(t)}{\varphi'(t)},$$

即

$$\boxed{\frac{\mathrm{d}y}{\mathrm{d}x} = \frac{\psi'(t)}{\varphi'(t)}.}$$ (2.6.3)

式(2.6.3)就是由参数方程(2.6.2)所确定的函数 y 对 x 的导数公式.

在上述条件下,如果 $x = \varphi(t)$,$y = \psi(t)$ 还具有二阶导数,则有

$$\frac{\mathrm{d}^2 y}{\mathrm{d}x^2} = \frac{\mathrm{d}}{\mathrm{d}x}\left(\frac{\mathrm{d}y}{\mathrm{d}x}\right) = \frac{\mathrm{d}}{\mathrm{d}x}\left(\frac{\psi'(t)}{\varphi'(t)}\right) = \frac{\mathrm{d}}{\mathrm{d}t}\left(\frac{\psi'(t)}{\varphi'(t)}\right)\frac{\mathrm{d}t}{\mathrm{d}x} = \frac{\mathrm{d}}{\mathrm{d}t}\left(\frac{\psi'(t)}{\varphi'(t)}\right)\frac{1}{\dfrac{\mathrm{d}x}{\mathrm{d}t}}$$

$$= \frac{\psi''(t)\varphi'(t) - \psi'(t)\varphi''(t)}{\varphi'^2(t)} \cdot \frac{1}{\varphi'(t)},$$

即
$$\frac{\mathrm{d}^2 y}{\mathrm{d}x^2} = \frac{\psi''(t)\varphi'(t) - \psi'(t)\varphi''(t)}{\varphi'^3(t)}. \tag{2.6.4}$$

例6 已知椭圆的参数方程为

$$\begin{cases} x = a\cos t, \\ y = b\sin t. \end{cases}$$

求椭圆在 $t = \frac{\pi}{4}$ 相应的点处的切线的方程.

解 当 $t = \frac{\pi}{4}$ 时,椭圆上的相应点 M_0 的坐标是

$$x_0 = a\cos\frac{\pi}{4} = \frac{a}{\sqrt{2}}, \quad y_0 = b\sin\frac{\pi}{4} = \frac{b}{\sqrt{2}}.$$

曲线在点 M_0 处的切线斜率为

$$\frac{\mathrm{d}y}{\mathrm{d}x}\Big|_{t=\frac{\pi}{4}} = \frac{(b\sin t)'}{(a\cos t)'}\Big|_{t=\frac{\pi}{4}} = \frac{b\cos t}{-a\sin t}\Big|_{t=\frac{\pi}{4}} = -\frac{b}{a}.$$

于是,椭圆在点 M_0 处的切线方程是

$$y - \frac{b}{\sqrt{2}} = -\frac{b}{a}\left(x - \frac{a}{\sqrt{2}}\right).$$

即

$$bx + ay - \sqrt{2}ab = 0.$$

例7 计算由摆线(图 2-4)的参数方程

$$\begin{cases} x = a(t - \sin t), \\ y = a(1 - \cos t) \end{cases}$$

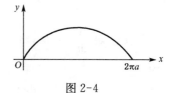

图 2-4

所确定的函数 $y = y(x)$ 的二阶导数.

解 $\dfrac{\mathrm{d}y}{\mathrm{d}x} = \dfrac{\dfrac{\mathrm{d}y}{\mathrm{d}t}}{\dfrac{\mathrm{d}x}{\mathrm{d}t}} = \dfrac{a\sin t}{a(1 - \cos t)} = \dfrac{\sin t}{1 - \cos t}$ $(t \neq 2k\pi, k$ 为整数$)$.

$$\frac{\mathrm{d}^2 y}{\mathrm{d}x^2} = \frac{\mathrm{d}}{\mathrm{d}x}\left(\frac{\sin t}{1 - \cos t}\right) = \frac{\mathrm{d}}{\mathrm{d}t}\left(\frac{\sin t}{1 - \cos t}\right)\frac{\mathrm{d}t}{\mathrm{d}x} = \frac{\mathrm{d}}{\mathrm{d}t}\left(\frac{\sin t}{1 - \cos t}\right)\Big/\frac{\mathrm{d}x}{\mathrm{d}t}$$

$$= \frac{\cos t(1 - \cos t) - \sin^2 t}{(1 - \cos t)^2} \cdot \frac{1}{a(1 - \cos t)} = \frac{\cos t - 1}{a(1 - \cos t)^3}$$

$$= -\frac{1}{a(1 - \cos t)^2} \quad (t \neq 2k\pi, k$$ 为整数$).$$

注意 求由参数方程所确定的函数的二阶导数时,可使用公式(2.6.4),也可以仿照推导公式(2.6.4)的方法,在求得一阶导数的基础上利用复合函数及反函数的求导法则来计算.

* 2.6.4 相关变化率

设 $x=x(t)$,$y=y(t)$ 都是可导函数,若 x 与 y 间存在函数关系 $y=f(x)$(设 $f(x)$ 可导),则对应变化率 $\dfrac{\mathrm{d}x}{\mathrm{d}t}$ 与 $\dfrac{\mathrm{d}y}{\mathrm{d}t}$ 间必存在如下关系:$\dfrac{\mathrm{d}y}{\mathrm{d}t}=\dfrac{\mathrm{d}y}{\mathrm{d}x}\cdot\dfrac{\mathrm{d}x}{\mathrm{d}t}$.称这两个互相依赖的变化率为**相关变化率**.

相关变化率的问题是研究两个变化率之间的关系,以便从其中一个变化率求出另一个变化率.

例 8 气体以 $20~\mathrm{cm}^3/\mathrm{s}$ 的速度匀速注入气球内.求气球的半径 r 增大到 $10~\mathrm{cm}$ 时,气球半径 r 对时间 t 的变化率.

解 气球的体积为

$$V=\frac{4}{3}\pi r^3,$$

由于不断注入气体,气体的体积 V 和半径 r 都随时间 t 不断变化.两边对时间 t 求导,得

$$\frac{\mathrm{d}V}{\mathrm{d}t}=4\pi r^2\frac{\mathrm{d}r}{\mathrm{d}t},$$

于是有

$$\frac{\mathrm{d}r}{\mathrm{d}t}=\frac{1}{4\pi r^2}\frac{\mathrm{d}V}{\mathrm{d}t}.$$

又已知 $\dfrac{\mathrm{d}V}{\mathrm{d}t}=20~\mathrm{cm}^3/\mathrm{s}$,$r=10~\mathrm{cm}$,所以当 $r=10$ 时,半径 r 对时间 t 的变化率为

$$\frac{\mathrm{d}r}{\mathrm{d}t}\bigg|_{r=10}=\frac{1}{4\pi\times 10^2}\times 20=\frac{1}{20\pi}(\mathrm{cm}/\mathrm{s}).$$

习题 2.6

1. 求由下列方程所确定的隐函数的导数 $\dfrac{\mathrm{d}y}{\mathrm{d}x}$.

(1) $y^3-3y+2x=0$;

(2) $2y-\cos(xy)=0$;

(3) $y=\sin(x+y)$;

(4) $x^3+y^3-3axy=0$.

2. 设曲线 $y=y(x)$ 由方程 $\sin y+xe^y=0$ 所确定,求该曲线在点 $(0,0)$ 处的切线方程和法线方程.

3. 求星形线 $x^{\frac{2}{3}} + y^{\frac{2}{3}} = a^{\frac{2}{3}}$（图 2-5）在点 $\left(\dfrac{\sqrt{2}}{4}a, \dfrac{\sqrt{2}}{4}a\right)$ 处的切线方程和法线方程.

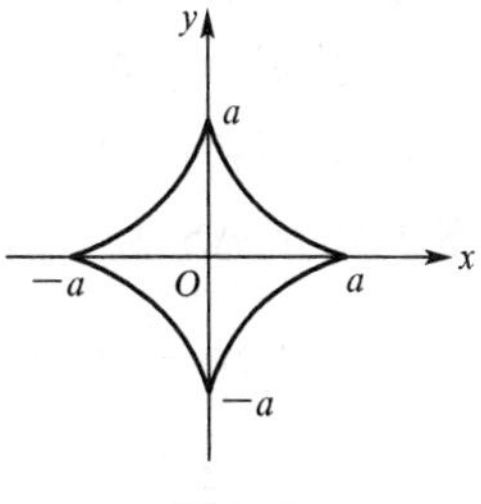

4. 求由下列方程所确定的隐函数的二阶导数 $\dfrac{\mathrm{d}^2 y}{\mathrm{d}x^2}$.

(1) $y^3 + y^2 = 2x$；　　　　　　　　　(2) $y = \mathrm{e}^{x+y}$.

5. 利用对数求导法求下列函数的导数.

(1) $y = \dfrac{x^2}{1-x}\sqrt[3]{\dfrac{3-x}{(3+x)^2}}$；

(2) 方程 $y^{\sin x} = (\sin x)^y$ 确定 y 是 x 的函数.

6. 求由下列参数方程所确定的函数的一阶导数 $\dfrac{\mathrm{d}y}{\mathrm{d}x}$ 和二阶导数 $\dfrac{\mathrm{d}^2 y}{\mathrm{d}x^2}$.

(1) $\begin{cases} x = \ln(1+t^2), \\ y = t - \arctan t; \end{cases}$　　　　　(2) $\begin{cases} x = \dfrac{a}{2}\left(t + \dfrac{1}{t}\right), \\ y = \dfrac{b}{2}\left(t - \dfrac{1}{t}\right). \end{cases}$

7. 求曲线 $\begin{cases} x = a\cos^3\varphi, \\ y = b\sin^3\varphi \end{cases}$（$\varphi$ 为参数）在 $\varphi = \dfrac{\pi}{4}$ 相应的点处的切线方程及法线方程.

* 8. 落在平静水面的石头,产生同心波纹,若最大圈半径的增大速率总是 6 m/s,问 2 s 末扰动水面面积增大的速率为多少?

图 2-5

答　案

1. (1) $\dfrac{2}{3(1-y^2)}$；　(2) $-\dfrac{y\sin(xy)}{2+x\sin(xy)}$；　(3) $\dfrac{\cos(x+y)}{1-\cos(x+y)}$；　(4) $\dfrac{ay-x^2}{y^2-ax}$.

2. 切线方程 $x+y = 0$,法线方程 $x-y = 0$.

3. 切线方程为 $x+y-\dfrac{\sqrt{2}}{2}a = 0$;法线方程为 $x-y = 0$.

4. (1) $-\dfrac{8(3y+1)}{(3y^2+2y)^3}$；　(2) $\dfrac{\mathrm{e}^{x+y}}{(1-\mathrm{e}^{x+y})^3}$.

5. (1) $\dfrac{x^2}{1-x}\sqrt[3]{\dfrac{3-x}{(3+x)^2}}\left[\dfrac{2-x}{x(1-x)} - \dfrac{9-x}{3(9-x^2)}\right]$；　(2) $\dfrac{y(y\cot x - \cos x\ln y)}{\sin x - y\ln \sin x}$.

6. (1) $\dfrac{t}{2}, \dfrac{1+t^2}{4t}$；　(2) $\dfrac{b(t^2+1)}{a(t^2-1)}, \dfrac{-8bt^3}{a^2(t^2-1)^3}$.

7. 切线方程 $y - \dfrac{\sqrt{2}}{4}b = -\dfrac{b}{a}\left(x - \dfrac{\sqrt{2}}{4}a\right)$,法线方程 $y - \dfrac{\sqrt{2}}{4}b = \dfrac{a}{b}\left(x - \dfrac{\sqrt{2}}{4}a\right)$.

* 8. 144π m/s.

2.7　函数的微分

2.7.1　微分的定义

　　无论是在工程技术还是在经济管理等方面,常会碰到这样的问题:当函数的自变量有一微小的增量时,如何去计算相应的函数增量?

引例 某客户有本金 P 元,在银行办理存期二年的储蓄.设年利率为 r,则到期日的本利和 S 是 r 的二次函数: $S = P(1+r)^2$. 若利率由 r_0 增至 $r_0 + \Delta r$,则本利和 S 的增量 ΔS 为

$$\Delta S = P(1+r_0+\Delta r)^2 - P(1+r_0)^2 = 2P(1+r_0)\Delta r + P(\Delta r)^2. \quad (2.7.1)$$

由式(2.7.1)可见,ΔS 分为两部分:第一部分 $2P(1+r_0)\Delta r$ 是 Δr 的一次函数(线性式);第二部分是 $P(\Delta r)^2$.

当 $\Delta r \to 0$ 时,有

$$\lim_{\Delta r \to 0} \frac{P(\Delta r)^2}{\Delta r} = P \lim_{\Delta r \to 0} \Delta r = 0.$$

即当 $\Delta r \to 0$ 时,ΔS 的第二部分 $P(\Delta r)^2$ 是比 Δr 高阶的无穷小.由此可见,当利率改变量 Δr 的绝对值很小时,$(\Delta r)^2$ 可以忽略不计,本利和 ΔS 可用 $2P(1+r_0)\Delta r$ 近似代替,即有

$$\Delta S \approx 2P(1+r_0)\Delta r. \quad (2.7.1')$$

一般地,计算函数的增量是较复杂的,因此希望能像引例中那样,找出自变量增量的线性式来近似表达函数的增量.这就是说,如果函数 $y = f(x)$ 的增量 Δy 可以表示为

$$\Delta y = A\Delta x + o(\Delta x),$$

其中,A 是不依赖于 Δx 的常数,$o(\Delta x)$ 是比 Δx 高阶的无穷小.那么,当 $A \neq 0$ 且 $|\Delta x|$ 很小时,便有函数增量的近似表达式 $\Delta y \approx A\Delta x$. 由此,我们引入下面的概念.

定义 设函数 $y = f(x)$ 在某区间内有定义,x_0 及 $x_0 + \Delta x$ 均在该区间内,如果函数的增量 $\Delta y = f(x_0 + \Delta x) - f(x_0)$ 可表示为

$$\Delta y = A\Delta x + o(\Delta x), \quad (2.7.2)$$

其中,A 是与 Δx 无关、只与 x_0 有关的常数,$o(\Delta x)$ 是比 Δx 高阶的无穷小,则称函数 $y = f(x)$ 在点 x_0 处是**可微**的,而 $A\Delta x$ 称为函数 $y = f(x)$ 在点 x_0 处的**微分**,记作 $\mathrm{d}y$,即

$$\mathrm{d}y = A\Delta x. \quad (2.7.3)$$

2.7.2 函数可微与可导之间的关系

定理 函数 $f(x)$ 在点 x_0 处可微的充分必要条件是该函数在点 x_0 处可导.

证明 **必要性** 设 $y = f(x)$ 在点 x_0 处可微,根据微分的定义,有

$$\Delta y = A\Delta x + o(\Delta x),$$

上式两边除以 $\Delta x(\Delta x \neq 0)$，得

$$\frac{\Delta y}{\Delta x} = A + \frac{o(\Delta x)}{\Delta x}.$$

于是，当 $\Delta x \to 0$ 时，上式取极限，就得到

$$\lim_{\Delta x \to 0} \frac{\Delta y}{\Delta x} = \lim_{\Delta x \to 0} \left(A + \frac{o(\Delta x)}{\Delta x} \right) = A + \lim_{\Delta x \to 0} \frac{o(\Delta x)}{\Delta x} = A,$$

即
$$A = f'(x_0).$$

因此，如果函数 $f(x)$ 在点 x_0 处可微，那么，函数 $f(x)$ 在点 x_0 处也一定可导（即 $f'(x_0)$ 存在），且 $A = f'(x_0)$.

充分性　若 $y = f(x)$ 在点 x_0 处可导，即有

$$\lim_{\Delta x \to 0} \frac{\Delta y}{\Delta x} = f'(x_0).$$

根据函数极限与无穷小的关系（见 1.5 节定理 3），上式可写成

$$\frac{\Delta y}{\Delta x} = f'(x_0) + \alpha,$$

其中，α 是当 $\Delta x \to 0$ 时的无穷小. 因此有

$$\Delta y = f'(x_0)\Delta x + \alpha \Delta x. \tag{2.7.2$'$}$$

这里，由于 $\lim\limits_{\Delta x \to 0} \frac{\alpha \Delta x}{\Delta x} = \lim\limits_{\Delta x \to 0} \alpha = 0$，所以，$\alpha \Delta x = o(\Delta x)$. 又 $f'(x_0)$ 与 Δx 无关，于是，式 (2.7.2$'$) 相当于微分定义中的式(2.7.2)，且 $f'(x_0) = A$，故函数 $f(x)$ 在点 x_0 处是可微的. 证毕.

定理表明，**函数 $f(x)$ 在点 x_0 处可微的充分必要条件是：函数 $f(x)$ 在点 x_0 处可导.** 从定理的证明中可知，当函数 $f(x)$ 在点 x_0 处可微时，函数 $f(x)$ 在点 x_0 处的微分就是

$$\boxed{\mathrm{d}y = f'(x_0)\Delta x.} \tag{2.7.3$'$}$$

注意到微分定义中式(2.7.2)可以写成

$$\Delta y = \mathrm{d}y + o(\Delta x) \quad \text{或} \quad \Delta y - \mathrm{d}y = o(\Delta x).$$

从而可见，当函数 $y = f(x)$ 在点 x_0 处可微且 $f'(x_0) \neq 0$ 时，$\Delta y - \mathrm{d}y$ 是比 Δx 高阶的无穷小，即 $\Delta y \approx \mathrm{d}y$，又 $\mathrm{d}y = f'(x_0)\Delta x$ 是 Δx 的线性式，因此，函数的微分 $\mathrm{d}y$ 也称为函数增量 Δy 的**线性主部**.

例 1　求函数 $y = \sqrt{x}$ 在 $x = 1$ 处的微分.

解 因为 $y'\Big|_{x=1} = \dfrac{1}{2\sqrt{x}}\Big|_{x=1} = \dfrac{1}{2}$，所以，该函数在 $x=1$ 处的微分为

$$\mathrm{d}y\Big|_{x=1} = y'\Big|_{x=1}\Delta x = \frac{1}{2}\Delta x.$$

例 2 求当 $x=0, \Delta x = 0.01$ 时函数 $y = \sin x$ 的微分.

解 $\mathrm{d}y\Big|_{\substack{x=0 \\ \Delta x=0.01}} = (\sin x)'\Delta x\Big|_{\substack{x=0 \\ \Delta x=0.01}} = \cos x\,\Delta x\Big|_{\substack{x=0 \\ \Delta x=0.01}} = 0.01.$

函数 $y = f(x)$ 在任意点 x 处的微分称为**函数的微分**，记作 $\mathrm{d}y$ 或 $\mathrm{d}f(x)$，即

$$\boxed{\mathrm{d}y = f'(x)\Delta x} \quad \text{或} \quad \boxed{\mathrm{d}f(x) = f'(x)\Delta x.} \tag{2.7.4}$$

通常把自变量 x 的增量 Δx 称为**自变量的微分**，记作 $\mathrm{d}x$，即 $\mathrm{d}x = \Delta x$. 于是式 (2.7.4) 又可写成

$$\boxed{\mathrm{d}y = f'(x)\mathrm{d}x} \quad \text{或} \quad \boxed{\mathrm{d}f(x) = f'(x)\mathrm{d}x.} \tag{2.7.4'}$$

上式也可以写成

$$\frac{\mathrm{d}y}{\mathrm{d}x} = f'(x).$$

也就是说，函数的微分 $\mathrm{d}y$ 与自变量的微分 $\mathrm{d}x$ 之商等于该函数的导数. 因此，导数也称为**微商**. 从而导数定义中的记号 $\dfrac{\mathrm{d}y}{\mathrm{d}x}$ 有了商的意义.

例 3 求函数 $y = 2^x + \tan x$ 的微分 $\mathrm{d}y$.

解 先求 y'，因为 $y' = 2^x\ln 2 + \sec^2 x$，所以

$$\mathrm{d}y = y'\mathrm{d}x = (2^x\ln 2 + \sec^2 x)\mathrm{d}x.$$

2.7.3 微分的几何意义

下面通过几何图形来说明函数的微分与函数的增量之间的关系 (图2-6).

设函数 $y = f(x)$ 在 $x = x_0$ 处可微分，即有

$$\mathrm{d}y = f'(x_0)\Delta x.$$

在直角坐标系中，函数 $y = f(x)$ 的图形是一条曲线，对应于 $x = x_0$，曲线上有一个确定的点 $M(x_0, y_0)$；对应于 $x = x_0 + \Delta x$，曲线上有另一点 $N(x_0 + \Delta x, y_0 + \Delta y)$. 由图 2-6 看出

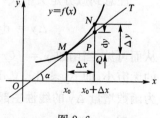

图 2-6

$$MQ = \Delta x, \quad QN = \Delta y,$$

再过点 M 作曲线的切线 MT，它的倾角为 α，在直角 $\triangle MQP$ 中，

$$QP = MQ\tan\alpha = \Delta x f'(x_0) = \mathrm{d}y,$$

即

$$\mathrm{d}y = QP.$$

它表示曲线 $y = f(x)$ 在点 $M(x_0, y_0)$ 处切线的纵坐标的增量. 而

$$\Delta y = QN$$

则表示曲线在点 $M(x_0, y_0)$ 处纵坐标的增量.

由于当 $|\Delta x|$ 很小时，$|\Delta y - \mathrm{d}y|$ 比 $|\Delta x|$ 小得多. 因此，用 $\mathrm{d}y$ 近似代替 Δy，从几何上看，就是在点 $M(x_0, y_0)$ 的邻近利用切线段 MP 近似代替曲线弧 $\overset{\frown}{MN}$.

2.7.4 函数的微分公式与微分法则

由 2.7.2 目可知，函数在某点处可微与可导是等价的. 由于函数的微分公式是

$$\mathrm{d}y = f'(x)\mathrm{d}x,$$

所以，可以直接从函数的导数公式和求导法则，推出相应的微分公式和微分法则.

1. 微分公式

以几个函数为例，与导数公式一起列表，如表 2-1 所示.

表 2-1

导 数 公 式	微 分 公 式
$(x^\mu)' = \mu x^{\mu-1}$	$\mathrm{d}(x^\mu) = \mu x^{\mu-1}\mathrm{d}x$
$(\sin x)' = \cos x$	$\mathrm{d}(\sin x) = \cos x\mathrm{d}x$
$(\cos x)' = -\sin x$	$\mathrm{d}(\cos x) = -\sin x\mathrm{d}x$
$(\tan x)' = \sec^2 x$	$\mathrm{d}(\tan x) = \sec^2 x\mathrm{d}x$
$(\cot x)' = -\csc^2 x$	$\mathrm{d}(\cot x) = -\csc^2 x\mathrm{d}x$
$(\sec x)' = \sec x\tan x$	$\mathrm{d}(\sec x) = \sec x\tan x\mathrm{d}x$
$(a^x)' = a^x\ln a$	$\mathrm{d}(a^x) = a^x\ln a\mathrm{d}x$
$(\log_a x)' = \dfrac{1}{x\ln a}$	$\mathrm{d}(\log_a x) = \dfrac{1}{x\ln a}\mathrm{d}x$
$(\arcsin x)' = \dfrac{1}{\sqrt{1-x^2}}$	$\mathrm{d}(\arcsin x) = \dfrac{1}{\sqrt{1-x^2}}\mathrm{d}x$
$(\operatorname{arccot} x)' = -\dfrac{1}{1+x^2}$	$\mathrm{d}(\operatorname{arccot} x) = -\dfrac{1}{1+x^2}\mathrm{d}x$

2. 函数的和、差、积、商的微分法则

为了便于对照，同时列出函数的和、差、积、商的求导法则，如表 2-2 所示. 其中，

$u = u(x)$，$v = v(x)$ 都具有导数.

表 2-2

函数的和、差、积、商的求导法则	函数的和、差、积、商的微分法则
$(u \pm v)' = u' \pm v'$	$\mathrm{d}(u \pm v) = \mathrm{d}u \pm \mathrm{d}v$
$(cu)' = cu'$（c 为常数）	$\mathrm{d}(cu) = c\mathrm{d}u$（$c$ 为常数）
$(uv)' = u'v + uv'$	$\mathrm{d}(uv) = v\mathrm{d}u + u\mathrm{d}v$
$\left(\dfrac{u}{v}\right)' = \dfrac{u'v - uv'}{v^2}$（$v \neq 0$）	$\mathrm{d}\left(\dfrac{u}{v}\right) = \dfrac{v\mathrm{d}u - u\mathrm{d}v}{v^2}$（$v \neq 0$）

现在我们仅对函数乘积的微分法则加以证明,其他法则都可以用类似方法证得.
根据微分的定义,有

$$\mathrm{d}(uv) = (uv)'\mathrm{d}x = (u'v + uv')\mathrm{d}x = vu'\mathrm{d}x + uv'\mathrm{d}x = v\mathrm{d}u + u\mathrm{d}v,$$

所以 $$\mathrm{d}(uv) = v\mathrm{d}u + u\mathrm{d}v.$$

2.7.5 复合函数的微分法则与一阶微分形式不变性

根据复合函数的求导法则,可直接推出复合函数的微分法则.

设函数 $y = f[\varphi(x)]$ 是由可导函数 $y = f(u)$，$u = \varphi(x)$ 复合而成的复合函数,其导数为

$$\frac{\mathrm{d}y}{\mathrm{d}x} = \frac{\mathrm{d}y}{\mathrm{d}u} \cdot \frac{\mathrm{d}u}{\mathrm{d}x} = f'(u)\varphi'(x) = f'[\varphi(x)]\varphi'(x).$$

再根据微分的定义,便得到复合函数的微分公式:

$$\boxed{\mathrm{d}y = f'(u)\varphi'(x)\mathrm{d}x} \quad 或 \quad \boxed{\mathrm{d}y = f'[\varphi(x)]\varphi'(x)\mathrm{d}x.} \qquad (2.7.5)$$

在上式中,由于 $\varphi'(x)\mathrm{d}x = \mathrm{d}u$,所以,复合函数的微分公式也可以写成

$$\boxed{\mathrm{d}y = f'(u)\mathrm{d}u.} \qquad (2.7.6)$$

上式表明,无论 u 是自变量还是中间变量,$y = f(u)$ 的微分 $\mathrm{d}y$ 总可以用 $f'(u)$ 与 $\mathrm{d}u$ 的乘积来表示. 这一性质称为**一阶微分形式不变性**.

例 4 求 $y = \ln\cos x$ 的微分.

解 所给函数是由 $y = \ln u$，$u = \cos x$ 复合而成,由复合函数微分公式(2.7.5),得

$$\mathrm{d}y = (\ln u)'(\cos x)'\mathrm{d}x = \frac{1}{u}(-\sin x)\mathrm{d}x = -\frac{\sin x}{\cos x}\mathrm{d}x = -\tan x\mathrm{d}x.$$

也可应用一阶微分形式不变性式(2.7.6)来计算:

$$dy = (\ln u)' du = \frac{1}{u} du = \frac{1}{u} u' dx = \frac{1}{u}(\cos x)' dx = -\tan x dx.$$

也可先求复合函数 $y = \ln \cos x$ 的导数 y',再求 dy. 由于 $y' = \dfrac{-\sin x}{\cos x} = -\tan x$,
所以 $dy = y' dx = -\tan x dx$.

例 5 在下列等式左端的括号中填入适当的函数,使等式成立.

(1) $d(\qquad) = \dfrac{1}{x} dx$;   (2) $d(\qquad) = \dfrac{1}{1+x^2} dx$;

(3) $d(\qquad) = \dfrac{1}{\sqrt{x}} dx$;   (4) $d(\qquad) = (1+x)^n dx \ (n \neq -1)$.

解 (1) 因为 $d(\ln x) = \dfrac{1}{x} dx$,所以一般可写为

$$d(\ln x + C) = \frac{1}{x} dx \quad (C \text{ 为任意常数}).$$

(2) 因为 $d(\arctan x) = \dfrac{1}{1+x^2} dx$,所以一般可写为

$$d(\arctan x + C) = \frac{1}{1+x^2} dx \quad (C \text{ 为任意常数}).$$

(3) 由于 $d(\sqrt{x}) = \dfrac{1}{2\sqrt{x}} dx$,即

$$2d(\sqrt{x}) = \frac{1}{\sqrt{x}} dx,$$

故得

$$d(2\sqrt{x}) = \frac{1}{\sqrt{x}} dx,$$

一般可写为

$$d(2\sqrt{x} + C) = \frac{1}{\sqrt{x}} dx \quad (C \text{ 为任意常数}).$$

(4) 由于 $d[(1+x)^{n+1}] = (n+1)(1+x)^n dx$,即

$$\frac{1}{n+1} d[(1+x)^{n+1}] = (1+x)^n dx,$$

故得

$$d\left[\frac{1}{n+1}(1+x)^{n+1}\right] = (1+x)^n dx,$$

一般可写为

$$d\left[\frac{(1+x)^{n+1}}{n+1} + C\right] = (1+x)^n dx \quad (C \text{ 为任意常数}).$$

* 2.7.6　微分在近似计算中的应用

在 2.7.2 目中，我们得到了可微函数的增量与微分之间的近似关系，即当 $|\Delta x|$ 很小且 $f'(x_0) \neq 0$ 时，有

$$\Delta y \approx \mathrm{d}y,$$

即

$$\boxed{\Delta y = f(x_0 + \Delta x) - f(x_0) \approx f'(x_0)\Delta x.} \tag{2.7.7}$$

上式可以用来计算函数增量 Δy 的近似值.

如果把式(2.7.7)改写成

$$\boxed{f(x_0 + \Delta x) \approx f(x_0) + f'(x_0)\Delta x,} \tag{2.7.8}$$

则可以用来计算函数值 $f(x_0 + \Delta x)$ 的近似值.

在式(2.7.8)中，令 $x = x_0 + \Delta x$，则 $\Delta x = x - x_0$，式(2.7.8) 也可写成

$$\boxed{f(x) \approx f(x_0) + f'(x_0)(x - x_0).} \tag{2.7.9}$$

注意　(1) 利用以上近似公式作近似计算时，必须注意选择适当的 x_0，使得公式中的 $f(x_0)$ 及 $f'(x_0)$ 都较容易求得；同时要求 $|\Delta x|$ 比较小，以保证近似计算的误差尽量小.

(2) 作近似计算时，要根据计算的要求来确定，究竟是采用函数增量还是采用函数值的近似计算公式.

例 6　某客户有本金 1 万元，在银行办理存期 2 年的储蓄，设年利率为 4.4%，若利率由 4.4% 升至 4.65%，问到期时本利和能增加多少？试用微分作近似计算，并与精确值作比较.

解　由 2.7.1 目的引例知，存期为 2 年的储蓄，到期后的本利和为

$$S = P(1+r)^2,$$

其中，P 为本金，r 为年利率. 根据题目要求，这是求函数增量的问题. 由公式(2.7.7)，得

$$\Delta S \approx \mathrm{d}S = S'(r)\Delta r = 2P(1+r)\Delta r.$$

现以 $P = 10\,000$，$r = 0.044$，$\Delta r = 0.002\,5$ 代入上式，即得所求本利和增量的近似值为

$$\Delta S \approx \mathrm{d}S = 2 \times 10\,000 \times (1 + 0.044) \times 0.002\,5 = 52.2(元).$$

若直接计算函数增量，可得

$$\Delta S = 10\,000 \times (1.046\,5)^2 - 10\,000 \times (1.044)^2 = 52.262\,5(元).$$

可见，用微分 $\mathrm{d}S = 52.2(元)$ 近似代替增量 $\Delta S = 52.262\,5\,(元)$是相差甚微的.

例 7　计算 $\arctan 0.98$ 的近似值.

解　由于所求的是反正切函数值，所以设 $f(x) = \arctan x$，求导得 $f'(x) = \dfrac{1}{1+x^2}$，如果取 $x_0 = 1$，则 $f(x_0) = \arctan 1 = \dfrac{\pi}{4}$，$f'(x_0) = \dfrac{1}{1+1^2} = \dfrac{1}{2}$ 都容易计算，并且 $|\Delta x| = |-0.02|$ 比

较小,故可以应用公式(2.7.8)来计算,有

$$\arctan 0.98 \approx \frac{\pi}{4} + \frac{1}{2}(-0.02) \approx 0.785\,39 - 0.01$$

$$\approx 0.775\,4(\text{rad}).$$

下面来推导一些在实际工作中常用的近似公式.

在公式(2.7.9)中,令 $x_0 = 0$,则有

$$\boxed{f(x) \approx f(0) + f'(0)x.}$$ (2.7.10)

应用公式(2.7.10),当 $|x|$ 很小时,我们可以推出实际工作中常用的几个近似公式:

(1) $\sqrt[n]{1+x} \approx 1 + \frac{1}{n}x$; (2) $e^x \approx 1+x$; (3) $\ln(1+x) \approx x$;

(4) $\sin x \approx x$(x 用弧度单位); (5) $\tan x \approx x$(x 用弧度单位).

证明 只证(1),其余证法类似.

(1) 取 $f(x) = \sqrt[n]{1+x}$,则有 $f(0) = 1$,$f'(0) = \frac{1}{n}(1+x)^{\frac{1}{n}-1}\Big|_{x=0} = \frac{1}{n}$. 将以上数值代入

公式(2.7.10),便得(1)

例8 利用微分近似公式(1):$\sqrt[n]{1+x} \approx 1 + \frac{1}{n}x$,计算 $\sqrt[3]{8.02}$.

解 这里,$n=3$,$\sqrt[3]{8.02} = \sqrt[3]{8\left(1+\frac{0.02}{8}\right)} = 2\sqrt[3]{1+0.002\,5}$,而

$$\sqrt[3]{1+0.002\,5} \approx 1 + \frac{1}{3} \times 0.002\,5 \approx 1.000\,83,$$

所以

$$\sqrt[3]{8.02} \approx 2 \times 1.000\,83 \approx 2.001\,7.$$

习题 2.7

1. 已知 $y = (x-1)^2$,计算在 $x=0$ 处,当 $\Delta x = \frac{1}{2}$ 时的 Δy 及 $\mathrm{d}y$.

2. 求下列函数的微分.

(1) $y = \frac{1}{x^3} + \sqrt[3]{x}$; (2) $y = \frac{x^2}{\sqrt{1+x^2}}$;

(3) $y = 2^{\frac{\sin x}{x}}$; (4) $y = \tan[\ln(x+1)]$;

(5) $y = \arctan\left(\frac{1+x}{1-x}\right)$; (6) $y = \arccos(x^2)$;

(7) $y = \cot(\sin\sqrt{1+x^2})$; (8) $y = \ln(x + e^{\sin x})$.

3. 将适当的函数填入下列括号内,使等式成立.

(1) $\mathrm{d}(\quad\quad) = \frac{1}{\sqrt{1-x^2}}\mathrm{d}x$; (2) $\mathrm{d}(\quad\quad) = x^n \mathrm{d}x\ (n \neq -1)$;

(3) d(　　　　) = $\sin\omega x\,dx\,(\omega \neq 0)$; 　(4) d(　　　　) = $\csc^2 2x\,dx$.

* 4. 某客户有本金 5 万元,在银行办理存期二年的储蓄,银行年利率为 4.4%,若利率由 4.4% 升至 4.9%,问到期时本利和能增加多少? 试用微分作近似计算,并与精确值作比较.

* 5. 计算 arcsin0.500 3 的近似值.

答 案

1. $-\dfrac{3}{4}$; -1.

2. (1) $\left(-\dfrac{3}{x^4} + \dfrac{1}{3\sqrt[3]{x^2}}\right)dx$; 　　(2) $\dfrac{2x + x^3}{\sqrt{(1+x^2)^3}}dx$;

(3) $\dfrac{2^{\frac{\sin x}{x}}(x\cos x - \sin x)\ln 2}{x^2}dx$; 　(4) $\dfrac{\sec^2[\ln(x+1)]}{x+1}dx$;

(5) $\dfrac{1}{1+x^2}dx$; 　　(6) $-\dfrac{2x}{\sqrt{1-x^4}}dx$;

(7) $-\dfrac{x\csc^2(\sin\sqrt{1+x^2})\cos\sqrt{1+x^2}}{\sqrt{1+x^2}}dx$; 　(8) $\dfrac{1+e^{\sin x}\cos x}{x+e^{\sin x}}dx$.

3. (1) $\arcsin x + C$; 　　(2) $\dfrac{x^{n+1}}{n+1} + C$;

(3) $-\dfrac{1}{\omega}\cos\omega x + C$; 　　(4) $-\dfrac{1}{2}\cot 2x + C$.

* 4. 522 元,523.25 元.

* 5. 0.524.

复习题(2)

(A)

1. 求下列函数的导数.

(1) $y = (2 + 3x^3)^4$; 　　(2) $y = x^2 e^{\frac{1}{x}} - \dfrac{a^x}{\sqrt{x}}$;

(3) $y = \sqrt{\arctan\dfrac{1}{x}}$; 　　(4) $y = (1+x)\ln(1+x+\sqrt{2x+x^2}) - \sqrt{2x+x^2}$;

(5) $y = a^{x^a} + x^{a^x}\,(x > 0)$; 　　(6) $y = \dfrac{\arccos x}{x} - \ln\dfrac{1+\sqrt{1-x^2}}{x}$;

(7) $y = \sqrt{x\sqrt{x+e^{2x}} \cdot \sin x}$; 　　(8) $y = \cos^2\left(\dfrac{1-\sqrt{x}}{1+\sqrt{x}}\right)$.

2. 求下列函数的二阶导数.

(1) $y = \arctan\dfrac{1}{x} + x\ln\sqrt{x}$; 　　(2) $y = \ln(x + \sqrt{1+x^2})$;

(3) $y = e^{-x}\cos x$; 　　(4) $y = f(\sin^2 x)$ ($f(u)$二阶可导).

3. 设曲线 $y = \dfrac{x+4}{4-x}$ 在点 $M(a, b)$ 处的切线斜率等于 2,求 a, b 的值.

4. 求下列隐函数的导数 $\dfrac{\mathrm{d}y}{\mathrm{d}x}$.

(1) $xy=e^{x+y}$；　　　　　　　　　(2) $y=x+\ln y$.

5. 求曲线 $3x^2+4y^2=12$ 在点 $M\left(1,\dfrac{3}{2}\right)$ 处的切线方程与法线方程.

6. 求由下列参数方程所确定的二阶导数 $\dfrac{\mathrm{d}^2 y}{\mathrm{d}x^2}$.

(1) $\begin{cases} x=1-t^2, \\ y=t-t^3; \end{cases}$　　　　　(2) $\begin{cases} x=f'(t), \\ y=tf'(t)-f(t) \end{cases}$ $(f''(x)$ 存在且不为零$)$.

*7. 设长方形两边之长分别用 x，y 表示，若边 x 以 0.01 m/s 速率减少，边 y 以 0.02 m/s 的速率增加，问在 $x=20$ m，$y=15$ m 时，长方形面积 S 的变化速率，对角线 l 的变化速率各为多少？

8. 求曲线 $y=x^p(p>0)$ 在点 $(1,1)$ 处的切线与 x 轴的交点 $(a(p),0)$，并证明 $\lim\limits_{p\to+\infty}\left[a(p)\right]^p=\dfrac{1}{e}$.

9. 讨论函数 $f(x)=\begin{cases} \ln(1+x), & -1<x\leqslant 0, \\ \sqrt{1+x}-\sqrt{1-x}, & 0<x<1 \end{cases}$ 在 $x=0$ 处的连续性与可导性.

(B)

1. 选择题

(1) 设 $f(x)$ 可导，则 $\lim\limits_{\Delta x\to 0}\dfrac{f(x-3\Delta x)-f(x)}{\Delta x}=($　　$)$.

　　A. $f'(x)$　　　　B. $3f'(x)$　　　　C. ∞　　　　D. $-3f'(x)$

(2) $f(x)=|x-2|$ 在点 $x=2$ 处的导数为$($　　$)$.

　　A. 1　　　　B. 0　　　　C. -1　　　　D. 不存在

(3) 下列命题中，正确的是$($　　$)$.

　　A. $f(x)$ 在 x_0 处可导，则一定连续　　　B. $f(x)$ 在 x_0 处连续，则一定可导

　　C. $f(x)$ 在 x_0 处不可导，则一定不连续　　D. $f(x)$ 在 x_0 处不连续，则不一定可导

(4) 函数 $f(x)=|\sin x|$ 在 $x=0$ 处$($　　$)$.

　　A. 不连续　　　　　　　　　　　　B. 可导

　　C. 连续但不可导　　　　　　　　　D. 无定义

(5) 设函数 $f(x)$ 可微，则当 $\Delta x\to 0$ 时，有$($　　$)$.

　　A. $\Delta y-\mathrm{d}y$ 与 Δx 是等价的无穷小　　B. $\Delta y-\mathrm{d}y$ 与 Δx 同阶但非等价的无穷小

　　C. $\Delta y-\mathrm{d}y$ 是比 Δx 低阶的无穷小　　D. $\Delta y-\mathrm{d}y$ 是比 Δx 高阶的无穷小

2. 填空题.

(1) 设 $f(x)=a_0 x^n+a_1 x^{n-1}+\cdots+a_{n-1}x+a_n$，则 $\left[f(0)\right]'=$ _____ ，$f^{(n)}(0)=$ _____ .

(2) $\dfrac{\mathrm{d}(\ln x)}{\mathrm{d}(\sqrt{x})}=$ _____ .

(3) 设函数 $f(x)=\begin{cases} x^2\cos\dfrac{1}{x}, & x\neq 0, \\ 0, & x=0, \end{cases}$ 则 $f'(0)=$ _____ .

(4) 设方程 $\sin(x+y^2)+3xy=1$ 确定了 y 是 x 的函数，则 $\mathrm{d}y=$ _____ .

(5) 设 $f(x) = x\varphi(\sin x)$，其中，函数 $\varphi(u)$ 二阶可导，则 $f''(x) =$ _____.

答 案

(A)

1. (1) $36x^2(2+3x^3)^3$；　　　　　　　　(2) $(2x-1)e^{\frac{1}{x}} + \dfrac{a^x}{\sqrt{x}}\left(\dfrac{1}{2x} - \ln a\right)$；

(3) $-\dfrac{1}{2(1+x^2)\sqrt{\arctan\dfrac{1}{x}}}$；　　　(4) $\ln(1+x+\sqrt{2x+x^2})$；

(5) $a\ln a a^{x^a} x^{a-1} + a^x x^{a^x}\left(\ln a \ln x + \dfrac{1}{x}\right)$；　(6) $-\dfrac{1}{x^2}\arccos x$；

(7) $\sqrt{x\sqrt{x+e^{2x}}}\sin x\left[\dfrac{1}{2x} + \dfrac{1}{2}\cot x + \dfrac{1+2e^{2x}}{4(x+e^{2x})}\right]$；

(8) $\dfrac{1}{\sqrt{x}(1+\sqrt{x})}\sin 2\left(\dfrac{1-\sqrt{x}}{1+\sqrt{x}}\right)$.

2. (1) $\dfrac{2x}{(1+x^2)^2} + \dfrac{1}{2x}$；　　　　　　(2) $-\dfrac{x}{\sqrt{(1+x^2)^3}}$；

(3) $2e^{-x}\sin x$；　　　　　　　　　　(4) $2\cos 2x f'(\sin^2 x) + \sin^2 2x f''(\sin^2 x)$.

3. $a=2, b=3$ 或 $a=6, b=-5$.

4. (1) $\dfrac{(x-1)y}{x(1-y)}$；　(2) $\dfrac{y}{y-1}$.

5. 切线方程 $x+2y-4=0$，法线方程 $4x-2y-1=0$.

6. (1) $\dfrac{\mathrm{d}^2 y}{\mathrm{d}x^2} = -\dfrac{3t^2+1}{4t^3}$；　(2) $\dfrac{\mathrm{d}^2 y}{\mathrm{d}x^2} = \dfrac{1}{f''(t)}$.

*7. $\dfrac{\mathrm{d}s}{\mathrm{d}t} = 0.25\ \mathrm{m/s}$，$\dfrac{\mathrm{d}l}{\mathrm{d}t} = 0.004\ \mathrm{m/s}$.

8. $a(p) = \dfrac{p-1}{p}$，交点 $\left(\dfrac{p-1}{p}, 0\right)$.

9. 在 $x=0$ 处连续，可导.

(B)

1. (1) D；　(2) D；　(3) A；　(4) C；　(5) D.

2. (1) 0，$a_0 n!$；　(2) $\dfrac{2}{\sqrt{x}}$；　(3) 0；　(4) $-\dfrac{\cos(x+y^2)+3y}{2y\cos(x+y^2)+3x}\mathrm{d}x$；

(5) $2\varphi'(\sin x)\cos x + x\varphi''(\sin x)\cos^2 x - x\varphi'(\sin x)\sin x$.

第3章 微分中值定理与导数的应用

在第2章中,我们介绍了导数概念及其计算方法.本章将以导数作为工具,研究函数及曲线的性态,并讨论导数在一些实际问题中的应用.为此,先要介绍微分中值定理,它们是导数应用的理论基础.

3.1 微分中值定理

3.1.1 罗尔定理

罗尔定理　若函数 $f(x)$ 满足条件:

(1) 在闭区间 $[a, b]$ 上连续;

(2) 在开区间 (a, b) 内可导;

(3) 在区间两端点的函数值相等,即 $f(a) = f(b)$,则至少存在一点 $\xi \in (a, b)$,使得

$$f'(\xi) = 0. \tag{3.1.1}$$

定理证明从略.该定理的几何意义是:函数 $y = f(x)(a \leqslant x \leqslant b)$ 的图形是一段连续且除端点外处处具有不垂直于 x 轴的切线的曲线弧:

$$\widehat{AB} = \{(x, y) \mid y = f(x), a \leqslant x \leqslant b\}.$$

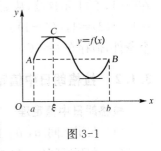

图 3-1

这里,$A(a, f(a))$,$B(b, f(b))$ 是该弧段的两个端点,且 A,B 的纵坐标相等,即弦 $\overline{AB}$ 平行于 x 轴.那么,在弧段 $\widehat{AB}$ 上至少有一点 $C(\xi, f(\xi))$,使得曲线弧 $\widehat{AB}$ 在点 C 的切线平行于 x 轴(图 3-1).

例1　验证函数 $f(x) = \mathrm{e}^{x^2} - 1$ 在 $[-1, 1]$ 上满足罗尔定理的条件,并求使 $f'(\xi) = 0$ 的 $\xi \in (-1, 1)$.

解　$f(x) = \mathrm{e}^{x^2} - 1$ 是初等函数,它在 $[-1, 1]$ 上有定义,故连续.又因 $f'(x) = 2x\mathrm{e}^{x^2}$ 在 $(-1, 1)$ 内存在,故 $f(x)$ 在 $(-1, 1)$ 内可导,且 $f(-1) = f(1) = \mathrm{e} - 1$.因此,$f(x) = \mathrm{e}^{x^2} - 1$ 满足罗尔定理的条件.令 $f'(x) = 2x\mathrm{e}^{x^2} = 0$,解得 $x = 0$.所以,可取 $\xi = 0 \in (-1, 1)$,可使 $f'(\xi) = 0$.

例2　设 $f(x)=\left(x-\dfrac{1}{4}\right)\left(x-\dfrac{1}{3}\right)\left(x-\dfrac{1}{2}\right)$，不用求导数，说明 $f'(x)=0$ 只有两个实根.

解　因函数 $f(x)$ 在 $(-\infty,+\infty)$ 上处处连续且可导，又有

$$f\left(\frac{1}{4}\right)=f\left(\frac{1}{3}\right)=f\left(\frac{1}{2}\right)=0.$$

故 $f(x)$ 在区间 $\left[\dfrac{1}{4},\dfrac{1}{3}\right]$ 及 $\left[\dfrac{1}{3},\dfrac{1}{2}\right]$ 上分别满足罗尔定理的 3 个条件. 因此，$f'(x)=0$ 分别在开区间 $\left(\dfrac{1}{4},\dfrac{1}{3}\right)$ 及 $\left(\dfrac{1}{3},\dfrac{1}{2}\right)$ 内至少各有一个实根. 另一方面，$f'(x)=0$ 是一个二次方程式，至多有两个实根，因此，$f'(x)=0$ 只有两个实根，分别位于开区间 $\left(\dfrac{1}{4},\dfrac{1}{3}\right)$ 及 $\left(\dfrac{1}{3},\dfrac{1}{2}\right)$ 内.

注意　罗尔定理中的 3 个条件是定理结论成立的充分条件，而非必要条件.

例如，函数 $y=x^2$ 在 $[1,2]$ 上连续，在 $(1,2)$ 内可导，但因 $f(1)=1$，$f(2)=4$，故 $f(1)\neq f(2)$，罗尔定理中条件(3)不成立. 而 $f'(x)=2x>0(x\in(1,2))$，即不存在点 $\xi\in(1,2)$，使得 $f'(\xi)=0$ 成立，所以定理结论不成立.

又如，函数

$$y=\begin{cases}x^2,&-1\leqslant x\leqslant 1,\\2x,&1<x\leqslant 2\end{cases}$$

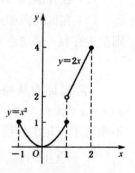

在 $[-1,2]$ 上不连续，从而在 $(-1,2)$ 内也不可导，且 $f(-1)=1$，$f(2)=4$，$f(-1)\neq f(2)$，这函数不满足罗尔定理的 3 个条件，但存在 $\xi=0\in(-1,2)$，使 $f'(0)=0$(图 3-2).

图 3-2

3.1.2　拉格朗日中值定理

拉格朗日中值定理　若函数 $f(x)$ 满足条件：

(1) 在闭区间 $[a,b]$ 上连续；

(2) 在开区间 (a,b) 内可导；

则至少存在一点 $\xi\in(a,b)$，使得等式

$$\frac{f(b)-f(a)}{b-a}=f'(\xi)\quad\text{或}\quad f(b)-f(a)=f'(\xi)(b-a)\qquad(3.1.2)$$

成立. 定理证明从略.

从图 3-3 可以看到，公式(3.1.2)中前式的左边 $\dfrac{f(b)-f(a)}{b-a}$ 是弦 $\overline{AB}$ 的斜率，右边 $f'(\xi)$ 是曲线弧 $\overparen{AB}$ 在点 $C(\xi,f(\xi))$ 处的切线的斜率. 因此，该定理的几何意义是：

如果曲线弧$\overset{\frown}{AB}$是连续的,且除端点外处处有不垂直于x轴的切线,那么在曲线上至少有一点C,曲线在C点处的切线与弦$\overline{AB}$平行.

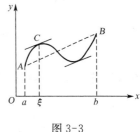

图 3-3

在拉格朗日中值定理中,若$f(a)=f(b)$,则定理的结论就变成$f'(\xi)=0$,这恰好是罗尔定理的结论. 所以,罗尔定理是拉格朗日中值定理的特殊情形.

我们知道,如果函数$f(x)$在某个区间上是一个常数,则$f(x)$在该区间上的导数恒为零. 那么,它的逆命题是否成立呢?下面的推论将给予肯定的回答.

推论 如果函数$f(x)$在区间I上的导数恒为零,那么,$f(x)$在区间I上是一个常数.

证明 在I上任取两点x_1和$x_2(x_1<x_2)$,由于$f(x)$在I上可导,所以,$f(x)$在区间$[x_1,x_2]$上满足拉格朗日中值定理的条件,由公式(3.1.2)得

$$\frac{f(x_2)-f(x_1)}{x_2-x_1}=f'(\xi)\quad(x_1<\xi<x_2).$$

又因在I上,$f'(x)\equiv0$,故有$f'(\xi)=0$. 由上式可得$f(x_2)-f(x_1)=0$,即$f(x_2)=f(x_1)$. 由于x_1与x_2是I上任意两点,这就表明,在区间I上任意两点处的函数值都相等,即$f(x)$在I上是常数,证毕.

例3 试证:对任何实数a,b,有

$$|\arctan b-\arctan a|\leqslant|b-a|.$$

证明 令函数$y=f(x)=\arctan x$,因它在$(-\infty,+\infty)$内处处可导,故该函数在以a和b为端点的区间上满足拉格朗日定理的两个条件,所以,由定理的结论知,至少存在一点ξ,使得

$$\arctan b-\arctan a=f'(\xi)(b-a)=\frac{1}{1+\xi^2}(b-a)\quad(\xi\text{在}a\text{与}b\text{之间})$$

成立,即有

$$|\arctan b-\arctan a|=\frac{1}{1+\xi^2}|b-a|\leqslant|b-a|.$$

例4 设$x>0$,证明$\dfrac{x}{1+x}<\ln(1+x)<x$.

分析 因为$\ln(1+x)=\ln(1+x)-\ln 1$,所以,它可以被看成函数$f(t)=\ln t$在区间$[1,1+x]$上的增量,此时,自变量的增量为$(1+x)-1=x$. 故可对函数$f(t)=\ln t$在区间$[1,1+x]$上使用拉格朗日中值定理.

证明 由于当$t>0$时,函数$f(t)=\ln t$可导,所以,它在区间$[1,1+x]$上满足拉格朗日中值定理的条件. 由定理的结论得

$$\ln(1+x) = \ln(1+x) - \ln 1 = (\ln t)' \mid_{t=\xi} [(1+x) - 1],$$

即
$$\ln(1+x) = \frac{x}{\xi} \qquad (1 < \xi < 1+x).$$

由 $1 < \xi < 1+x$，可推得 $\dfrac{1}{1+x} < \dfrac{1}{\xi} < 1$．又因 $x > 0$，所以有

$$\frac{x}{1+x} < \frac{x}{\xi} < x, \quad 即 \quad \frac{x}{1+x} < \ln(1+x) < x.$$

3.1.3 柯西中值定理

我们知道，拉格朗日中值定理的几何意义是：如果连续曲线 $y = f(x)$ 在除端点外处处有不垂直于 x 轴的切线，那么，曲线上至少有一点 C，使曲线在 C 点处的切线平行于连接曲线两端点的弦 $\overline{AB}$（图 3-3）．如果曲线的方程以参数方程

$$\begin{cases} X = F(x), \\ Y = f(x) \end{cases} \qquad (a \leqslant x \leqslant b)$$

给出．那么，弦 $\overline{AB}$ 的斜率为

$$\frac{f(b) - f(a)}{F(b) - F(a)}.$$

由参数方程所确定的函数的导数公式知，曲线在点 (X, Y) 处的切线的斜率为

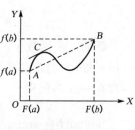

$$\frac{\mathrm{d}Y}{\mathrm{d}X} = \frac{f'(x)}{F'(x)}.$$

假定与 C 点对应的参数为 $x = \xi$，于是，曲线在 C 点处的切线平行于弦 $\overline{AB}$（图 3-4），可表示为

图 3-4

$$\frac{f(b) - f(a)}{F(b) - F(a)} = \frac{f'(\xi)}{F'(\xi)}.$$

这一事实可归结为下面的柯西中值定理．（证明从略）

柯西中值定理 如果函数 $f(x)$ 和 $F(x)$ 满足以下条件：

(1) 在闭区间 $[a, b]$ 上连续；

(2) 在开区间 (a, b) 内可导，且 $F'(x) \neq 0$，

则在 (a, b) 内至少有一点 ξ，使等式

$$\frac{f(b) - f(a)}{F(b) - F(a)} = \frac{f'(\xi)}{F'(\xi)} \tag{3.1.3}$$

成立．

注意 在柯西中值定理中,如果令 $F(x)=x$,那么,可得出拉格朗日中值定理. 因此,拉格朗日中值定理是柯西中值定理的特殊情形.

习题 3.1

1. 验证函数 $f(x)=x^2-7x+12$ 在区间 $[3,4]$ 上满足罗尔定理的条件,并求定理结论中的数值 ξ.

2. 不求导数,说明函数 $f(x)=(x-3)(x-4)(x-5)$ 的导数 $f'(x)$ 有几个零点,并指出它们所在的区间.

3. 验证函数 $f(x)=\ln x$ 在区间 $[1,e]$ 上满足拉格朗日中值定理的条件,并求定理结论中的数值 ξ.

4. 利用拉格朗日中值定理证明不等式

$$\frac{1}{1+x}<\ln\frac{1+x}{x}<\frac{1}{x} \quad (x>0).$$

5. 证明恒等式

$$\arctan x+\operatorname{arccot} x=\frac{\pi}{2} \quad (-\infty<x<+\infty).$$

6. 函数 $f(x)=x^3$ 与 $g(x)=x^2+1$ 在区间 $[1,2]$ 上是否满足柯西中值定理的条件? 若满足,求出定理结论中的 ξ 值.

答 案

1. $\xi=\dfrac{7}{2}$.

2. 有两个零点,分别在 $(3,4)$,$(4,5)$ 内.

3. $\xi=e-1$.

4. 提示:令 $f(t)=\ln t$ 在 $[x,1+x]$ 上用拉格朗日中值定理.

5. 略.

6. 满足,$\xi=\dfrac{14}{9}$.

3.2 洛必达法则

如果函数 $\dfrac{f(x)}{F(x)}$ 当 $x\to a$(或 $x\to\infty$)时,其分子、分母都趋于零或都趋于无穷大,那么,极限 $\lim\limits_{\substack{x\to a\\(x\to\infty)}}\dfrac{f(x)}{F(x)}$ 可能存在,也可能不存在,通常称这类极限为**未定式**,分别记为 $\dfrac{0}{0}$ 型或 $\dfrac{\infty}{\infty}$ 型. 在第 1 章中讨论过的重要极限 $\lim\limits_{x\to 0}\dfrac{\sin x}{x}$ 就是 $\dfrac{0}{0}$ 型的未定式. 这类极限是不能用商的极限法则进行计算的. 本节将根据柯西中值定理来推出计算这类极限的

一种简便而又重要的方法——洛必达(L'Hospital)[①]法则.

3.2.1 $\dfrac{0}{0}$ 型和 $\dfrac{\infty}{\infty}$ 型的未定式

下面给出计算当 $x \to a$ 时 $\dfrac{0}{0}$ 型未定式的洛必达法则.

定理　如果函数 $f(x)$ 和 $F(x)$ 满足以下条件：

(1) $\lim\limits_{x \to a} f(x) = 0$，$\lim\limits_{x \to a} F(x) = 0$；

(2) 在点 a 的某去心邻域内可导，且 $F'(x) \neq 0$；

(3) $\lim\limits_{x \to a} \dfrac{f'(x)}{F'(x)}$ 存在(或为无穷大)，那么

$$\lim\limits_{x \to a} \frac{f(x)}{F(x)} = \lim\limits_{x \to a} \frac{f'(x)}{F'(x)}. \tag{3.2.1}$$

这就是说，当 $\lim\limits_{x \to a} \dfrac{f'(x)}{F'(x)}$ 存在时，原极限 $\lim\limits_{x \to a} \dfrac{f(x)}{F(x)}$ 也存在且等于 $\lim\limits_{x \to a} \dfrac{f'(x)}{F'(x)}$；当 $\lim\limits_{x \to a} \dfrac{f'(x)}{F'(x)}$ 为无穷大时，原极限 $\lim\limits_{x \to a} \dfrac{f(x)}{F(x)}$ 也是无穷大.

分析　定理的结论要求把两个函数之比与它们的导数之比联系起来. 由此，我们联想到柯西中值定理. 为了应用柯西中值定理，我们要补充 $f(x)$ 和 $F(x)$ 在 $x = a$ 处的定义，使它们在 $x = a$ 处连续.

证明　令 $f(a) = F(a) = 0$. 由定理的条件(1)和(2)知，$f(x)$ 和 $F(x)$ 在点 a 的某一邻域内是连续且可导(点 a 的可导性除外)的. 又因 $F'(x) \neq 0$，所以，在以 a 为端点包含在该邻域内的闭区间 $[a, x]$ 或 $[x, a]$ 上，$f(x)$ 和 $F(x)$ 满足柯西中值定理的条件. 因此有

$$\frac{f(x)}{F(x)} = \frac{f(x) - f(a)}{F(x) - F(a)} = \frac{f'(\xi)}{F'(\xi)} \quad (\xi \text{ 在 } x \text{ 与 } a \text{ 之间}).$$

令 $x \to a$，并对上式两端求极限，注意到 $x \to a$ 时 $\xi \to a$，再由定理的条件(3)即可得到

$$\lim\limits_{x \to a} \frac{f(x)}{F(x)} = \lim\limits_{\xi \to a} \frac{f'(\xi)}{F'(\xi)} = \lim\limits_{x \to a} \frac{f'(x)}{F'(x)}.$$

从而证得公式(3.2.1)成立.

如果 $\lim\limits_{x \to a} \dfrac{f'(x)}{F'(x)}$ 仍是 $\dfrac{0}{0}$ 型的未定式，且这时 $f'(x)$ 与 $F'(x)$ 满足定理中 $f(x)$ 与 $F(x)$ 所满足的条件，那么我们可以继续应用洛必达法则，即

$$\lim\limits_{x \to a} \frac{f(x)}{F(x)} = \lim\limits_{x \to a} \frac{f'(x)}{F'(x)} = \lim\limits_{x \to a} \frac{f''(x)}{F''(x)},$$

---

① "洛必达"为法语 L'Hospital 的译音.

而且可以依此类推.

例 1 求 $\lim\limits_{x \to \frac{\pi}{2}} \dfrac{\cos x}{\frac{\pi}{2} - x}$.

解 这是 $\dfrac{0}{0}$ 型未定式,应用洛必达法则式(3.2.1)得

$$原式 = \lim_{x \to \frac{\pi}{2}} \frac{-\sin x}{-1} = 1.$$

例 2 求 $\lim\limits_{x \to 1} \dfrac{x^3 - 3x + 2}{x^3 - x^2 - x + 1}$.

解 这是 $\dfrac{0}{0}$ 型未定式,应用洛必达法则式(3.2.1)得

$$原式 \overset{\frac{0}{0}①}{=\!=\!=} \lim_{x \to 1} \frac{3x^2 - 3}{3x^2 - 2x - 1} \overset{\frac{0}{0}}{=\!=\!=} \lim_{x \to 1} \frac{6x}{6x - 2} = \frac{3}{2}.$$

注意 上式中的 $\lim\limits_{x \to 1} \dfrac{6x}{6x - 2}$ 已不再是未定式,故不能再对它应用洛必达法则,否则要导致错误结果. 因此在每次使用洛必达法则前,都要验证所求极限是否为未定式.

例 3 求 $\lim\limits_{x \to 0} \dfrac{\sin x - x}{x(1 - \cos x)}$.

解 由于当 $x \to 0$ 时,$1 - \cos x \sim \dfrac{x^2}{2}$,因此

$$原式 = \lim_{x \to 0} \frac{\sin x - x}{\dfrac{x^3}{2}} \overset{\frac{0}{0}}{=\!=\!=} \lim_{x \to 0} \frac{\cos x - 1}{\dfrac{3x^2}{2}} = \lim_{x \to 0} \frac{-\dfrac{x^2}{2}}{\dfrac{3x^2}{2}} = -\frac{1}{3}.$$

从本例可以看到,在应用洛比达法则求极限的过程中,最好能与其他求极限的方法结合使用,比如,能化简就先化简,能用等价无穷小代换时,就尽量应用。这样可以简化计算.

例 4 求 $\lim\limits_{x \to 1} \dfrac{x - 1 - \ln x}{(x - 1)^2}$.

解 $原式 \overset{\frac{0}{0}}{=\!=\!=} \lim\limits_{x \to 1} \dfrac{1 - \dfrac{1}{x}}{2(x - 1)} = \lim\limits_{x \to 1} \dfrac{x - 1}{2x^2 - 2x} \overset{\frac{0}{0}}{=\!=\!=} \lim\limits_{x \to 1} \dfrac{1}{4x - 2} = \dfrac{1}{2}.$

我们指出,如果把定理中 $x \to a$ 换成自变量的其他变化过程,则只要把定理的条

---

① 前后两个极限等式间的记号 $\frac{0}{0}$ 表示前一个极限是 $\frac{0}{0}$ 型未定式,而后一个极限是对前一个极限应用洛必达法则的结果,以下类同.

件作相应改动,结论仍成立.另外,对于未定式 $\dfrac{\infty}{\infty}$ 型,也有相应的洛必达法则.这里不再叙述,仅举例说明.

例 5 求 $\lim\limits_{x \to +\infty} \dfrac{\ln\left(1+\dfrac{1}{x}\right)}{\operatorname{arccot} x}$.

解 原式 $\xlongequal{\frac{0}{0}} \lim\limits_{x \to +\infty} \dfrac{\dfrac{1}{1+\dfrac{1}{x}}\left(-\dfrac{1}{x^2}\right)}{-\dfrac{1}{1+x^2}} = \lim\limits_{x \to +\infty} \dfrac{x^2+1}{x^2+x} = 1.$

例 6 求 $\lim\limits_{x \to 0^+} \dfrac{\ln\sin x}{\ln\tan x}$.

解 原式 $\xlongequal{\frac{\infty}{\infty}} \lim\limits_{x \to 0^+} \dfrac{\dfrac{1}{\sin x}\cos x}{\dfrac{1}{\tan x} \cdot \sec^2 x} = \lim\limits_{x \to 0^+}\cos^2 x = 1.$

例 7 求 $\lim\limits_{x \to +\infty} \dfrac{\ln x}{x^n}$ $(n>0)$.

解 $\lim\limits_{x \to +\infty} \dfrac{\ln x}{x^n} \xlongequal{\frac{\infty}{\infty}} \lim\limits_{x \to +\infty} \dfrac{\dfrac{1}{x}}{nx^{n-1}} = \lim\limits_{x \to +\infty} \dfrac{1}{nx^n} = 0.$

例 8 求 $\lim\limits_{x \to +\infty} \dfrac{x^n}{\mathrm{e}^{\lambda x}}$ $(n>0, \lambda>0)$.

解 当 n 为正整数时,相继应用洛必达法则 n 次,得

$$\lim_{x \to +\infty} \dfrac{x^n}{\mathrm{e}^{\lambda x}} \xlongequal{\frac{\infty}{\infty}} \lim_{x \to +\infty} \dfrac{nx^{n-1}}{\lambda \mathrm{e}^{\lambda x}} \xlongequal{\frac{\infty}{\infty}} \lim_{x \to +\infty} \dfrac{n(n-1)x^{n-2}}{\lambda^2 \mathrm{e}^{\lambda x}} = \cdots = \lim_{x \to +\infty} \dfrac{n!}{\lambda^n \mathrm{e}^{\lambda x}} = 0.$$

当 n 不是正整数时,总可找到正整数 N,使 $N-1<n<N$. 从而有

$$\dfrac{x^{N-1}}{\mathrm{e}^{\lambda x}} < \dfrac{x^n}{\mathrm{e}^{\lambda x}} < \dfrac{x^N}{\mathrm{e}^{\lambda x}}.$$

令 $x \to +\infty$,并对上式取极限,由极限存在的夹逼准则可得 $\lim\limits_{x \to +\infty} \dfrac{x^n}{\mathrm{e}^{\lambda x}} = 0.$

例 7 及例 8 表明,当 $x \to +\infty$ 时,幂函数 $x^n(n>0)$ 比对数函数 $\ln x$ 的增大"速度"要快得多,而指数函数 $\mathrm{e}^{\lambda x}(\lambda>0)$ 又比幂函数 $x^n(n>0)$ 的增大"速度"快得多.

3.2.2 其他类型的未定式

除了以上的 $\dfrac{0}{0}$ 型和 $\dfrac{\infty}{\infty}$ 型的未定式之外,还有其他类型的未定式,如 $0 \cdot \infty$,

$\infty-\infty$,0^0,1^∞,∞^0 型等.对这些未定式,不能直接应用洛必达法则.通常要通过恒等变形或取对数等方法,将其转化为 $\frac{0}{0}$ 型或 $\frac{\infty}{\infty}$ 型的未定式,然后再用洛必达法则进行计算.下面举例说明.

例 9 求 $\lim\limits_{x\to 0^+} x^k \ln x\ (k>0)$.

解 这是 $0\cdot\infty$ 型的未定式,变形得

$$\text{原式}=\lim\limits_{x\to 0^+}\frac{\ln x}{x^{-k}}\xlongequal{\frac{\infty}{\infty}}\lim\limits_{x\to 0^+}\frac{\frac{1}{x}}{-kx^{-k-1}}=\lim\limits_{x\to 0^+}\left(-\frac{1}{k}\cdot x^k\right)=0.$$

例 10 求 $\lim\limits_{x\to\frac{\pi}{2}}(\sec x-\tan x)$.

解 这是 $\infty-\infty$ 型的未定式,变形得

$$\text{原式}=\lim\limits_{x\to\frac{\pi}{2}}\frac{1-\sin x}{\cos x}\xlongequal{\frac{0}{0}}\lim\limits_{x\to\frac{\pi}{2}}\frac{-\cos x}{-\sin x}=0.$$

例 11 求 $\lim\limits_{x\to 0^+} x^x$.

解 这是 0^0 型未定式,利用恒等式 $M=e^{\ln M}(M>0)$,变形得

$$\text{原式}=\lim\limits_{x\to 0^+}e^{x\ln x}=e^{\lim\limits_{x\to 0^+}x\ln x}=e^{\lim\limits_{x\to 0^+}\frac{\ln x}{\frac{1}{x}}}=e^{\lim\limits_{x\to 0^+}\frac{\frac{1}{x}}{-\frac{1}{x^2}}}=e^{-\lim\limits_{x\to 0^+}x}=e^0=1.$$

例 12 求 $\lim\limits_{x\to e}(\ln x)^{\frac{1}{1-\ln x}}$.

解 这是 1^∞ 型的未定式,如例 11 做法,可得

$$\text{原式}=\lim\limits_{x\to e}e^{\frac{\ln\ln x}{1-\ln x}}=e^{\lim\limits_{x\to e}\frac{\ln\ln x}{1-\ln x}}=e^{\lim\limits_{x\to e}\frac{\frac{1}{\ln x}\cdot\frac{1}{x}}{-\frac{1}{x}}}=e^{-1}=\frac{1}{e}.$$

例 13 求 $\lim\limits_{x\to 0^+}(\cot x)^{\sin x}$.

解 这是 ∞^0 型未定式,如例 11 那样,可得

$$\text{原式}=\lim\limits_{x\to 0^+}e^{(\sin x)\ln\cot x}=e^{\lim\limits_{x\to 0^+}\frac{\ln\cot x}{\csc x}}=e^{\lim\limits_{x\to 0^+}\frac{\tan x(-\csc^2 x)}{-\csc x\cot x}}=e^{\lim\limits_{x\to 0^+}\frac{\sin x}{\cos^2 x}}=e^0=1.$$

运用洛必达法则应注意使用的条件.下面举两例说明.

例 14 求 $\lim\limits_{x\to\infty}\frac{x}{x+\cos x}$.

解 这是 $\frac{\infty}{\infty}$ 型未定式.由于分式的分子、分母分别求导后得 $\lim\limits_{x\to\infty}\frac{1}{1-\sin x}$ 不存在(非无穷大),洛必达法则的条件(3)不满足,洛必达法则失效,但不能得出极限不

存在的结论.事实上,

$$\lim_{x \to \infty} \frac{x}{x + \cos x} = \lim_{x \to \infty} \frac{1}{1 + \dfrac{\cos x}{x}} = \frac{1}{1 + 0} = 1.$$

这里,当 $x \to \infty$ 时,$\dfrac{\cos x}{x}$ 是无穷小量 $\dfrac{1}{x}$ 与有界函数 $\cos x$ 之积,从而它是无穷小.

例 15 求 $\lim\limits_{x \to +\infty} \dfrac{e^x + e^{-x}}{e^x - e^{-x}}$.

解 这是 $\dfrac{\infty}{\infty}$ 型未定式,反复用洛必达法则,得不出结果. 但若将分子、分母同除以 e^x,可得

$$原式 = \lim_{x \to +\infty} \frac{1 + e^{-2x}}{1 - e^{-2x}} = \lim_{x \to +\infty} \frac{1 + \dfrac{1}{e^{2x}}}{1 - \dfrac{1}{e^{2x}}} = 1.$$

习题 3.2

1. 用洛必达法则求下列极限.

(1) $\lim\limits_{x \to 1} \dfrac{x^3 - 3x^2 + 2}{x^3 - x^2 - x + 1}$;

(2) $\lim\limits_{x \to 0} \dfrac{\sin x - x \cos x}{\sin^3 x}$;

(3) $\lim\limits_{x \to 1} \dfrac{\ln x}{1 - x^2}$;

(4) $\lim\limits_{x \to 0} \left[\dfrac{1}{x} - \dfrac{1}{\ln(1+x)} \right]$;

(5) $\lim\limits_{x \to 0} \dfrac{e^x - e^{-x} - 2x}{x - \sin x}$;

(6) $\lim\limits_{x \to +\infty} \dfrac{\ln(1 + x e^{2x})}{x^2}$;

(7) $\lim\limits_{x \to \frac{\pi}{4}} (1 - \tan x) \sec 2x$;

(8) $\lim\limits_{x \to 0} \left(\dfrac{1}{x} - \dfrac{1}{e^x - 1} \right)$;

(9) $\lim\limits_{x \to +\infty} (e^x + x)^{\frac{1}{x}}$;

(10) $\lim\limits_{x \to 0^+} x^{\sin x}$;

(11) $\lim\limits_{x \to \infty} \left(\cos \dfrac{2}{x} \right)^{x^2}$;

(12) $\lim\limits_{x \to 0^+} \left(\ln \dfrac{1}{x} \right)^x$.

2. 验证极限 $\lim\limits_{x \to 0} \dfrac{x^2 \cos \dfrac{1}{x}}{\sin x}$ 存在,但不能用洛必达法则计算.

答 案

1. (1) ∞; (2) $\dfrac{1}{3}$; (3) $-\dfrac{1}{2}$; (4) $-\dfrac{1}{2}$; (5) 2; (6) 0; (7) 1; (8) $\dfrac{1}{2}$; (9) e;

(10) 1; (11) e^{-2}; (12) 1.

2. 极限存在且等于 0;因 $\lim\limits_{x \to 0} \dfrac{\left(x^2 \cos \dfrac{1}{x} \right)'}{(\sin x)'}$ 不存在,故不能用洛必达法则.

3.3 函数单调性的判别法

由第 1 章函数单调的定义可知,若函数 $y = f(x)$ 在某区间上单调增加(减少),那

么,它的图形是一条随 x 增大而上升(下降)的曲线(图3-5),这时,曲线上各点处的切线斜率非负(非正),即 $f'(x) \geqslant 0$ ($f'(x) \leqslant 0$).

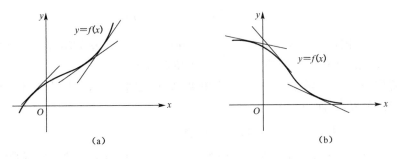

图 3-5

简单地说,若函数在区间上是单调的,则它的导数的符号是确定的. 反之,我们也能用导数的符号来判定函数的单调性.

定理(函数单调性的判定法) 设函数 $y = f(x)$ 在 $[a, b]$ 上连续,在 (a, b) 内可导,那么若在 (a, b) 内 $f'(x) > 0$($f'(x) < 0$),则函数 $y = f(x)$ 在 $[a, b]$ 上单调增加(减少).

证明 在 $[a, b]$ 上任取两点 x_1 和 x_2(不妨设 $x_1 < x_2$),由于 $f(x)$ 在 $[x_1, x_2]$ 上连续,在 (x_1, x_2) 内可导,应用拉格朗日中值定理,有

$$f(x_2) - f(x_1) = f'(\xi)(x_2 - x_1) \quad (x_1 < \xi < x_2).$$

上式中,已知 $x_2 - x_1 > 0$,且在 (a, b) 内 $f'(x) > 0$,故一定有 $f'(\xi) > 0$,于是

$$f(x_2) - f(x_1) = f'(\xi)(x_2 - x_1) > 0,$$

即

$$f(x_1) < f(x_2).$$

由于 x_1, x_2 是区间 $[a, b]$ 上的任意两点,因而表明函数 $y = f(x)$ 在 $[a, b]$ 上单调增加.

同理,若在 (a, b) 内 $f'(x) < 0$,可推出函数 $y = f(x)$ 在 $[a, b]$ 上单调减少.

如果把这个定理中的闭区间换成其他各种区间(包括无穷区间),那么,定理结论也都成立.

例1 判别

(1) 函数 $y = 2x^3 - 9x^2 + 12x - 9$ 在 $[1, 2]$ 上的单调性;

(2) 函数 $y = (x+1)^3$ 在 $[-1, 2]$ 上的单调性.

解 (1) 因为当 $x \in (1, 2)$ 时,$y' = 6x^2 - 18x + 12 = 6(x-1)(x-2) < 0$,所以,该函数在 $[1, 2]$ 上是单调减少的.

(2) 因为当 $x \in (-1, 2)$ 时,$y' = 3(x+1)^2 > 0$,所以,该函数在 $[-1, 2]$ 上是单调增加的.

例2 讨论函数 $y = x\mathrm{e}^{-x}$ 的单调性.

解 函数 $y = x\mathrm{e}^{-x}$ 的定义域为 $(-\infty, +\infty)$,求导得

$$y' = \mathrm{e}^{-x} - x\mathrm{e}^{-x} = (1-x)\mathrm{e}^{-x}.$$

因在 $(-\infty, 1)$ 内,$y' > 0$,故函数 $y = x\mathrm{e}^{-x}$ 在 $(-\infty, 1]$ 上单调增加;因在 $(1, +\infty)$ 内,$y' < 0$,故函数 $y = x\mathrm{e}^{-x}$ 在 $[1, +\infty)$ 上单调减少.

注意到,$x = 1$ 是函数 $y = x\mathrm{e}^{-x}$ 的单调增加区间 $(-\infty, 1]$ 与单调减少区间 $[1, +\infty)$ 的分界点,而 $y'(1) = 0$.

例3 讨论函数 $y = \sqrt[3]{(x-1)^2}$ 的单调性.

解 函数 $y = \sqrt[3]{(x-1)^2}$ 的定义域为 $(-\infty, +\infty)$,当 $x \neq 1$ 时,这函数的导数为

$$y' = \frac{2}{3\sqrt[3]{(x-1)}}.$$

当 $x = 1$ 时,函数的导数不存在. 因为在 $(-\infty, 1)$ 内 $y' < 0$,所以,函数 $y = \sqrt[3]{(x-1)^2}$ 在 $(-\infty, 1]$ 上单调减少;因为在 $(1, +\infty)$ 内 $y' > 0$,所以,函数 $y = \sqrt[3]{(x-1)^2}$ 在 $[1, +\infty)$ 上单调增加.

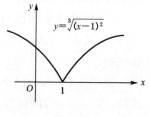

图 3-6

注意到,$x = 1$ 是函数 $y = \sqrt[3]{(x-1)^2}$ 的单调减少区间 $(-\infty, 1]$ 与单调增加区间 $[1, +\infty)$ 的分界点,但函数在该点处的导数不存在(图 3-6).

综合例 2 和例 3 的两种情况,可得如下的**结论**:

如果函数 $f(x)$ 在定义区间上连续,除了在区间内可能有个别点处导数不存在外,导数均存在,那么,只要用导数 $f'(x) = 0$ 的点及导数不存在的点来划分函数 $f(x)$ 的定义区间,就能保证 $f'(x)$ 在各部分区间内保持确定的符号,因而函数 $f(x)$ 在每个部分区间上是单调的.

例4 确定函数 $y = (x-2)^2 \sqrt[3]{(x+1)^2}$ 的单调区间.

解 这函数的定义域为 $(-\infty, +\infty)$. 当 $x \neq -1$ 时,y 的导数为

$$\begin{aligned}
y' &= 2(x-2)(x+1)^{\frac{2}{3}} + (x-2)^2 \cdot \frac{2}{3}(x+1)^{-\frac{1}{3}} \\
&= \frac{2}{3}(x-2)(x+1)^{-\frac{1}{3}}[3(x+1) + (x-2)] \\
&= \frac{2(x-2)(4x+1)}{3(x+1)^{\frac{1}{3}}}.
\end{aligned}$$

在函数定义域 $(-\infty, +\infty)$ 内,$y' = 0$ 的点为 $x_1 = -\dfrac{1}{4}$ 和 $x_2 = 2$,y' 不存在的点为 $x_3 = -1$.

这样，共有 $x_1 = -\dfrac{1}{4}$，$x_2 = 2$ 和 $x_3 = -1$ 三个划分函数的定义区间的分点.

为了更直接地反映函数 $y = f(x)$ 的单调性与导数的符号之间的关系，可列表如下(表 3-1)：

表 3-1

x	$(-\infty, -1)$	-1	$\left(-1, -\dfrac{1}{4}\right)$	$-\dfrac{1}{4}$	$\left(-\dfrac{1}{4}, 2\right)$	2	$(2, +\infty)$
$f'(x)$	$-$	不存在	$+$	0	$-$	0	$+$
$f(x)$	↘	0	↗		↘		↗

由表 3-1 可知，函数 y 在区间 $(-\infty, -1]$ 上单调减少，在区间 $\left[-1, -\dfrac{1}{4}\right]$ 上单调增加，在区间 $\left[-\dfrac{1}{4}, 2\right]$ 上单调减少，在区间 $[2, +\infty)$ 上单调增加.

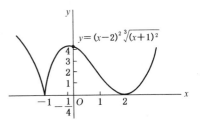

函数 $y = (x-2)^2 \sqrt[3]{(x+1)^2}$ 的图形如图 3-7 所示.

图 3-7

利用函数单调性判别定理，可证明某些不等式，下面举例说明.

例 5 试证：当 $x > 1$ 时，$e^x > ex$.

证明 令函数 $f(x) = e^x - ex$. 因它是初等函数且在 $[1, +\infty)$ 上有定义，故 $f(x)$ 在 $[1, +\infty)$ 上连续，且在 $(1, +\infty)$ 内可导，其导数为

$$f'(x) = (e^x - ex)' = e^x - e = e(e^{x-1} - 1).$$

因为当 $x > 1$ 时，$f'(x) > 0$，所以 $f(x)$ 在 $[1, +\infty)$ 上单调增加. 从而当 $x > 1$ 时，$f(x) > f(1) = 0$. 于是

$$f(x) > 0,\quad 即 \quad e^x > ex \ (x > 1).$$

例 6 试证：当 $x \leqslant 0$ 时，$\arctan x \geqslant x$.

证明 令函数 $f(x) = \arctan x - x$. 因它是初等函数且在 $(-\infty, 0]$ 上有定义，故 $f(x)$ 在 $(-\infty, 0]$ 上连续，且在 $(-\infty, 0)$ 内可导，其导数为

$$f'(x) = \frac{1}{1+x^2} - 1 = \frac{-x^2}{1+x^2} < 0,$$

所以，$f(x)$ 在 $(-\infty, 0]$ 上单调减少. 又因为 $f(0) = 0$，所以当 $x \leqslant 0$ 时，有

$$f(x) \geqslant f(0) = 0,\quad 即 \quad \arctan x \geqslant x \ (x \leqslant 0).$$

1. 确定下列函数的单调区间.

(1) $y=x^3-6x$;　　　(2) $y=\dfrac{x-1}{x+1}$;　　　(3) $y=\ln(1+x^2)$;　　　(4) $y=2^{x-x^2}+3$;

(5) $y=\dfrac{\ln x}{x}$;　　　(6) $y=x+\dfrac{1}{x}$ $(x>0)$;　　　(7) $y=\mathrm{e}^{-x^2}$.

2. 利用函数的单调性证明下列不等式.

(1) 当 $x>0$ 时, $\mathrm{e}^x>1+x$;　　　　　　(2) 当 $0<x<\dfrac{\pi}{2}$ 时, $\tan x>x+\dfrac{1}{3}x^3$;

(3) 当 $x>1$ 时, $\ln x>\dfrac{2(x-1)}{x+1}$.

3. 试证函数 $y=2\sqrt{x}+\dfrac{1}{x}-3$ 当 $x>1$ 时是单调增加函数.

4. 设 $y=\dfrac{x^3}{3}-\dfrac{a}{2}x^2+bx$, 其中 $a>0$, $b>0$, 且 $a^2-4b>0$, 求该函数的单调区间.

答　案

1. (1) 单调增加区间: $(-\infty,-\sqrt{2}]\cup[\sqrt{2},+\infty)$, 单调减少区间: $[-\sqrt{2},\sqrt{2}]$;　(2) 单调增加区间: $(-\infty,-1)\cup(-1,+\infty)$;　(3) 单调增加区间: $[0,+\infty)$, 单调减少区间: $(-\infty,0]$;　(4) 单调增加区间: $\left(-\infty,\dfrac{1}{2}\right]$, 单调减少区间: $\left[\dfrac{1}{2},+\infty\right)$;　(5) 单调增加区间: $(0,\mathrm{e}]$, 单调减少区间: $[\mathrm{e},+\infty)$;　(6) 单调增加区间: $[1,+\infty)$, 单调减少区间: $(0,1]$;　(7) 单调增加区间: $(-\infty,0]$, 单调减少区间: $[0,+\infty)$.

2. 略.　3. 略.

4. 单调减少区间: $\left[\dfrac{a-\sqrt{a^2-4b}}{2},\dfrac{a+\sqrt{a^2-4b}}{2}\right]$,

单调增加区间: $\left(-\infty,\dfrac{a-\sqrt{a^2-4b}}{2}\right]\cup\left[\dfrac{a+\sqrt{a^2-4b}}{2},+\infty\right)$.

3.4　函数的极值及其求法

在 3.3 节例 4 中, 我们看到, 点 $x=-1$, $x=-\dfrac{1}{4}$ 及 $x=2$ 是函数

$$y=f(x)=(x-2)^2\sqrt[3]{(x+1)^2}$$

的单调区间的分界点. 在这些分界点两侧, 函数的单调性发生变化. 例如, 在点 $x=-\dfrac{1}{4}$ 的左侧邻近处, 函数是单调增加的; 在点 $x=-\dfrac{1}{4}$ 的右侧邻近处, 函数是单调减少的. 因此, 存在着点 $x=-\dfrac{1}{4}$ 的一个去心邻域, 对于这去心邻域内的任何点 x,

均有 $f(x) < f\left(-\dfrac{1}{4}\right)$ 成立. 同样地, 在点 $x = -1$ 及 $x = 2$ 处也有类似的情形. 在这些点的去心邻域内, 分别有 $f(x) > f(-1)$ 和 $f(x) > f(2)$ 成立, 如图 3-7 所示. 这就是下面将要讨论的函数的极值问题.

定义 设函数 $f(x)$ 在区间 (a, b) 内有定义, 对于点 $x_0 \in (a, b)$, 若存在点 x_0 的去心邻域 $\mathring{U}(x_0, \delta) \subset (a, b)$, 使对任何 $x \in \mathring{U}(x_0, \delta)$, 都有

$$f(x) < f(x_0) \quad (f(x) > f(x_0))$$

成立, 则称 $f(x_0)$ 是函数 $f(x)$ 的一个**极大(小)值**.

函数的极大值与极小值统称为函数的**极值**, 使得函数取得极值的点称为**极值点**.

例如, 3.3 节例 4 中的函数

$$y = f(x) = (x-2)^2 \sqrt[3]{(x+1)^2}$$

有极大值 $f\left(-\dfrac{1}{4}\right) = \dfrac{81}{64}\sqrt[3]{36} \approx 4.18$ 和极小值 $f(-1) = 0$ 及 $f(2) = 0$. 点 $x = -1$, $x = -\dfrac{1}{4}$ 和 $x = 2$ 都是所给函数的极值点.

注意 极值是指函数值, 而极值点是指自变量轴上的点, 即对应于极值点处的函数值为这个函数的极值.

函数的极值概念是局部性的. 譬如说, $f(x_0)$ 是函数 $f(x)$ 的一个极大值, 那只是在 x_0 附近的一个邻域内相比较而言, $f(x_0)$ 是 $f(x)$ 的一个最大值; 但就 $f(x)$ 在某个有定义的区间来说, $f(x_0)$ 不一定是最大值. 关于极小值也类似. 例如, 在图 3-8 中, 函数 $f(x)$ 在区间 (a, b) 内有三个极大值: $f(x_1)$, $f(x_3)$ 及 $f(x_6)$; 三个极小值: $f(x_2)$, $f(x_4)$ 及 $f(x_7)$. 其中, 极大

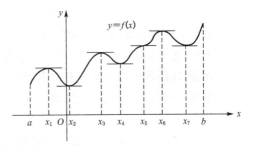

图 3-8

值 $f(x_1)$ 和 $f(x_3)$ 却小于极小值 $f(x_7)$. 就整个区间 (a, b) 来说, 只有一个极小值 $f(x_2)$ 是最小值, 但没有一个极大值是最大值.

从图 3-8 中还发现, 在函数取得极值处, 曲线上相应点处的切线是水平的. 反之, 曲线上即使有水平切线, 而在相应的点处, 函数却不一定取得极值. 例如, 在图 3-8 中, 曲线上点 $(x_5, f(x_5))$ 处的切线是水平的, 但 $f(x_5)$ 并不是极值.

现在来讨论函数极值的求法, 先给出函数取得极值的必要条件, 然后介绍函数取得极值的充分条件, 即函数极值的判别法.

定理 1 (极值存在的必要条件) 设函数 $f(x)$ 在点 x_0 处具有导数, 且在 x_0 处取得极值, 则函数 $f(x)$ 在点 x_0 处的导数一定为零, 即 $f'(x_0) = 0$.

证明 假定 $f(x_0)$ 是极大值,根据极大值的定义,则对于在点 x_0 的某个去心邻域内的任何点 x,均有 $f(x) < f(x_0)$,即 $f(x) - f(x_0) < 0$ 成立.于是

当 $x < x_0$ 时,有

$$\frac{f(x) - f(x_0)}{x - x_0} > 0;$$

当 $x > x_0$ 时,有

$$\frac{f(x) - f(x_0)}{x - x_0} < 0.$$

根据 1.4 节中的定理 5 的推论(函数极限的局部保号性)可知

$$f'_-(x_0) = \lim_{x \to x_0^-} \frac{f(x) - f(x_0)}{x - x_0} \geqslant 0, \quad f'_+(x_0) = \lim_{x \to x_0^+} \frac{f(x) - f(x_0)}{x - x_0} \leqslant 0.$$

而已知 $f'(x_0)$ 存在,根据导数存在的充分必要条件有 $f'_-(x_0) = f'_+(x_0)$,于是证得 $f'(x_0) = 0$.

$f'(x)$ 等于零的点(即方程 $f'(x) = 0$ 的实根)称为函数 $f(x)$ 的**驻点**.定理 1 表明,可导函数的极值点必定是它的驻点.反之,函数的驻点却不一定是极值点.例如,函数 $f(x) = x^3$ 的导数为 $f'(x) = 3x^2$,$x = 0$ 是函数的驻点,用极值的定义易验证 $x = 0$ 不是函数的极值点.此外,函数在它的导数不存在的点处也可能取得极值.例如,函数 $f(x) = |x|$ 在 $x = 0$ 处的导数不存在,但函数在 $x = 0$ 处取得极小值.

如何去判断函数在驻点或导数不存在的点处是否取得极值?如果是的话,是取得极大值,还是取得极小值?下面给出两个判定方法.

定理 2(判定极值的第一充分条件) 设函数 $f(x)$ 在点 x_0 处连续,且在 x_0 的某去心邻域内可导,点 x_0 是驻点(即 $f'(x_0) = 0$)或不可导点(即 $f'(x_0)$ 不存在),若在该去心邻域内有

(1) 当 $x < x_0$(x 在 x_0 的左侧)时,$f'(x) > 0$;当 $x > x_0$(x 在 x_0 的右侧)时 $f'(x) < 0$,则函数 $f(x)$ 在点 x_0 处取得极大值;

(2) 当 $x < x_0$(x 在 x_0 的左侧)时,$f'(x) < 0$;当 $x > x_0$(x 在 x_0 的右侧)时,$f'(x) > 0$,则函数 $f(x)$ 在点 x_0 处取得极小值;

(3) 在 x_0 的左、右两侧,$f'(x)$ 的符号相同,则函数 $f(x)$ 在 x_0 处没有极值.

证明 对于情形(1),根据函数的单调性的判定定理,函数 $f(x)$ 在点 x_0 的左侧邻域内是单调增加的,在点 x_0 的右侧邻域内是单调减少的,于是对于在该点的去心邻域内任何点 x,都有 $f(x) < f(x_0)$,所以 $f(x_0)$ 是 $f(x)$ 的一个极大值(图 3-9(a)).

类似地可证明情形(2)(图 3-9(b)).对于情形(3),函数 $f(x)$ 在点 x_0 的邻域内是单调的,于是在该点的邻域内就有大于 $f(x_0)$ 的函数值,又有小于 $f(x_0)$ 的函数值,所以 $f(x_0)$ 不是 $f(x)$ 的极值(图 3-9(c),(d)).

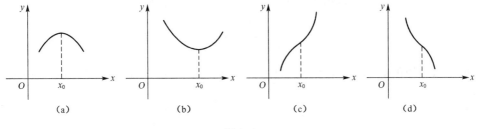

图 3-9

根据定理 2,如果函数 $f(x)$ 在所讨论的区间内连续,除个别点外处处可导,那么可按下面的步骤去求 $f(x)$ 的极值点和极值.

(1) 求出导数 $f'(x)$;

(2) 求出 $f(x)$ 在所讨论的区间内的所有驻点($f'(x)=0$ 的点)及不可导点($f'(x)$ 不存在的点);

(3) 考察 $f'(x)$ 在驻点及不可导点的左、右两侧的符号,确定所讨论的驻点及不可导点是不是极值点,并在极值点处确定函数 $f(x)$ 是取得极大值还是极小值;

(4) 求出函数 $f(x)$ 在极值点处的函数值,即函数的极大(小)值.

例 1 求函数 $f(x)=(2x+5)\sqrt[3]{x^2}$ 的极值.

解 (1) $f(x)$ 在 $(-\infty, +\infty)$ 内连续,当 $x\neq 0$ 时,

$$f'(x) = (2x^{\frac{5}{3}}+5x^{\frac{2}{3}})' = \frac{10}{3}x^{\frac{2}{3}} + \frac{10}{3}x^{-\frac{1}{3}} = \frac{10}{3}\frac{x+1}{\sqrt[3]{x}}.$$

(2) 令 $f'(x)=0$,得驻点 $x=-1$. $x=0$ 为 $f(x)$ 的不可导点.

(3) 为了便于讨论,仿照 3.3 节例 4 列表如下:

表 3-2

x	$(-\infty, -1)$	-1	$(-1, 0)$	0	$(0, +\infty)$
$f'(x)$	$+$	0	$-$	不存在	$+$
$f(x)$	↗	3	↘	0	↗

(4) 从表 3-2 可看出,$f(x)$ 在 $x=-1$ 处有极大值 $f(-1)=3$;在 $x=0$ 处有极小值 $f(0)=0$.

当函数 $f(x)$ 在驻点处的二阶导数存在且不为零时,也可以利用下述定理来判定函数 $f(x)$ 在驻点处是否取得极值,是取得极大值还是极小值.

定理 3(判定极值的第二充分条件) 设函数 $f(x)$ 在点 x_0 处具有二阶导数,且 $f'(x_0)=0$,$f''(x_0)\neq 0$,则

(1) 当 $f''(x_0)<0$ 时,函数 $f(x)$ 在 x_0 处取得极大值;

(2) 当 $f''(x_0)>0$ 时,函数 $f(x)$ 在 x_0 处取得极小值.

证明 对于情形(1)，由于 $f''(x_0) < 0$，按二阶导数的定义，有

$$f''(x_0) = \lim_{x \to x_0} \frac{f'(x) - f'(x_0)}{x - x_0} < 0.$$

根据函数极限的局部保号性(1.4节中定理5)，当 x 在 x_0 的足够小的去心邻域内时，有

$$\frac{f'(x) - f'(x_0)}{x - x_0} < 0,$$

但 $f'(x_0) = 0$，所以，由上式得

$$\frac{f'(x)}{x - x_0} < 0.$$

从而知道，对于在这去心邻域内的一切 x，$f'(x)$ 与 $x - x_0$ 的符号相反. 因此，当 $x < x_0$，即 $x - x_0 < 0$ 时，$f'(x) > 0$；当 $x > x_0$，即 $x - x_0 > 0$ 时，$f'(x) < 0$. 于是，根据定理2，$f(x)$ 在点 x_0 处取得极大值.

类似地，可以证明情形(2).

定理3告诉我们，如果函数 $f(x)$ 在驻点 x_0 处的二阶导数 $f''(x_0) \neq 0$，则驻点一定是极值点，并且可以按二阶导数的符号来判定 $f(x_0)$ 是极大值还是极小值. 但如果 $f''(x_0) = 0$，这时，定理3就不能应用. 事实上，当 $f'(x_0) = 0$，$f''(x_0) = 0$ 时，$f(x)$ 在 x_0 处可能有极大值，也可能有极小值，也可能没有极值. 例如，$f_1(x) = x^4$，$f_2(x) = -x^4$，$f_3(x) = x^3$，这三个函数在 $x = 0$ 处均有 $f'(0) = 0$，$f''(0) = 0$，而 $f_1(x)$ 有极小值 $f_1(0) = 0$，$f_2(x)$ 有极大值 $f_2(0) = 0$，$f_3(x)$ 没有极值，如图3-10所示.

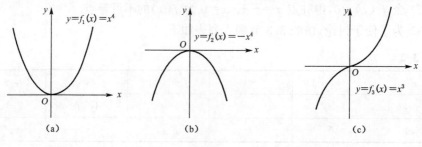

图 3-10

例2 求函数 $f(x) = \ln x + \dfrac{1}{x}$ 的极值.

解 函数在 $(0, +\infty)$ 内连续. 求出一阶、二阶导数，分别为

$$f'(x) = \frac{1}{x} - \frac{1}{x^2} = \frac{x-1}{x^2}, \quad f''(x) = -\frac{1}{x^2} + \frac{2}{x^3}.$$

令 $f'(x) = 0$，得驻点 $x = 1$，又因为 $f''(1) = 1 > 0$，所以 $x = 1$ 为极小值点，极小值为 $f(1) = 1$.

例3　求函数 $f(x)=x^3+3x^2-9x-4$ 的极值.

解　该函数在 $(-\infty,+\infty)$ 内连续.求出一阶、二阶导数,分别为

$$f'(x)=3x^2+6x-9=3(x+3)(x-1),\ f''(x)=6x+6.$$

令 $f'(x)=0$,得驻点 $x=-3$ 及 $x=1$.

在 $x=-3$ 处,因为 $f''(-3)=-12<0$,所以 $x=-3$ 是极大值点,极大值为 $f(-3)=23$;

在 $x=1$ 处,因为 $f''(1)=12>0$,所以 $x=1$ 是极小值点,极小值为 $f(1)=-9$.

例4　求函数 $f(x)=(x^2-1)^3+1$ 的极值.

解　(1)所给函数在 $(-\infty,+\infty)$ 内连续,而 $f'(x)=6x(x^2-1)^2$;

(2)令 $f'(x)=0$,求得驻点 $x_1=-1$,$x_2=0$,$x_3=1$;

(3)$f''(x)=6(x^2-1)(5x^2-1)$;

(4)因 $f''(0)=6>0$,$f(x)$ 在 $x=0$ 处取得极小值,极小值为 $f(0)=0$.

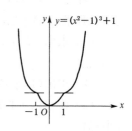

图 3-11

因 $f''(-1)=f''(1)=0$,用定理3无法判定,改用定理2,分别考察一阶导数 $f'(x)$ 在驻点 $x_1=-1$ 及 $x_3=1$ 左、右侧邻近的符号:在 $x=-1$ 的邻近处,当 $x<-1$ 时,$f'(x)<0$;当 $x>-1$ 时,$f'(x)<0$,因为在 $x=-1$ 的左、右侧邻近处 $f'(x)$ 的符号没有改变,所以 $f(x)$ 在 $x=-1$ 处没有极值.同理,$f(x)$ 在 $x=1$ 处也没有极值(图3-11).

习题 3.4

1. 求下列函数的极值.

(1) $y=x(x^2-12)$；　(2) $y=x^3-9x^2+15x+3$；　(3) $y=x+\tan x$；　(4) $y=2-(x-1)^{\frac{2}{3}}$.

2. 设 $x=1$ 与 $x=2$ 都是函数 $f(x)=a\ln x+bx^2+3x$ 的极值点,求 a,b,并求 $f(x)$ 的极大值和极小值.

3. 设 $f(x)$ 二阶可导,且有 $f''(x)+f'(x)+f(x)=0$,又设 x_0 是 $f(x)$ 的一个驻点,且 $f(x_0)>0$,试证明点 x_0 为 $f(x)$ 的极大值点.

答　案

1. (1)极大值 $f(-2)=16$,极小值 $f(2)=-16$；　(2)极大值 $y(1)=10$,极小值 $y(5)=-22$；　(3)无极值；　(4)极大值 $y(1)=2$.

2. $a=-2$,$b=-\dfrac{1}{2}$；$f(1)=\dfrac{5}{2}$ 为极小值,$f(2)=4-2\ln2$ 为极大值.

3. 略.

3.5　最大值、最小值问题

在一定条件下，要解决最大、最小、最快、最省、最优等实际问题，通常可归结为求某个函数的最大值或最小值的数学问题.

3.5.1　在闭区间上连续的函数的最大值和最小值

由 1.10 节定理 1 可知，在闭区间上连续的函数必有最大值和最小值. 现假定 $f(x)$ 在闭区间 $[a,b]$ 上连续，在开区间 (a,b) 内除有限个点外可导，且至多有有限个驻点，则求 $f(x)$ 的最大、最小值步骤如下：

(1) 求出 $f(x)$ 在 (a,b) 内的所有驻点（$f'(x)=0$ 的点）及不可导点（$f'(x)$ 不存在的点）；

(2) 求出(1)中各点处的函数值及区间 $[a,b]$ 端点的函数值 $f(a)$ 及 $f(b)$；

(3) 比较(2)中各点处的函数值的大小，其中最大（小）者，即为所求的最大（小）值.

例 1　求函数 $f(x)=3-x-\dfrac{4}{(x+2)^2}$ 在 $[-1,2]$ 上的最大值与最小值.

解　(1) 求导数：

$$f'(x)=-1+\frac{8}{(x+2)^3}=\frac{8-(x+2)^3}{(x+2)^3}.$$

令 $f'(x)=0$，得驻点 $x=0$.

(2) 求出驻点及区间端点处的函数值：

$$f(0)=3-0-1=2,\ f(-1)=3-(-1)-4=0,\ f(2)=3-2-\frac{4}{4^2}=\frac{3}{4}.$$

(3) 比较(2)中函数值大小，得所求的最大值为 $f(0)=2$，最小值为 $f(-1)=0$.

例 2　求函数 $f(x)=\sqrt[3]{2x^2(x-6)}$ 在 $[-2,4]$ 上的最大值与最小值.

解　(1) 求导数：

当 $x\neq0$ 时，
$$f'(x)=\sqrt[3]{2}\,\frac{x-4}{\sqrt[3]{x(x-6)^2}},$$

显然，$f(x)$ 在 $(-2,4)$ 内无驻点，$x=0$ 为不可导点.

(2) 求出上述不可导点及区间端点处的函数值：

$$f(0)=0,\ f(-2)=-4,\ f(4)=-4.$$

(3) 比较(2)中函数值可知，该函数在 $[-2,4]$ 上的最大值为 $f(0)=0$，最小值为 $f(-2)=f(4)=-4$.

在特殊情况下，可以简化求最大（小）值的方法. 例如：

(1) 若 $f(x)$ 在 $[a,b]$ 上连续且单调增加(减少),则最大(小)值是 $f(b)$,最小(大)值为 $f(a)$;

(2) 若 $f(x)$ 在 (a,b) 内可导,且在 (a,b) 内只有唯一的驻点,且此驻点为极值点,则当 $f(x)$ 在该点处取得极大(小)值时,该极大(小)值就是函数 $f(x)$ 的最大(小)值. 此结论对于其他各种区间(包括无穷区间)都适用.

3.5.2 实际问题中的最大值和最小值

例 3 一艘轮船在航行中的燃料费和它的速度的立方成正比. 已知当速度为 10 (km/h)时,燃料费为每小时 7 元,而其他与速度无关的费用为每小时 112 元. 问轮船的速度为多少时,每航行 1 km 所消耗的费用最小?

解 设船速为 x(km/h),每航行 1 km 所消耗的费用为 y(元),根据题意,可得

$$y = \frac{1}{x}(kx^3 + 112).$$

已知当 $x = 10$(km/h)时,$k \cdot 10^3 = 7$,故得 $k = 0.007$. 所以有

$$y = \frac{1}{x}(0.007x^3 + 112),\ x \in (0, +\infty).$$

这样,问题就归结为求 x 取何值时,y 取得最小值. 为此,求导数得

$$\frac{\mathrm{d}y}{\mathrm{d}x} = \frac{0.014}{x^2}(x^3 - 8\,000).$$

令 $\dfrac{\mathrm{d}y}{\mathrm{d}x} = 0$,得驻点 $x = 20$. 又 $\dfrac{\mathrm{d}^2 y}{\mathrm{d}x^2}\Big|_{x=20} = \left(0.014 + \dfrac{224}{x^3}\right)\Big|_{x=20} > 0$,所以 $x = 20$ 是 y 的唯一的极小值点,且也必为 y 的最小值点. 这样,当轮船的速度为 20(km/h)时,每航行 1 km 所消耗的费用最小.

一般地说,在实际问题中,如果根据问题的实际意义,就可以肯定可导函数 $f(x)$ 的最大(小)值一定存在,且在函数的定义区间内取得. 这时,如果函数 $f(x)$ 在定义区间内只有唯一的驻点 x_0,则不必讨论 $f(x_0)$ 是不是极值,就可以直接断定 $f(x_0)$ 就是所需求的最大(小)值.

例 4 要建造一个体积为 $V = 50\ \mathrm{m}^3$ 的圆柱形封闭的容器,问怎样选择它的底半径和高,使所用的材料最省.

解 在这里,用料最省就是要求容器的表面积最小. 设该容器的底半径为 r,高为 h(图 3-12),则它的表面积 S 为

$$S = 2\pi r^2 + 2\pi rh, \tag{3.5.1}$$

再由关系式 $\pi r^2 h = 50$,得

$$h = \frac{50}{\pi r^2}. \tag{3.5.2}$$

将式(3.5.2)代入式(3.5.1),便得 S 与 r 的函数关系式:

$$S = 2\pi r^2 + \frac{100}{r} \quad (0 < r < +\infty).$$

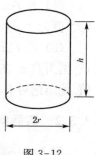

图 3-12

这样,问题就归结为求 r 为何值时,S 取得最小值. 为此,求 S 对 r 的导数得

$$S' = 4\pi r - \frac{100}{r^2}.$$

令 $S' = 0$,解得驻点 $r = \sqrt[3]{\dfrac{50}{2\pi}}$.

根据实际问题的意义,S 的最小值一定存在,且 $r = \sqrt[3]{\dfrac{50}{2\pi}}$ 又是在定义区间 $(0, +\infty)$ 内唯一的驻点,所以,这个驻点就是所求函数 S 的最小值点. 从而得知,当圆柱形容器的半径为 $r = \sqrt[3]{\dfrac{50}{2\pi}}$ (m)、高为

$$h = \frac{50}{\pi r^2} = \frac{50}{\pi \sqrt[3]{\left(\dfrac{50}{2\pi}\right)^2}} = 2\sqrt[3]{\frac{50}{2\pi}} \ \text{(m)}$$

时用料最省.

在根据题意建立函数关系时,常常会碰到多于两个变量的情形. 这时要找出除因变量之外的其他变量之间的关系,消去多余的变量,从而建立因变量与自变量之间的函数关系式.

习题 3.5

1. 求下列函数在指定区间上的最大值和最小值.

(1) $y = 3\sqrt[3]{x^2} - 2x, \quad -1 \leqslant x \leqslant \dfrac{1}{2}$;　　　　(2) $y = 4e^x + e^{-x}, \quad -1 \leqslant x \leqslant 1$;

(3) $y = x + \sqrt{1-x}, \quad -5 \leqslant x \leqslant 1$;　　　　(4) $y = xe^x, \quad 0 \leqslant x \leqslant 4$.

2. 设 $p > 1$ 是一常数,求证对所有 $x \in [0, 1]$,都有

$$\frac{1}{2^{p-1}} \leqslant x^p + (1-x)^p \leqslant 1.$$

3. 若直角三角形的一直角边与斜边之和为常数 a,求有最大面积的直角三角形的两直角边的边长.

4. 求点 $(2, 8)$ 到抛物线 $y^2 = 4x$ 的最短矩离.

5. 某工厂生产的产品数量 Q 与时间 t 的函数关系为 $Q = \dfrac{t^3}{3} - 8t^2 + 28t$. 工人每天工作时间为 8 h,若上班时间从 $t = 0$ 算起,问工人在 8 h 内,何时的产量为最大?

6. 有一条东西方向的高速公路,在高速公路的北侧有 A 和 B 两个仓库,这两仓库在东西方向的直线距离为 30 km,与高速公路垂直的距离分别等于 15 km 和 10 km. 现计划在高速公路上的某个点 P 处修建一货物中转站,然后分别由 A 到 P 和由 B 到 P 铺设公路(图 3-13).假设所有公路都是直线,问选取中转站 P 应满足什么条件才能使铺设的公路总长度最短?

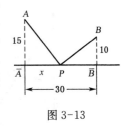

图 3-13

答　案

1. (1) 最大值 $f(-1)=5$,最小值 $f(0)=0$;

(2) 最小值 $f(-\ln 2)=4$,最大值 $f(1)=\dfrac{1}{e}+4e$;

(3) 最小值 $f(-5)=-5+\sqrt{6}$,最大值 $f(\dfrac{3}{4})=1.25$;

(4) 最小值 $f(0)=0$,最大值 $f(4)=4e^4$.

2. 提示:作函数 $f(x)=x^p+(1-x)^p$. 考虑 $f(x)$ 在 $[0,1]$ 上的最大值、最小值.

3. $\dfrac{a}{3}$ 与 $\dfrac{a}{\sqrt{3}}$.

4. $\sqrt{20}$.

5. 在工人上班后 2 h 这个时刻产量最高.

6. 当点 P 到 $\bar{A}$ 的距离为 18 m 时,铺设公路的总长度最短.

3.6　曲线的凹凸性与拐点

3.6.1　曲线的凹凸性

前面讨论了函数的单调性与极值,这对于描绘函数的图形有较大的作用. 但仅有这些知识,还不能比较准确地描绘函数的图形. 例如,在图 3-14 中,函数 $y=x^2$ 和函数 $y=\sqrt{x}$ 的图形,当 $x>0$ 时,虽然都是单调上升的,但在上升过程中,它们的弯曲方向有显著的不同. $y=x^2$ 的图形是向上凹的(或称凹的),而 $y=\sqrt{x}$ 的图形是向上凸的(或称凸的).可见,函数图形的弯曲方向可用曲线弧的"凹凸性"来描述. 下面就来讨论曲线的凹凸性及其判定法.

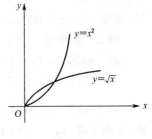

图 3-14

从几何图形上可以看到,曲线弧的凹与凸可通过曲线与其切线的相对位置来确定(图 3-15). 如在图 3-15(a)中,曲线弧上任意一点处的切线都在曲线弧的下方,此时曲线弧是凹的;又如在图 3-15(b)中,曲线弧上任意一点处的切线都在曲线弧的上方,此时曲线弧是凸的.

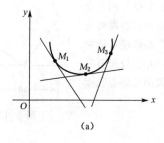

图 3-15

下面给出曲线 $y = f(x)$ 的凹凸性的定义.

定义 1 若在某区间内的可导函数 $y = f(x)$ 的图形位于其上任意一点切线的上(下)方,则称曲线 $y = f(x)$ 在该区间内是**凹(凸)的**,简称为**凹(凸)弧**.

在图 3-15(a)中,曲线上各点的切线斜率 $f'(x)$ 是单调增加的,此时曲线是凹的;而图 3-15(b)中,曲线上各点的切线斜率 $f'(x)$ 是单调减少的,此时曲线是凸的. 函数 $f'(x)$ 的单调性可用 $f''(x)$ 的符号来判定,由此得到以下定理.

定理 设函数 $f(x)$ 在 $[a, b]$ 上连续,在 (a, b) 内具有二阶导数,那么

(1) 若在 (a, b) 内 $f''(x) > 0$,则曲线弧 $y = f(x)$ 在 $[a, b]$ 上是凹的;

(2) 若在 (a, b) 内 $f''(x) < 0$,则曲线弧 $y = f(x)$ 在 $[a, b]$ 上是凸的.

注意 如果把定理中的闭区间换成其他各种区间(包括无穷区间),那么,定理的结论也成立.

例 1 判定曲线 $y = \ln x$ 的凹凸性.

解 函数 $y = \ln x$ 的定义域为 $(0, +\infty)$. 因为

$$y' = (\ln x)' = \frac{1}{x}, \quad y'' = \left(\frac{1}{x}\right)' = -\frac{1}{x^2},$$

所以,在 $(0, +\infty)$ 内,$y'' < 0$. 由曲线凹凸性判定定理可知,曲线 $y = \ln x$ 在 $(0, +\infty)$ 上是凸的(图 3-16).

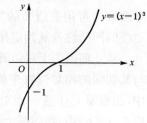

图 3-16

例 2 求曲线 $y = (x-1)^3$ 的凹凸区间.

解 函数 $y = (x-1)^3$ 的定义域为 $(-\infty, +\infty)$. 因为
$$y' = 3(x-1)^2, \quad y'' = 6(x-1).$$

由于在 $(-\infty, 1)$ 内 $y'' < 0$,故曲线在 $(-\infty, 1]$ 上是凸弧;又由于在 $(1, +\infty)$ 内 $y'' > 0$,故曲线在 $[1, +\infty)$ 上是凹弧. 因此,点 $(1, 0)$ 是曲线 $y = (x-1)^3$ 的凸弧与凹弧的分界点(图 3-17).

3.6.2 曲线的拐点

定义 2 连续曲线 $y = f(x)$ 上凹弧与凸弧的分界点,

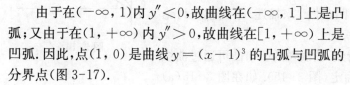

图 3-17

称为曲线 $y = f(x)$ 的**拐点**.

例如,在例 2 中,曲线 $y = (x - 1)^3$ 上的点 $(1, 0)$ 就是该曲线的拐点.

注意 拐点是曲线上的点,一般记作 $(x_0, f(x_0))$,因此它与驻点和极值点不同,驻点和极值点都在 x 轴上,而拐点在曲线上.

我们如何来寻找曲线 $y = f(x)$ 的拐点呢?

前面我们已经知道,由 $f''(x)$ 的符号可以判定曲线 $y = f(x)$ 的凹凸性. 如果 $f''(x)$ 连续,那么,$f''(x)$ 由正变负或由负变正时,必定有一点 x_0,使 $f''(x_0) = 0$. 这样,点 $(x_0, f(x_0))$ 就是曲线 $y = f(x)$ 的一个拐点. 因此,如果 $f''(x)$ 在区间 (a, b) 内连续,我们就可以按下列步骤来寻找并判定曲线 $y = f(x)$ 在区间 (a, b) 内的拐点:

(1) 求 $f''(x)$;

(2) 令 $f''(x) = 0$,解出它在区间 (a, b) 内的所有点;

(3) 对于 (2) 中解出的每一个点 x_0,检查 $f''(x)$ 在 x_0 左、右两侧邻近的符号. 如果 $f''(x)$ 在 x_0 的左、右两侧邻近分别保持一定的符号,那么,当两侧的符号相反时,点 $(x_0, f(x_0))$ 就是曲线 $y = f(x)$ 的拐点;而当两侧的符号相同时,点 $(x_0, f(x_0))$ 就不是拐点.

例 3 讨论曲线 $y = x^4 - 2x^3 + 1$ 的凹凸性,并求该曲线的拐点.

解 函数 $y = x^4 - 2x^3 + 1$ 的定义域为 $(-\infty, +\infty)$. 对函数分别求一阶导数和二阶导数,得

$$y' = 4x^3 - 6x^2, \quad y'' = 12x(x - 1).$$

令 $y'' = 0$,即 $12x(x - 1) = 0$,解得 $x_1 = 0$,$x_2 = 1$.

点 $x_1 = 0$ 及 $x_2 = 1$ 将函数的定义域分成 3 个部分区间:$(-\infty, 0]$、$[0, 1]$ 及 $[1, +\infty)$. 从而,在 $(-\infty, 0)$ 内,$y'' > 0$,曲线在 $(-\infty, 0]$ 上是凹的;在 $(0, 1)$ 内,$y'' < 0$,曲线在 $[0, 1]$ 上是凸的;在 $(1, +\infty)$ 内,$y'' > 0$,曲线在 $[1, +\infty)$ 上是凹的.

上述讨论也可列表如下:

表 3-3

x	$(-\infty, 0)$	0	$(0, 1)$	1	$(1, +\infty)$
y''	$+$		$-$		$+$
曲线 $y = f(x)$	凹	拐点 $(0, 1)$	凸	拐点 $(1, 0)$	凹

当 $x = 0$ 时,$y = 1$;当 $x = 1$ 时,$y = 0$. 故所求的拐点为 $(0, 1)$ 及 $(1, 0)$.

例 4 讨论曲线 $y = x^4$ 是否有拐点.

解 函数 $y = x^4$ 的定义域为 $(-\infty, +\infty)$. $y' = 4x^3$,$y'' = 12x^2$.

显然,$y'' = 0$ 的点只有 $x = 0$. 当 $x \neq 0$ 时,均有 $y'' > 0$,即在点 $x = 0$ 的左、右两侧,y'' 的符号相同. 从而可知,点 $O(0, 0)$ 不是曲线 $y = x^4$ 的拐点. 因此,该曲线没有拐点,它在 $(-\infty, +\infty)$ 上是凹的.

例 5　求曲线 $y = \sqrt[3]{x}$ 的凹凸区间及拐点.

解　这函数在其定义域 $(-\infty, +\infty)$ 内连续(图 3-18).

当 $x \neq 0$ 时,有

$$y' = \frac{1}{3\sqrt[3]{x^2}}, \quad y'' = -\frac{2}{9x\sqrt[3]{x^2}}.$$

当 $x = 0$ 时,y',y'' 都不存在,且在 $(-\infty, +\infty)$ 内不具有 $y'' = 0$ 的点.

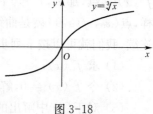

图 3-18

在 $(-\infty, 0)$ 内,$y'' > 0$,曲线在 $(-\infty, 0]$ 上是凹的;在 $(0, +\infty)$ 内,$y'' < 0$,曲线在 $[0, +\infty)$ 上是凸的.

当 $x = 0$ 时,$y = 0$,故点 $(0, 0)$ 是这曲线上的一个拐点(图 3-18).

由例 5 可看到,对于连续函数 $y = f(x)$ 来说,二阶导数 $f''(x)$ 不存在的点 x_0 也可能是曲线 $y = f(x)$ 产生拐点 $(x_0, f(x_0))$ 的可疑点.

习题 3.6

1. 判定下列曲线的凹凸性.

(1) $y = e^x$;

(2) $y = x + \dfrac{1}{x}$ $(x \neq 0)$.

2. 求下列曲线的拐点及凹凸区间.

(1) $y = x^3 - 3x^2 - 9x + 9$;

(2) $y = \ln(1 + x^2)$.

3. 问 a, b 为何值时,点 $(1, 3)$ 为曲线 $y = ax^3 + bx^2$ 的拐点?

4. 当 $n \geqslant 2$(n 为自然数),曲线 $y = (1 + x)^{2n-1}$ 的拐点是什么?

5. 求曲线 $y = xe^{-x}$ 在拐点处的切线方程.

答　案

1. (1) 在 $(-\infty, +\infty)$ 上是凹的; (2) 在 $(-\infty, 0)$ 内是凸的,在 $(0, +\infty)$ 内是凹的.

2. (1) 拐点: $(1, -2)$,在 $(-\infty, 1]$ 上是凸的,在 $[1, +\infty)$ 上是凹的;

(2) 拐点: $(-1, \ln 2)$ 及 $(1, \ln 2)$,在 $(-\infty, 1]$ 及 $[1, +\infty)$ 上是凸的,在 $[-1, 1]$ 上是凹的.

3. $a = -\dfrac{3}{2}$,$b = \dfrac{9}{2}$. 　4. $(-1, 0)$. 　5. $y = \dfrac{1}{e^2}(4-x)$.

3.7　函数图形的描绘

我们已经知道,借助于一阶导数的正、负号,可以确定函数图形在定义区间(或各个部分区间)上的上升或下降;借助于二阶导数的正、负号,可以确定函数图形在定义区间(或各个部分区间)上的凹与凸.通俗地讲,一阶导数"管"升降,二阶导数"管"凹凸. 同时,所学的求极值点和拐点的方法,便于在描绘函数图形时,找到某些关键点的位置. 至此,我们基本上掌握了用导数来研究函数性态的方法. 为了能比较准确地描绘函数的图形,下面先介绍有关曲线的水平渐近线和铅直渐近线的概念及求法.

3.7.1 曲线的水平渐近线与铅直渐近线

一般地说,若曲线上的点沿曲线趋向于无穷远时,此点与某一直线的距离无限接近于零,则称此直线为该曲线的**渐近线**.

1. 水平渐近线

若曲线 $y = f(x)$ 的定义域是无穷区间,且

$$\lim_{x \to -\infty} f(x) = b \quad 或 \quad \lim_{x \to +\infty} f(x) = b,$$

则称直线 $y = b$ 为曲线 $y = f(x)$ 的**水平渐近线**.

例如,因为 $\lim\limits_{x \to +\infty} \arctan x = \dfrac{\pi}{2}$,所以,直线 $y = \dfrac{\pi}{2}$ 是曲线 $y = \arctan x$ 的水平渐近线. 类似地,因为 $\lim\limits_{x \to -\infty} \arctan x = -\dfrac{\pi}{2}$,所以,直线 $y = -\dfrac{\pi}{2}$ 也是曲线 $y = \arctan x$ 的水平渐近线.

2. 铅直渐近线

若曲线 $y = f(x)$ 在点 c 处间断,且

$$\lim_{x \to c^-} f(x) = \infty \quad 或 \quad \lim_{x \to c^+} f(x) = \infty,$$

则称直线 $x = c$ 为曲线 $y = f(x)$ 的**铅直渐近线**.

例如,因为 $\lim\limits_{x \to 0^+} \ln x = -\infty$,所以,直线 $x = 0$ 是曲线 $y = \ln x$ 的铅直渐近线.
又如,因为 $\lim\limits_{x \to 0^+} \mathrm{e}^{\frac{1}{x}} = +\infty$,所以,直线 $x = 0$ 是曲线 $y = \mathrm{e}^{\frac{1}{x}}$ 的铅直渐近线.

3.7.2 函数图形的描绘

利用导数描绘函数的图形,其一般步骤如下:

(1) 确定函数 $y = f(x)$ 的定义域,观察函数是否具有某些特性,如奇偶性、周期性等,并求出函数的一阶导数 $f'(x)$ 和二阶导数 $f''(x)$;

(2) 求出 $f'(x) = 0$ 及 $f''(x) = 0$ 在函数定义域内的全部点,并求出 $f(x)$ 的间断点以及 $f'(x), f''(x)$ 不存在的点,用这些点把函数的定义域分成几个部分区间;

(3) 确定在各部分区间内 $f'(x), f''(x)$ 的符号,并由此确定函数图形的升降、凹凸和拐点等,并列表讨论(表格式样可参见下面的例题);

(4) 确定函数图形的水平、铅直渐近线以及其他变化趋势;

(5) 算出 $f'(x) = 0$ 和 $f''(x) = 0$ 的点以及导数不存在的点所对应的函数值,以定出图形上相应的点;为了把图形描绘得准确些,必要时,再补充一些点,特别是函数

图形与坐标轴的交点；然后结合(3)，(4)中的结果，连接这些点，作出函数 $y=f(x)$ 的图形.

例1 作出函数 $y=(x-1)x^{\frac{5}{3}}$ 的图形.

解 （1）所给函数 $y=f(x)$ 的定义域为 $(-\infty,+\infty)$，无奇偶性及周期性.

函数的一阶、二阶导数分别为

$$y'=\frac{1}{3}x^{\frac{2}{3}}(8x-5),\qquad y''=\frac{10(4x-1)}{9\sqrt[3]{x}}.$$

（2）$y'=0$ 的点为 $x=0$，$x=\frac{5}{8}$；$y''=0$ 的点为 $x=\frac{1}{4}$；y'' 不存在的点为 $x=0$.

利用点 $x=0$，$x=\frac{1}{4}$，$x=\frac{5}{8}$，把 $(-\infty,+\infty)$ 分成若干个部分区间.

（3）列表 3-4 讨论：

表 3-4

x	$(-\infty,0)$	0	$\left(0,\frac{1}{4}\right)$	$\frac{1}{4}$	$\left(\frac{1}{4},\frac{5}{8}\right)$	$\frac{5}{8}$	$\left(\frac{5}{8},+\infty\right)$
$f'(x)$	$-$	0	$-$	$-$	$-$	0	$+$
$f''(x)$	$+$	不存在	$-$	0	$+$	$+$	$+$
$f(x)$	$\searrow$		$\searrow$		$\searrow$	极小值 $-\frac{15}{256}\sqrt[3]{25}$	$\nearrow$
曲线 $y=f(x)$	凹	拐点$(0,0)$	凸	拐点 $\left(\frac{1}{4},-\frac{3}{64}\sqrt[3]{4}\right)$	凹		凹

（4）无渐近线，但 $\lim\limits_{x\to\infty}f(x)=+\infty$.

（5）由表 3-4 可得图形上的 3 个点 $(0,0)$，$\left(\frac{1}{4},-\frac{3}{64}\sqrt[3]{4}\right)$，$\left(\frac{5}{8},-\frac{15}{256}\sqrt[3]{25}\right)$. 适当补充一些点：由 $f(1)=0$ 可补充点 $(1,0)$. 结合(3)，(4)中所得到的结论，就可作出函数的图形（图 3-19）.

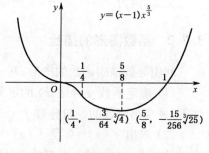

$$y=(x-1)x^{\frac{5}{3}}$$

$$\left(\frac{1}{4},-\frac{3}{64}\sqrt[3]{4}\right)\quad\left(\frac{5}{8},-\frac{15}{256}\sqrt[3]{25}\right)$$

图 3-19

例2 作出标准正态分布曲线 $y=\frac{1}{\sqrt{2\pi}}e^{-\frac{x^2}{2}}$ 的图形.

解 （1）$y=f(x)$ 的定义域为 $(-\infty,+\infty)$，因为该函数为偶函数，所以只要讨论 $[0,+\infty)$ 上的图形.利用图形关于 y 轴对称，即可作出函数在 $(-\infty,+\infty)$ 上的图形.

求导数：$f'(x)=-\dfrac{x}{\sqrt{2\pi}}\mathrm{e}^{-\frac{x^2}{2}}$，$f''(x)=\dfrac{(x+1)(x-1)}{\sqrt{2\pi}}\mathrm{e}^{-\frac{x^2}{2}}$.

（2）在$[0,+\infty)$上，$f'(x)=0$的点为$x=0$；令$f''(x)=0$的点为$x=1$.

（3）列表讨论（表3-5）：

表 3-5

x	0	$(0,1)$	1	$(1,+\infty)$
$f'(x)$	0	$-$	$-$	$-$
$f''(x)$	$-$	$-$	0	$+$
$f(x)$	极大值$\dfrac{1}{\sqrt{2\pi}}$	$\searrow$		$\searrow$
曲线 $y=f(x)$		凸	拐点$\left(1,\dfrac{1}{\sqrt{2\pi\mathrm{e}}}\right)$	凹

（4）因为$\lim\limits_{x\to+\infty}f(x)=\lim\limits_{x\to+\infty}\dfrac{1}{\sqrt{2\pi}}\mathrm{e}^{-\frac{x^2}{2}}=0$，所以有水平渐近线$y=0$，无铅直渐近线.

（5）由表 3-5 可得图形上的点$M_1\left(0,\dfrac{1}{\sqrt{2\pi}}\right)$和$M_2\left(1,\dfrac{1}{\sqrt{2\pi\mathrm{e}}}\right)$，又由$f(2)=$

$\dfrac{1}{\sqrt{2\pi\mathrm{e}^2}}$得$M_3\left(2,\dfrac{1}{\sqrt{2\pi\mathrm{e}^2}}\right)$. 结合（3），（4）的讨论，就可作出函数的图形（图 3-20）.

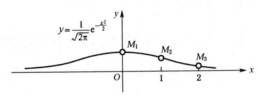

图 3-20

该曲线在"概率统计"中常会用到.

例3 试描绘逻辑斯蒂曲线，其方程为

$$y=\dfrac{\gamma}{1+\beta\mathrm{e}^{-\alpha x}}\quad(\alpha,\beta,\gamma\text{都为大于零的常数}).$$

解 （1）$y=f(x)$的定义域为$(-\infty,+\infty)$，无奇偶性及周期性.
函数的一阶、二阶导数分别为

$$y'=\dfrac{\alpha\beta\gamma\mathrm{e}^{-\alpha x}}{(1+\beta\mathrm{e}^{-\alpha x})^2}>0,\quad y''=\dfrac{\alpha^2\beta\gamma\mathrm{e}^{-\alpha x}(\beta\mathrm{e}^{-\alpha x}-1)}{(1+\beta\mathrm{e}^{-\alpha x})^3}.$$

（2）$y''=0$的点为$x=\dfrac{\ln\beta}{\alpha}$.

（3）列表讨论（表 3-6）：

表 3-6

x	$\left(-\infty, \dfrac{\ln\beta}{\alpha}\right)$	$\dfrac{\ln\beta}{\alpha}$	$\left(\dfrac{\ln\beta}{\alpha}, +\infty\right)$
y'	$+$	$+$	$+$
y''	$+$	0	$-$
y	↗		↗
曲线 $y=\dfrac{\gamma}{1+\beta e^{-\alpha x}}$	凹	拐点 $\left(\dfrac{\ln\beta}{\alpha}, \dfrac{\gamma}{2}\right)$	凸

（4）有水平渐近线：$y=0$ 及 $y=\gamma$．这是因为

$$\lim_{x \to +\infty} \frac{\gamma}{1+\beta e^{-\alpha x}} = \gamma,$$

$$\lim_{x \to -\infty} \frac{r}{1+\beta e^{-\alpha x}} = 0.$$

无铅直渐近线．

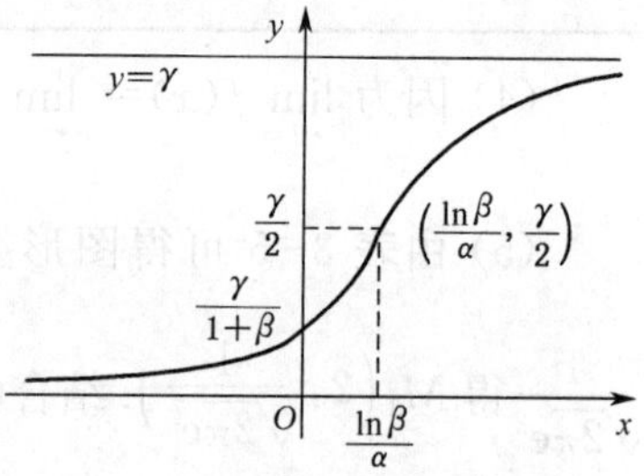

（5）由表 3-6 可得图形上的点 $\left(\dfrac{\ln\beta}{\alpha}, \dfrac{\gamma}{2}\right)$，又由

图 3-21

$f(0)=\dfrac{\gamma}{1+\beta}$ 得点 $\left(0, \dfrac{\gamma}{1+\beta}\right)$．结合（3），（4）的讨论，就可作出函数的图形（图 3-21）.

这曲线在生物学、经济学中常会见到.

习题 3.7

描绘下列函数的图形.

（1）$y=\dfrac{x}{1+x^2}$；   （2）$y=\dfrac{2x^2+3x-4}{x^2}$；   （3）$y=\ln(x^2+1)$.

答　案

（1）关于原点对称；在 $(-\infty,-1] \cup [1,+\infty)$ 上单调减少，在 $[-1,1]$ 上单调增加；在 $(-\infty,$ $-\sqrt{3}] \cup [0,\sqrt{3}]$ 上是凸的，在 $[-\sqrt{3},0] \cup [\sqrt{3},+\infty)$ 上是凹的；拐点：$\left(-\sqrt{3}, -\dfrac{\sqrt{3}}{4}\right)$，$(0,0)$，$\left(\sqrt{3}, \dfrac{\sqrt{3}}{4}\right)$；极小值 $y(-1)=-\dfrac{1}{2}$，极大值 $y(1)=\dfrac{1}{2}$；水平渐近线 $y=0$．图形参见图 3-22.

（2）不对称；在 $(-\infty,0)$ 上单调减少；在 $\left(0, \dfrac{8}{3}\right]$ 上单调增加，在 $\left[\dfrac{8}{3},+\infty\right)$ 上单调减少，极

大值 $y\left(\dfrac{8}{3}\right)=2\dfrac{9}{16}$；在 $(-\infty,0)\cup(0,4]$ 上是凸的；在 $[4,+\infty)$ 上是凹的，拐点：$\left(4,\dfrac{5}{2}\right)$；与 x 轴的交点是 $\left(\dfrac{-3-\sqrt{41}}{4},0\right)$，$\left(\dfrac{-3+\sqrt{41}}{4},0\right)$；水平渐近线 $y=2$，铅直渐近线 $x=0$．图形参见图 3-23.

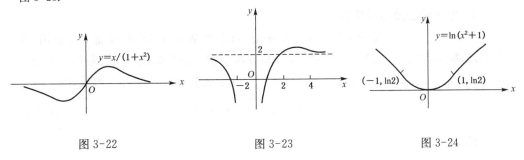

| 图 3-22 | 图 3-23 | 图 3-24 |

(3) 关于 y 轴对称；在 $(-\infty,0]$ 上单调减少，在 $[0,+\infty)$ 上单调增加；在 $(-\infty,-1]\cup[1,+\infty)$ 上是凸的，在 $[-1,1]$ 上是凹的；拐点：$(-1,\ln 2)$，$(1,\ln 2)$；极小值 $y(0)=0$．图形可参见图 3-24.

3.8 导数在经济分析中的应用

3.8.1 边际分析

前面我们已经知道导数的几何意义及一些物理意义．在本目中，我们将讨论导数的经济意义．

设函数 $y=f(x)$ 在 x_0 处可导，若在 x_0 与 $x_0+\Delta x$ 间的平均变化率 $\dfrac{\Delta y}{\Delta x}$ 的极限存在，即

$$\lim_{\Delta x\to 0}\frac{\Delta y}{\Delta x}=\lim_{\Delta x\to 0}\frac{f(x_0+\Delta x)-f(x_0)}{\Delta x}=f'(x_0),$$

则称 $f'(x_0)$ 为 **y 关于 x 在"边际上"x_0 处的变化率**，简称**边际变化率**．它反映 x 从 $x=x_0$ 起作微小变化时，y 关于 x 的变化快慢程度．

如果函数 $y=f(x)$ 在区间 I 内可导，则称导函数 $f'(x)$ 为 $f(x)$ 在 I 上的**边际函数**，简称为**边际**．任取 $x_0\in I$，则 $f'(x_0)$（在 x_0 处的边际变化率）就是边际函数 $f'(x)$ 在 x_0 处的边际函数值．假设 x_0，x_0+1 均 $\in I$．当 x 由 x_0 改变一个单位至 x_0+1 时，相应地 y 的增量 $\Delta y\big|_{\substack{x=x_0 \\ \Delta x=1}}=f(x_0+1)-f(x_0)$．当 x 改变的单位相对于 x_0 很小时，由微分近似公式，得

$$\Delta y\Big|_{\substack{x=x_0 \\ \Delta x=1}}\approx \mathrm{d}y\Big|_{\substack{x=x_0 \\ \Delta x=1}}=f'(x)\Delta x\Big|_{\substack{x=x_0 \\ \Delta x=1}}=f'(x_0).$$

这就是说,当 x 在 $x=x_0$ 处改变一个单位时,y 近似地改变 $f'(x_0)$ 个单位,在应用中往往略去"近似"二字. 例如,函数 $y=x^3$,边际为 $y'=3x^2$,在 $x=100$ 处的边际函数值 $y'(100)=30\,000$,它表示当 x 在 $x=100$ 处改变一个单位时,y 改变 $30\,000$ 个单位.

1. 成本函数及边际成本

厂商生产销售数量为 x 的产品所需的总费用(包括劳力、原料、设备等等费用)称为**总成本**(或**成本**),它是 x 的函数,称为**总成本函数**(或**成本函数**),记为 $C=C(x)$. 通常,成本 C 是由固定成本 C_0(与 x 无关)与可变成本 $C_1(x)$ 两部分组成,即

$$C=C(x)=C_0+C_1(x). \qquad (3.8.1)$$

把

$$\overline{C}=\frac{C(x)}{x}=\frac{C_0}{x}+\frac{C_1(x)}{x} \quad (x>0) \qquad (3.8.2)$$

称为**平均成本函数**,简称**平均成本**.

设 $C=C(x)$ 为可导函数,则称

$$C'(x)=[C_0+C_1(x)]'=C_1'(x) \qquad (3.8.3)$$

为**边际成本**. 从式(3.8.3)可知,边际成本就是可变成本对产量 x 的导数.

例 1 已知生产某产品 x 件的固定成本为 $1\,000$,可变成本为 $\dfrac{x^2}{8}$,试求:

(1) 总成本函数、平均成本及边际成本;

(2) 当生产量 $x=100$ 时的总成本、平均成本及边际成本;

(3) 说明边际成本 $C'(100)$ 的经济意义.

解 (1) 由式(3.8.1)得总成本函数为

$$C(x)=1\,000+\frac{x^2}{8};$$

由式(3.8.2)得平均成本为

$$\overline{C}(x)=\frac{1\,000}{x}+\frac{x}{8};$$

由式(3.8.3)得边际成本为

$$C'(x)=\left(1\,000+\frac{x^2}{8}\right)'=\frac{x}{4}.$$

(2) 将 $x=100$ 分别代入上述所得的 $C(x),\overline{C}(x)$ 及 $C'(x)$ 中,即得当生产量 $x=100$ 时的总成本为

$$C(100) = \left(1\,000 + \frac{x^2}{8} \right) \Big|_{x=100} = 1\,000 + \frac{10\,000}{8} = 2\,250;$$

平均成本为

$$\overline{C}(100) = \left(\frac{1\,000}{x} + \frac{x}{8} \right) \Big|_{x=100} = 10 + \frac{100}{8} = 22.5;$$

边际成本为

$$C'(100) = \frac{x}{4} \Big|_{x=100} = \frac{100}{4} = 25.$$

（3）边际成本 $C'(100)=25$ 的经济意义为：当生产 100 个产品时，再增加 1 个单位产品所需的成本为 25 个单位.

2. 收益函数与边际收益

厂商生产销售 x 个产品时所得的全部收入称为**总收益**（或**收益**），它也是 x 的函数，称为**总收益函数**（或**收益函数**），记为 $R=R(x)$.

同样地，称

$$\overline{R} = \frac{R(x)}{x} \quad (x > 0)$$

为**平均收益**.

设 $R=R(x)$ 为可导函数，称

$$R' = R'(x)$$

为**边际收益**.

3. 利润函数与边际利润

在经济学中，总利润一般为总收益扣除总成本，收益与成本之差的函数称为**总利润函数**（或**利润函数**），记为 $L=L(x)$，即

$$L = L(x) = R(x) - C(x),$$

而称

$$\overline{L} = \frac{L(x)}{x} = \frac{R(x)}{x} - \frac{C(x)}{x} = \overline{R} - \overline{C}$$

为**平均利润**.

同样地，设 $L(x)$ 为可导函数，称

$$L'(x) = R'(x) - C'(x)$$

为**边际利润**.

例 2 某企业生产一种商品，固定成本为 30 000 元，每生产一个单位产品，成本

增加 200 元,总收益函数为 $R=300x-\dfrac{1}{4}x^2$(x 为产量). 设产销平衡,求边际成本、边际收益及边际利润.

解 因为成本函数为 $C=30\,000+200x$,所以,边际成本为

$$C'(x)=(30\,000+200x)'=200.$$

因为总收益函数 $R(x)=300x-\dfrac{x^2}{4}$,所以边际收益为

$$R'(x)=\left(300x-\dfrac{x^2}{4}\right)'=300-\dfrac{x}{2}.$$

因为总利润函数为

$$L(x)=R(x)-C(x)=300x-\dfrac{x^2}{4}-30\,000-200x$$

$$=100x-\dfrac{x^2}{4}-30\,000.$$

所以,边际利润 $L'(x)=R'(x)-C'(x)=100-\dfrac{x}{2}.$

总之,边际成本 $C'(x)$、边际收益 $R'(x)$、边际利润 $L'(x)$ 分别表示生产销售 x 个单位时,再生产销售一个单位商品所需的成本、所得的收益和所得的利润.

3.8.2 弹性分析

边际是研究函数的绝对变化率,对经济学中许多问题不能作出深刻的分析. 如价格分别为 100 元、1 000 元的甲、乙两种商品,若它们的单价都涨了 10 元,即甲、乙商品价格的绝对改变量都是 10,再分别与各自的原价相比,很明显,商品甲涨了 10%,而商品乙涨了 1%.这就看出商品甲的涨价幅度比商品乙大,是乙的 10 倍.

1. 弹性的定义

设函数 $y=f(x)$ 是可导函数,函数的相对改变量

$$\frac{\Delta y}{y}=\frac{f(x+\Delta x)-f(x)}{f(x)}$$

与自变量 x 的相对改变量 $\dfrac{\Delta x}{x}$ 之比

$$\frac{\Delta y/y}{\Delta x/x}=\frac{\Delta y}{\Delta x}\cdot\frac{x}{y}$$

称为函数 $f(x)$ 在 x 与 $x+\Delta x$ 两点间的**弹性**. 而把极限

$$\lim_{\Delta x\to 0}\frac{\Delta y/y}{\Delta x/x}=\lim_{\Delta x\to 0}\frac{\Delta y}{\Delta x}\cdot\frac{x}{y}=y'\frac{x}{y}=f'(x)\frac{x}{f(x)}$$

称为函数 $f(x)$ 在点 x 处的**弹性**,记为 $\dfrac{Ey}{Ex}$ 或 $\dfrac{E}{Ex}f(x)$,即

$$\frac{Ey}{Ex} = y'\frac{x}{y} = f'(x)\frac{x}{f(x)}. \tag{3.8.4}$$

由于 $\dfrac{Ey}{Ex}$ 仍是 x 的函数,故也称它为 $f(x)$ 的**弹性函数**. 弹性函数反映了函数 $f(x)$ 在点 x 处的相对变化率,即 $\dfrac{Ey}{Ex}$ 反映随 x 的变化而引起函数 $f(x)$ 变化幅度的大小,也就是 $f(x)$ 对 x 变化反应的强烈程度或灵敏度.

在 $x = x_0$ 处,弹性函数值 $\dfrac{E}{Ex}f(x_0) = \dfrac{E}{Ex}f(x)\big|_{x=x_0} = f'(x_0)\dfrac{x_0}{f(x_0)}$ 称为 $f(x)$ 在 $x = x_0$ 处的**弹性值**,简称**弹性**. 它表示在点 x_0 处,当 x 改变 1% 时,函数 $f(x)$ 相应地改变 $\dfrac{E}{Ex}f(x_0)\%$.

例3 求 $y = 1 + 3x$ 的弹性函数,并求在 $x = 2$ 处的弹性.

解 因为 $\dfrac{Ey}{Ex} = y'\dfrac{x}{y} = \dfrac{3x}{1+3x}$,所以函数在 $x = 2$ 处的弹性为

$$\frac{Ey}{Ex}\Big|_{x=2} = \frac{3x}{1+3x}\Big|_{x=2} = \frac{3\times 2}{1+3\times 2} = \frac{6}{7}.$$

它反映了在 $x = 2$ 处,当 x 改变 1% 时,函数 y 相应地改变 $\dfrac{6}{7}\%$.

例4 求 $y = 10e^{2x}$ 的弹性函数及在 $x = 3$ 处的弹性.

解 $y' = 20e^{2x}$,$\dfrac{Ey}{Ex} = y'\dfrac{x}{y} = \dfrac{20e^{2x}\cdot x}{10e^{2x}} = 2x$.

于是

$$\frac{Ey}{Ex}\Big|_{x=3} = 2\times 3 = 6.$$

它反映了在 $x = 3$ 处,当 x 改变 1% 时,函数 y 相应地改变 6%.

例5 求幂函数 $y = x^{\mu}\ (x > 0,\ \mu$ 为常数$)$ 的弹性函数.

解 $y' = \mu x^{\mu-1}$,$\dfrac{Ey}{Ex} = \mu x^{\mu-1}\dfrac{x}{x^{\mu}} = \mu$.

由此可见,对于幂函数而言,其弹性函数为常数. 即幂函数 x^{μ} 在任意点 $x > 0$ 处的弹性不变,故也称幂函数为**不变弹性函数**.

2. 需求弹性

消费者根据自己的意愿及购买能力,在一定的价格条件下购买某种商品的数量,称为**需求量**,记为 Q. Q 一般是价格 p 的函数,记作 $Q = f(p)$,称它为**需求函数**.

显然,当价格 p 下降时,消费者购买力提高,需求量 Q 也就增大;而当价格 p 上升

时,消费者可能就不愿意买,需求量 Q 就减小. 一般说来,需求函数 $Q=f(p)$ 是 p 的单调减少函数,有时也用 $Q=f(p)$ 的反函数 $p=f^{-1}(Q)$ 作为需求函数.

在实际工作中,需求函数 $Q=f(p)$ 常用下列几种函数来表示(拟合):

(1) 一次函数　$Q=b-ap$ $(a>0,b>0)$;

(2) 幂函数　$Q=kp^{-\alpha}$ $(k>0,\alpha>0)$;

(3) 指数函数　$Q=ae^{-bp}$ $(a>0,b>0)$.

由于需求函数 $Q=f(p)$ 是单调减少的,故 $f'(p)<0$;而 p 及 Q 均为正数,按函数弹性的定义式(3.8.4),可知 $\dfrac{EQ}{Ep}<0$. 为了用正数表示需求弹性,为此采用弹性函数 $\dfrac{EQ}{Ep}$ 的反号数来定义需求弹性.

定义 1　设需求函数 $Q=f(p)$ 可导,则其弹性函数的反号数 $-\dfrac{EQ}{Ep}=-f'(p)\dfrac{p}{f(p)}$ 称为 $Q=f(p)$ 在点 p 处的**需求弹性(函数)**,记作 $\eta(p)$,即

$$\eta(p)=-f'(p)\frac{p}{f(p)}. \tag{3.8.5}$$

它的经济意义表示为:当价格 p 改变 1% 时,需求量 Q 相应地改变 $\eta\%$.

需求弹性 $\eta(p)$ 可以反映价格变化对需求变化的影响或灵敏度. 具体地说,可分为下列三种情形.

(1) 当 $\eta(p)<1$ 时,需求变化幅度小于价格变化幅度,称为**低弹性**;

(2) 当 $\eta(p)>1$ 时,需求变化幅度大于价格变化幅度,称为**高弹性**;

(3) 当 $\eta(p)=1$ 时,需求变化幅度等于价格变化幅度,称为**单位弹性**.

例 6　设某商品的需求函数为 $Q=e^{-\frac{p}{5}}$,求 $p=3$,$p=5$,$p=6$ 时的需求弹性.

解　由式(3.8.5),需求弹性函数为

$$\eta(p)=-f'(p)\frac{p}{f(p)}=-\left(-\frac{1}{5}\right)e^{-\frac{p}{5}}\frac{p}{e^{-\frac{p}{5}}}=\frac{p}{5}.$$

于是,当 $p=3$,$p=5$,$p=6$ 时,需求弹性分别为

$$\eta(3)=\frac{3}{5}=0.6,\quad \eta(5)=\frac{5}{5}=1,\quad \eta(6)=\frac{6}{5}=1.2.$$

它们的经济意义分别是:

$\eta(3)=0.6<1$,即价格 p 由 3 上涨(下跌)1%,需求量 Q 相应下降(上升)0.6%,说明需求变化幅度小于价格变化幅度,它属于低弹性;

$\eta(5)=1$,即价格 p 由 5 上涨(下跌)1%,需求量 Q 相应下降(上升)1%,说明需求与价格的变化幅度相同,它属于单位弹性;

$\eta(6)=1.2>1$,即价格 p 由 6 上涨(下跌)1%,需求量 Q 相应下降(上升)1.2%,

说明需求变化幅度大于价格变化幅度,它属于高弹性.

3. 供给弹性

供给是与需求相对的概念.需求是对购买者而言,供给是对生产者而言.生产者在某一时刻内,在各种可能的价格水平上,对某种商品愿意并能够出售的数量,称为**供给量**.一般地,供给量也记为 Q,它也是价格 p 的函数,称为**供给函数**,记作 $Q=g(p)$.很明显,供给量 Q 随价格 p 上升(下降)而增大(减小).因此,供给函数 $Q=g(p)$ 是 p 的单调增加函数.

与需求函数类似,供给函数也常用下列函数来描述:

(1)一次函数 $Q=ap-b$ $(a>0, b>0)$;

(2)幂函数 $Q=kp^a$ $(k>0, a>0)$;

(3)指数函数 $Q=ae^{bp}$ $(a>0, b>0)$.

定义 2 设供给函数 $Q=g(p)$ 是可导函数,则称其弹性函数 $\dfrac{EQ}{Ep}=g'(p)\dfrac{p}{g(p)}$ 为 $Q=g(p)$ 在点 p 处的**供给弹性(函数)**,记作 $\varepsilon(p)$.即

$$\varepsilon(p) = g'(p)\frac{p}{g(p)}. \qquad (3.8.6)$$

由于 $g(p)$ 是单调增加函数,故 $g'(p)>0$. 又因 $p>0$, $Q=g(p)>0$,所以,$\varepsilon(p)=g'(p)\dfrac{p}{g(p)}>0$.

例 7 设某商品的供给函数 $Q=10p^2$,求供给弹性.

解 由式(3.8.6)知,所求供给弹性为

$$\varepsilon(p) = g'(p)\frac{p}{g(p)} = 20p\frac{p}{10p^2} = 2.$$

这就正如前面例 5 所说的,幂函数为不变弹性函数. $\varepsilon(p)=2$ 表示:无论价格 p 在什么水平,当 p 上涨(下跌)1%时,供给量 Q 总是保持增加(减少)2%.

例 8 设某产品的供给函数 $Q=5e^{3p}$,求供给弹性及在 $p=1$ 时的供给弹性.

解 由式(3.8.6)知,所求供给弹性为

$$\varepsilon(p) = 15e^{3p}\frac{p}{5e^{3p}} = 3p.$$

所以 $$\varepsilon(1)=3p\,\big|_{p=1}=3.$$

$\varepsilon(1)=3$ 表示:当产品价格 p 在 $p=1$ 的水平上,上涨(下跌)1%时,供给量 Q 相应地增加(减少)3%.

前面已经介绍过需求弹性,下面我们将探讨边际收益及收益弹性与需求弹性的关系,从而可利用需求弹性来分析总收益的变化及相应的变化幅度.

4. 边际收益及收益弹性与需求弹性的关系

设 p 为产品价格,Q 为产品需求量,且需求函数 $Q=f(p)$ 可导,则以价格 p 销售 Q 个数量的产品,所得总收益为

$$R(p) = pQ = pf(p).$$

从而,边际收益为

$$R'(p) = f(p) + pf'(p) = f(p)\left[1 + f'(p)\frac{p}{f(p)}\right] = f(p)[1 - \eta(p)],$$

即

$$R'(p) = f(p)[1 - \eta(p)]. \tag{3.8.7}$$

这就是边际收益 $R'(p)$ 与需求弹性 $\eta(p)$ 之间的关系式.

由函数弹性的定义式(3.8.4),可得收益弹性为

$$\frac{ER}{Ep} = R'(p)\frac{p}{R(p)} = f(p)[1 - \eta(p)]\frac{p}{pf(p)} = 1 - \eta(p),$$

即

$$\frac{ER}{Ep} = 1 - \eta(p) \quad 或 \quad \frac{ER}{Ep} + \eta(p) = 1. \tag{3.8.8}$$

这就是收益弹性与需求弹性之间的关系式. 它表明,在任何价格水平上,收益弹性与需求弹性之和等于 1.

根据式(3.8.8)及式(3.8.7),可得如下结论:

(1) 若 $\eta(p) < 1$,为低弹性,则收益弹性 $\dfrac{ER}{Ep} > 0$,边际收益 $R'(p) > 0$. 也就是,若需求变化幅度小于价格变化幅度时,收益函数 $R(p)$ 为单调增加函数,而且当价格 p 上涨(下跌)1%,收益 R 将增加(减少)$(1 - \eta)\%$.

(2) 若 $\eta(p) > 1$,为高弹性,则收益弹性 $\dfrac{ER}{Ep} < 0$,边际收益 $R'(p) < 0$. 也就是,若需求变化幅度大于价格变化幅度时,收益函数 $R(p)$ 为单调减少函数,而且当价格 p 上涨(下跌)1%,收益 R 将减少(增加)$|1 - \eta|\%$.

(3) 若 $\eta(p) = 1$,为单位弹性,则收益弹性 $\dfrac{ER}{Ep} = 0$,边际收益 $R'(p) = 0$. 也就是,若需求变化幅度等于价格变化幅度时,当价格变化 1% 时,而收益 R 并不改变. 通常,收益函数 $R(p)$ 在满足 $R'(p) = 0$ 的相应点 p_0 处有最大值.

例 9 某商品需求函数为 $Q = 12 - \dfrac{p}{2}$,求:(1)需求弹性函数;(2)当 $p = 3$ 时的需求弹性;(3)在 $p = 3$ 时,若价格上涨 1%,总收益是增加,还是减少? 它将变化多少?

解 (1) 需求弹性函数为

$$\eta(p) = -f'(p)\frac{p}{f(p)} = -\left(-\frac{1}{2}\right)\frac{p}{12 - \dfrac{p}{2}} = \frac{p}{24 - p}.$$

（2）当 $p=3$ 时的需求弹性为

$$\eta(3) = \frac{p}{24-p}\Big|_{p=3} = \frac{3}{21} = \frac{1}{7}.$$

（3）当 $p=3$ 时的收益弹性为

$$\frac{ER}{Ep}\Big|_{p=3} = 1 - \eta(3) = 1 - \frac{1}{7} = \frac{6}{7} \approx 0.86.$$

因此，当 $p=3$ 时，价格上涨 1%，总收益约增加 0.86%.

例 10　某商品的需求函数为 $Q = 300 - \dfrac{p}{2}$. 求：

（1）最高价格及需求弹性；

（2）当需求弹性为单位弹性时的价格；

（3）收益函数及其最大值；

（4）收益弹性并讨论价格的变化对总收益的影响.

解　（1）因为最高价格就是当需求量为零时的价格，所以，令 $Q = 300 - \dfrac{p}{2} = 0$，

解得 $p=600$，即为所求最高价格.

需求弹性为

$$\eta(p) = -f'(p)\frac{p}{f(p)} = -\left(-\frac{1}{2}\right)\frac{p}{300 - \dfrac{p}{2}} = \frac{p}{600-p}.$$

（2）令 $\eta(p) = \dfrac{p}{600-p} = 1$，解得 $p=300$，即为所求单位弹性时的价格. 此时，有

$\eta(300) = 1$.

（3）收益函数为

$$R(p) = pQ = p\left(300 - \frac{p}{2}\right) = 300p - \frac{p^2}{2} \quad (0 < p \leqslant 600).$$

令 $R'(p) = 300 - p = 0$，得收益函数 $R(p)$ 的唯一驻点 $p_0 = 300$. 又因 $R''(p) = -1$
< 0，故收益函数 $R(p)$ 在 $p_0 = 300$ 处取得极大值，且也是最大值，最大值为

$$R(300) = \left(300p - \frac{p^2}{2}\right)\Big|_{p=300} = 45\,000.$$

（4）由式（3.8.8）的前一个式子，可得收益弹性为

$$\frac{ER}{Ep} = 1 - \eta(p) = 1 - \frac{p}{600-p} = \frac{600-2p}{600-p}.$$

下面来讨论价格 p 的变化对总收益 R 的影响.

当 $0<p<300$ 时，$\eta(p)=\dfrac{p}{600-p}<1$，为低弹性，随着价格 p 上涨，总收益 R 也会增加.

当 $300<p<600$ 时，$\eta(p)=\dfrac{p}{600-p}>1$，为高弹性，随着价格 p 上涨，总收益 R 将会减少.

当 $p=300$ 时，总收益 R 取得最大值 $R(300)=45\,000$.

例 11 设 P 为本金，r 为年利率，t 为存期，则客户以本金 P 存入银行（以年计息）到 t 年末的本利和为

$$S_1 = P(1+r)^t;$$

客户以本金 P 存入银行，按连续复利计息到 t 年末的本利和为

$$S_2 = Pe^{rt}.$$

试分别求出本利和函数 S_1 及 S_2 对 r 的弹性，并说明其经济意义.

解 $\dfrac{ES_1}{Er}=S'_1(r)\dfrac{r}{S_1}=Pt(1+r)^{t-1}\dfrac{r}{P(1+r)^t}=\dfrac{tr}{1+r};$

$\dfrac{ES_2}{Er}=S'_2(r)\dfrac{r}{S_2}=Pte^{rt}\dfrac{r}{Pe^{rt}}=tr.$

它们的经济意义分别是：

$\dfrac{ES_1}{Er}=\dfrac{tr}{1+r}$，表示在利率 r 的水平上，当 r 上升（下降）1% 时，本利和 S_1 将上升（下降）$\dfrac{tr}{1+r}\%$；

$\dfrac{ES_2}{Er}=tr$，表示在利率 r 的水平上，当 r 上升（下降）1% 时，本利和 S_2 将上升（下降）$tr\%$.

容易看出，$\dfrac{ES_2}{Er}>\dfrac{ES_1}{Er}$，且无论采用何种计息法，本利和 S 对利率 r 的弹性均与本金 P 无关.

3.8.3 函数极值在经济管理中的应用

1. 最大利润问题

由前面的讨论已知，利润 $L(x)$，收益 $R(x)$，成本 $C(x)$ 三者间有如下关系：

$$L(x) = R(x) - C(x).$$

其中，x 表示产品数量. 设 $R(x)$，$C(x)$ 皆二阶可导，要求 $L(x)$ 的最大值，可令

$$L'(x) = R'(x) - C'(x) = 0,$$

即在 $L'(x)=0$ 的点 $x=x_0$ 处,有

$$R'(x_0) = C'(x_0).$$

也就是在 $x=x_0$ 处,边际收益等于边际成本. 若还有

$$L''(x_0) = R''(x_0) - C''(x_0) < 0,$$

即

$$R''(x_0) < C''(x_0).$$

也就是说,在 $x=x_0$ 处,边际收益对产量的导数小于边际成本对产量的导数,则 $L(x)$ 一定获得极大值,且也是最大值 $L(x_0)$.

例 12 某企业生产一种产品的固定成本是 5 万元,若每次多生产 1 百台,成本增加 3 万元. 已知需求函数 $x=20-2p$(p 为价格,单位是万元/百台,x 为需求量,单位是百台),设产销平衡,试求需生产多少台产品,才能使企业获得的利润最大?最大利润是多少?

解 将需求函数写成反函数形式:$p=10-\dfrac{x}{2}$. 这样,收益函数为

$$R(x) = px = x\left(10-\frac{x}{2}\right) = 10x-\frac{x^2}{2}.$$

成本函数为 $C(x)=5+3x.$

利润函数为 $L(x)=R(x)-C(x)=-\dfrac{x^2}{2}+7x-5.$

将 $L(x)$ 对 x 求导,得 $L'(x)=-x+7.$

令 $L'(x)=0$ 得 $x_0=7.$

又 $L''(x)=-1<0.$ 所以企业要生产 7 百台产品时,才能获得最大利润,最大利润为

$$L(7) = -\frac{7^2}{2}+7\times 7-5 = 19.5(万元).$$

2. 平均成本最低的产量问题

设企业生产数量为 x 的产品的成本为可导函数 $C(x)$,则平均成本为

$$\overline{C}(x) = \frac{C(x)}{x}, \quad 即 C(x) = x\overline{C}(x).$$

将上式两边求导,得

$$C'(x) = \overline{C}(x) + x\overline{C}'(x).$$

要使平均成本 $\overline{C}(x)$ 取得最小值,可令 $\overline{C}'(x)=0$,解得 $x=x_0$. 此时有

$$C'(x_0) = \overline{C}(x_0).$$

通常,在使得平均成本达到最小时的 x_0 处,边际成本等于平均成本.

例 13 设某厂生产某产品的成本函数为 $C(x) = 9 + x^2$，求使得平均成本最低的产量 x_0.

解 因 $C(x) = 9 + x^2$，故平均成本函数为

$$\bar{C}(x) = \frac{9}{x} + x.$$

将 $\bar{C}(x)$ 对 x 求导，得 $\quad \bar{C}'(x) = -\frac{9}{x^2} + 1.$

令 $\bar{C}'(x) = 0$ 得 $x_0 = 3$. 又因为 $\bar{C}''(3) = \frac{18}{x^3}\Big|_{x=3} > 0$，所以在 $x_0 = 3$ 时，平均成本函数有极小值，且也是最小值：$\bar{C}(3) = 3 + 3 = 6$. 因此，使得平均成本最低时的产量为 $x_0 = 3$. 此时，边际成本 $C'(3) = 2x\big|_{x=3} = 6$，平均成本 $\bar{C}(3) = \left(\frac{9}{x} + x\right)\Big|_{x=3} = 3 + 3 = 6$，可见，二者是相等的.

3. 最优批量问题

例 14 某企业计划年产量为 a 件，分批生产，均匀销售（单位时间内销量为常数），每批产品的生产准备费用为 b 元，每件产品的销售价格为 C_1 元，年保管费率为 r. 问生产批量为多少，即分几批生产时，全年的总费用最小.

解 设全年的生产批数为 T，则产品的批量 $Q = \frac{a}{T}$. 年平均库存量为 $\frac{Q}{2} = \frac{a}{2T}$. 这样，全年的总费用 y 是批数 T 的函数：

$$y = y(T) = bT + \frac{a}{2T}C_1 r.$$

求 y 对 T 的导数，得

$$y' = b - \frac{aC_1 r}{2T^2}.$$

令 $y' = 0$，得 $T_0 = \sqrt{\dfrac{aC_1 r}{2b}}.$

由于 $y''\big|_{T=T_0} = \dfrac{aC_1 r}{T_0^3} > 0$，所以全年总费用当 $T = T_0$ 时达到极小，且也为最小.

例如，$a = 5\,000$（件），$b = 400$（元），$C_1 = 200$（元），$r = 2\%$，则最优批数为

$$T_0 = \sqrt{\frac{5\,000 \times 200 \times 0.02}{2 \times 400}} = 5.$$

于是，当最优批量 $Q_0 = \dfrac{a}{T_0} = \dfrac{5\,000}{5} = 1\,000$（件）时，全年总费用最小，且最小费用为

$$y\big|_{T=5} = 400 \times 5 + \frac{5\,000}{2 \times 5} \times 200 \times 0.02 = 4\,000（元）.$$

习题 3.8

1. 设生产 x 个单位产品的总成本函数 $C=9+\dfrac{x^2}{12}$，则生产 6 个单位产品时的边际成本是多少？

2. 设收益函数 $R=150x-0.01x^2$（元），当产量 $x=100$ 时其边际收益是多少？

3. 设生产某产品的固定成本为 60 000 元，可变成本每件为 20 元，价格 $p=60-\dfrac{x}{1\,000}$（x 为销售量），试求：

(1) 总成本函数与边际成本函数；

(2) 收益函数与边际收益函数；

(3) 利润函数与边际利润函数；

(4) 当 $p=10$ 时，销售量对价格的弹性，并说明其经济意义；

(5) 当 $p=10$ 时，收益对价格的弹性，并说明其经济意义.

4. 某企业生产某产品，每日固定成本为 200 元，每生产一件产品增加的成本为 20 元，需求函数 $p=100-2x$（p 为价格，x 为需求量）. 假定企业每日生产的产品能全部卖出，试求企业每日能获得的最大利润是多少.

5. 某产品的总成本函数为 $C=\dfrac{x^2}{4}+3x+400$，x 为产量. 问当 x 为多大时其平均成本最小，并求最小平均成本.

6. 某厂每年需要某种原料 10 000 吨，分批订购，均匀消耗，每批的订购费用为 100 元，原料的年库存费用为每吨 2 元，求最经济的订购批量及全年的订购批数.

答　案

1. 1.　2. 148 元.

3. (1) $60\,000+20x$，20；　(2) $60x-\dfrac{x^2}{1\,000}$，$60-\dfrac{x}{500}$；　(3) $-\dfrac{x^2}{1\,000}+40x-60\,000$，$40-\dfrac{x}{500}$；

(4) $\eta(10)=0.2$，经济意义：当价格 p 由 10 上涨1％，销售量 x 上升0.2％；

(5) $\left.\dfrac{ER}{Ep}\right|_{p=10}=0.8$，当价格由 10 上涨1％，收益上升 0.8％.

4. 600 元.　5. $x=40$，最小平均成本 $\overline{C}=23$.　6. 批量 $Q=1\,000$ 吨，批数 $T=10$ 批.

复习题(3)

(A)

1. 若 a_0，a_1，$\cdots$，a_n 是满足 $a_0+\dfrac{a_1}{2}+\dfrac{a_2}{3}+\cdots+\dfrac{a_n}{n+1}=0$ 的实数，说明方程 $a_0+a_1x+a_2x^2+\cdots+a_nx^n=0$ 在$(0,1)$内至少有一实根.

2. 试证：当 $x>1$ 时，有 $2\sqrt{x}>3-\dfrac{1}{x}$.

3. 用洛必达法则求下列极限.

(1) $\lim\limits_{x\to 0}\dfrac{2^x-3^x}{x}$; (2) $\lim\limits_{x\to 0^+}\dfrac{\ln x}{\cot x}$; (3) $\lim\limits_{x\to +\infty}(\dfrac{2}{\pi}\arctan x)^x$;

(4) $\lim\limits_{x\to +\infty}\dfrac{\ln(x\ln x)}{x^a}$ $(a>0)$; (5) $\lim\limits_{x\to \infty}(1+x^2)^{\frac{1}{x}}$; (6) $\lim\limits_{x\to 0^+}(\cos\sqrt{x})^{\frac{\pi}{x}}$.

4. 求下列函数的单调区间和极值.

(1) $f(x)=\dfrac{x^2}{1+x}$; (2) $f(x)=x\sqrt{2x-x^2}$.

5. 求下列函数的最大值和最小值.

(1) $y=x^4-2x^2+5$, $x\in[-2,2]$; (2) $y=\ln(1+x^2)$, $x\in[-1,2]$.

6. 设生产 x 个单位的总成本函数为 $C=9+\dfrac{x^2}{12}$, 求生产 6 个单位产品时的边际成本, 并说明其经济意义.

7. 设某商品的需求函数 $Q=\mathrm{e}^{-\frac{p}{4}}$ (Q 为需求量, p 为价格), 求需求弹性函数及 $p=6$ 时的需求弹性, 并说明其经济意义.

8. 设银行存款的存期为 $t=2$ 年, 在利率水平 $r=4.4\%$ 上, 求:

(1) 在非连续复利下, 本利和 S_1 对 r 的弹性;

(2) 在连续复利下, 本利和 S_2 对 r 的弹性.

9. 某商品的需求函数 $Q=75-p^2$, 试求:

(1) 当 $p=4$ 时的边际需求, 并说明其经济意义;

(2) 当 $p=4$ 时的需求弹性, 并说明其经济意义;

(3) 当 $p=4$ 及 $p=6$ 时, 若价格 p 上涨 1%, 总收益将分别变化多大? 是增加还是减少?

(4) p 为何值时, 总收益最大?

10. 某厂计划全年需要某种原料 100 万吨, 并且其消耗是均匀的. 已知该原料分期分批均匀进货, 每次进货手续费为 1 000 元, 而每吨原料全年库存费为 0.05 元, 试求使总费用最省的批量和相应的订货次数.

(B)

1. 选择题

(1) 函数 $y=x\sqrt{3-x}$ 在 $[0,3]$ 上满足罗尔定理的 ξ 值是(   ).

    A. 0   B. 3   C. $\dfrac{3}{2}$ D. 2

(2) $y=\dfrac{1}{x}$ 满足拉格朗日中值定理条件的区间是(   ).

    A. $[-2,2]$ B. $[1,2]$

    C. $[-2,0]$ D. $[0,1]$

(3) 下列极限中, 不能使用洛必达法则的是(   ).

    A. $\lim\limits_{x\to 1}x^{\frac{1}{1-x}}$ B. $\lim\limits_{x\to 0}\dfrac{x^2\sin\dfrac{1}{x}}{\sin x}$

    C. $\lim\limits_{x\to +\infty}\dfrac{\ln x}{\sqrt[3]{x}}$ D. $\lim\limits_{x\to +\infty}x\ln\dfrac{x-a}{x+a}$

(4) 设函数 $y=\mathrm{e}^{-x^2}$,则使它单调增加的区间是( ).

    A. $(-\infty,\ +\infty)$　　　　　B. $(-\infty,\ 0]$

    C. $[0,\ +\infty)$　　　　　D. $(-\infty,\ -1)\bigcup(1,\ +\infty)$

(5) 下列结论中,正确的是( ).

    A. 若 x_0 是 $f(x)$ 的极值点,则 x_0 必为 $f(x)$ 的驻点

    B. 若 x_0 是 $f(x)$ 的极值点,且 $f'(x_0)$ 存在,则 $f'(x_0)=0$

    C. 若 x_0 是 $f(x)$ 的驻点,则 x_0 必为 $f(x)$ 的极值点

    D. 若 $f(x_1)$ 与 $f(x_2)$ 分别是 $f(x)$ 在 $(a,\ b)$ 内的极大值和极小值,则必有 $f(x_1)<f(x_2)$

2. 填空题

(1) 某厂每批生产某种产品 x 个单位的总成本函数为 $C=mx^3-nx^2+sx$(常数 $m>0$, $n>0$, $s>0$),则每批生产_____个单位时,使平均成本最小,最小平均成本为_____.

(2) 曲线 $y=x^3-3x^2+5$ 的拐点是_____.

(3) 曲线 $y=\dfrac{x^3}{x^3-1}$ 的水平渐近线方程是_____,铅直渐近线方程是_____;曲线 $y=\ln(x+1)$ 的铅直渐近线方程是_____;曲线 $y=2\ln\dfrac{2x-1}{2x}+1$ 的水平渐近线方程是_____.

答　案

(A)

1. 提示:作函数 $f(x)=a_0x+\dfrac{a_1}{2}x^2+\cdots+\dfrac{a_n}{n+1}x^{n+1}$,利用罗尔定理.

2. 略.

3. (1) $\ln\dfrac{2}{3}$;　(2) 0;　(3) $\mathrm{e}^{-\frac{2}{\pi}}$;　(4) 0;　(5) 1;　(6) $\mathrm{e}^{-\frac{\pi}{2}}$.

4. (1) 极大值 $f(-2)=-4$,极小值 $f(0)=0$. $(-\infty,\ -2]\nearrow$, $[-2,\ -1)\searrow$, $(-1,\ 0]\searrow$, $[0,\ +\infty)\nearrow$.

    (2) 极大值 $f\left(\dfrac{3}{2}\right)=\dfrac{3}{4}\sqrt{3}$, $\left[0,\ \dfrac{3}{2}\right]\nearrow$, $\left[\dfrac{3}{2},\ 2\right]\searrow$.

5. (1) 最小值 $y(\pm1)=4$,最大值 $y(\pm2)=13$;

    (2) 最小值 $y(0)=0$,最大值 $y(2)=\ln5$.

6. 1;在 6 个单位产品基础上,再生产 1 个单位产品所需成本为 1 个单位.

7. $\eta(p)=\dfrac{p}{4}$, $\eta(6)=1.5$, 在 $p=6$ 水平上,价格 p 上涨(下降)1%,需求量 Q 减少(增加) 1.5%.

8. (1) 0.084,利率 r 上升(下降)1%,本利和上升(下降)0.084%;

    (2) 0.088,利率 r 上升(下降)1%,本利和上升(下降)0.088%.

9. (1) -8,价格 p 从 4 上升(下降)1 个单位,需求量 Q 下降(上升)8 个单位;

    (2) $\dfrac{32}{59}$,价格 p 从 4 上升(下降)1%,需求量下降(上升)$\dfrac{32}{59}$%;

    (3) $p=4$ 时,收益增加 $\dfrac{27}{59}$%,$p=6$ 时,收益减少 $\dfrac{11}{13}$%;

    (4) $p=5$ 时.

10. 批量 20 万吨,订货批次为 5 次.

(B)

1. (1) D; (2) B; (3) B; (4) B; (5) B.

2. (1) 每批生产 $\frac{n}{2m}$ 个单位,最小平均成本 $\frac{4ms-n^2}{4m}$; (2) (1, 3);

   (3) $y=1$, $x=1$; $x=-1$; $y=1$.

第4章 不定积分

不定积分是求导运算的逆运算,是积分学的基本问题之一.本章主要介绍不定积分的概念、性质及基本积分法.

4.1 不定积分的概念与性质

4.1.1 原函数与不定积分的概念

设质点作直线运动,其运动方程为 $s=s(t)$,那么质点的运动速度 $v=s'(t)$,这是求导问题.但是,在物理学中还需要解决相反的问题:已知作直线运动的质点在任一时刻的速度 $v(t)$,求质点的运动方程 $s=s(t)$,即由 $s'(t)=v(t)$ 求函数 $s(t)$.

上述由已知某函数的导数,求原来这个函数的问题,实际上就是下面定义中的原函数问题.

定义1 设函数 $f(x)$ 在某区间 I 上有定义,如果存在函数 $F(x)$,使对该区间上的每一点 x,都有

$$F'(x) = f(x) \quad \text{或} \quad \mathrm{d}F(x) = f(x)\mathrm{d}x,$$

则称函数 $F(x)$ 是 $f(x)$ 在区间 I 上的一个**原函数**.

例如,由于在 $(-\infty, +\infty)$ 上,有 $(\sin x)' = \cos x$,所以 $\sin x$ 是 $\cos x$ 在 $(-\infty, +\infty)$ 上的一个原函数.同理,$\sin x + \sqrt{3}$ 以及 $\sin x + C$(C 为任意常数)也是 $\cos x$ 的原函数.

由此可见,如果一个函数的原函数存在,则该函数必有无穷多个原函数,且任意两个原函数之间只相差一个常数.这个结论具有一般性,也可以叙述为以下的定理.

定理 如果 $F(x)$ 是函数 $f(x)$ 在某区间 I 上的一个原函数,则 $f(x)$ 的全体原函数可以表示为

$$F(x) + C \quad (C \text{ 为任意常数}).$$

证明 若 $G(x)$ 是函数 $f(x)$ 在某区间 I 上任意一个原函数,则有 $G'(x)=f(x)$,而 $F'(x)=f(x)$.于是

$$[G(x) - F(x)]' = G'(x) - F'(x) = f(x) - f(x) \equiv 0.$$

由于在一个区间上导数恒为零的函数必为常数,所以

$$G(x) - F(x) = C_0, \quad \text{即 } G(x) = F(x) + C_0 \quad (C_0 \text{ 为某个常数}).$$

这表明：函数 $f(x)$ 的任意一个原函数 $G(x)$，都可以表示为 $F(x) + C$ 的形式.

由此可见，若 $F(x)$ 是 $f(x)$ 的一个原函数，当 C 是任意常数时，表达式

$$F(x) + C$$

就可以表示 $f(x)$ 的任意一个原函数，从而 $f(x)$ 的全体原函数所组成的集合就是如下的函数族

$$\{F(x) + C \mid -\infty < C < +\infty\}.$$

至于一个函数是否有原函数，可以先给出一个结论：**如果函数 $f(x)$ 在区间 I 上连续，则函数 $f(x)$ 在区间 I 上必存在原函数.** 这个结论将在第 5 章中给予证明.

有了以上的说明，我们引进下述定义：

定义 2 设 $F(x)$ 为函数 $f(x)$ 在区间 I 上的一个原函数，那么，$f(x)$ 在区间 I 上的带有任意常数项的原函数

$$F(x) + C \quad (C \text{ 为任意常数})$$

称为函数 $f(x)$ 在区间 I 上的**不定积分**，记为

$$\int f(x) \mathrm{d}x,$$

其中，$\int$ 称为**积分号**，x 称为**积分变量**，$f(x)$ 称为**被积函数**，$f(x)\mathrm{d}x$ 称为**被积表达式**.

由定义 2 可知：若 $F(x)$ 是 $f(x)$ 在区间 I 上的一个原函数，那么

$$\int f(x) \mathrm{d}x = F(x) + C \quad (C \text{ 为任意常数}).$$

这表明，为了求出函数 $f(x)$ 的不定积分，必须先确定它的某一个原函数，然后将此原函数再加上一个任意常数 C 就可以了.

例如，由于 $(\sin x)' = \cos x$，所以 $\int \cos x \mathrm{d}x = \sin x + C$；

由于 $(\arctan x)' = \dfrac{1}{1+x^2}$，所以 $\int \dfrac{1}{1+x^2} \mathrm{d}x = \arctan x + C$.

例 1 求 $\int x^3 \mathrm{d}x$.

解 因为 $\left(\dfrac{1}{4} x^4\right)' = x^3$，所以 $\dfrac{1}{4} x^4$ 是 x^3 的一个原函数. 因此，$\int x^3 \mathrm{d}x = \dfrac{1}{4} x^4 + C$.

例 2 求 $\int a^x \mathrm{d}x \quad (a > 0, a \neq 1)$.

解 因为 $\left(\dfrac{a^x}{\ln a}\right)' = a^x$，所以，$\dfrac{a^x}{\ln a}$ 是 a^x 的一个原函数. 因此，$\int a^x \mathrm{d}x = \dfrac{a^x}{\ln a} + C$.

例 3　求 $\int \dfrac{1}{x} \mathrm{d}x.$

解　当 $x>0$ 时, $(\ln x)'=\dfrac{1}{x}$, 所以 $\ln x$ 是 $\dfrac{1}{x}$ 在 $(0,+\infty)$ 内的一个原函数. 因此在 $(0,+\infty)$ 内,

$$\int \frac{1}{x} \mathrm{d}x = \ln x + C;$$

当 $x<0$ 时, $[\ln(-x)]'=\dfrac{(-x)'}{-x}=\dfrac{1}{x}$, 所以 $\ln(-x)$ 是 $\dfrac{1}{x}$ 在 $(-\infty,0)$ 内的一个原函数. 因此在 $(-\infty,0)$ 内,

$$\int \frac{1}{x} \mathrm{d}x = \ln(-x) + C.$$

合并上面两式, 得

$$\int \frac{1}{x} \mathrm{d}x = \ln|x| + C \quad (x \neq 0).$$

为方便起见, 今后在不致发生混淆的情况下, 不定积分也简称**积分**. 通常把求不定积分的运算称为**积分法**.

4.1.2　不定积分的性质

由不定积分的定义及导数的运算法则, 可推出不定积分的如下性质(证略):

性质 1
$$\frac{\mathrm{d}}{\mathrm{d}x}\left[\int f(x)\mathrm{d}x\right] = f(x)$$

或
$$\mathrm{d}\int f(x)\mathrm{d}x = f(x)\mathrm{d}x.$$

性质 2
$$\int F'(x)\mathrm{d}x = F(x) + C$$

或
$$\int \mathrm{d}F(x) = F(x) + C.$$

从上述两个性质可见, 如果先积分再求导(或微分), 那么两者的作用互相抵消; 反之, 如先求导(或微分)再积分, 那么两者作用抵消后差一个常数. 所以, 从一定意义上来说, 导数运算与不定积分运算是一对互逆的运算.

性质 3　两个函数和(差)的不定积分等于各个函数的不定积分的和(差), 即

$$\int [f(x) \pm g(x)]\mathrm{d}x = \int f(x)\mathrm{d}x \pm \int g(x)\mathrm{d}x.$$

性质 3 对于有限个函数的和(差)都是成立的.

性质 4　被积函数中不为零的常数因子可以提到积分号外, 即

$$\int kf(x)\,\mathrm{d}x = k\int f(x)\,\mathrm{d}x \quad (k \text{ 是常数}, k \neq 0).$$

例 4 求 $\int \left(\dfrac{2}{x} + \cos x \right)\mathrm{d}x$.

解 $\int \left(\dfrac{2}{x} + \cos x \right)\mathrm{d}x = 2\int \dfrac{1}{x}\,\mathrm{d}x + \int \cos x\,\mathrm{d}x = 2\ln|x| + \sin x + C.$

在上面积分计算中,经过逐项积分后,每个不定积分的结果中都应添加一个任意常数,由于两个任意常数之和仍是任意常数,因此只要在最后结果中总的加上一个任意常数 C 即可.

4.1.3 基本积分公式表

因为不定积分与求导互为逆运算,所以可由基本导数公式得到相应的积分公式. 例如,由 $(\tan x)' = \sec^2 x$,得到 $\int \sec^2 x\,\mathrm{d}x = \tan x + C$. 类似地可以得到其他积分公式,现列表如下,这个表通常称为**基本积分公式表**.

(1) $\int k\,\mathrm{d}x = kx + C \quad (k \text{ 为常数})$,特别地, $\int \mathrm{d}x = x + C$;

(2) $\int x^\mu\,\mathrm{d}x = \dfrac{1}{\mu+1} x^{\mu+1} + C \quad (\mu \neq -1)$;

(3) $\int \dfrac{1}{x}\,\mathrm{d}x = \ln|x| + C$; (4) $\int \mathrm{e}^x\,\mathrm{d}x = \mathrm{e}^x + C$;

(5) $\int a^x\,\mathrm{d}x = \dfrac{a^x}{\ln a} + C \quad (a > 0,\ a \neq 1)$;

(6) $\int \sin x\,\mathrm{d}x = -\cos x + C$; (7) $\int \cos x\,\mathrm{d}x = \sin x + C$;

(8) $\int \dfrac{1}{\cos^2 x}\,\mathrm{d}x = \int \sec^2 x\,\mathrm{d}x = \tan x + C$;

(9) $\int \dfrac{1}{\sin^2 x}\,\mathrm{d}x = \int \csc^2 x\,\mathrm{d}x = -\cot x + C$;

(10) $\int \sec x\tan x\,\mathrm{d}x = \sec x + C$; (11) $\int \csc x\cot x\,\mathrm{d}x = -\csc x + C$;

(12) $\int \dfrac{1}{1+x^2}\,\mathrm{d}x = \arctan x + C$; (13) $\int \dfrac{1}{\sqrt{1-x^2}}\,\mathrm{d}x = \arcsin x + C$.

以上这些积分公式是积分运算的基础,必须熟记. 这对学习本课程十分重要,相信在今后的学习中会有更加深刻的体会.

下面利用积分公式和积分性质,具体求解一些简单函数的不定积分.

例 5 求 $\int \dfrac{\mathrm{d}x}{2x\sqrt[3]{x}}$.

解 $\int \dfrac{\mathrm{d}x}{2x\sqrt[3]{x}} = \dfrac{1}{2}\int x^{-\frac{4}{3}}\mathrm{d}x = \dfrac{1}{2}\cdot\dfrac{x^{-\frac{4}{3}+1}}{-\dfrac{4}{3}+1}+C = -\dfrac{3}{2}x^{-\frac{1}{3}}+C.$

例 6 求 $\int \dfrac{(\sqrt{x}-1)^2}{\sqrt{x}}\mathrm{d}x.$

解 $\int \dfrac{(\sqrt{x}-1)^2}{\sqrt{x}}\mathrm{d}x = \int \dfrac{x-2\sqrt{x}+1}{\sqrt{x}}\mathrm{d}x = \int (x^{\frac{1}{2}}-2+x^{-\frac{1}{2}})\mathrm{d}x$

$$= \int x^{\frac{1}{2}}\mathrm{d}x - 2\int \mathrm{d}x + \int x^{-\frac{1}{2}}\mathrm{d}x = \dfrac{2}{3}x^{\frac{3}{2}}-2x+2\sqrt{x}+C.$$

例 7 求 $\int \dfrac{1+x+x^2}{x(1+x^2)}\mathrm{d}x.$

解 $\int \dfrac{1+x+x^2}{x(1+x^2)}\mathrm{d}x = \int \left(\dfrac{1}{1+x^2}+\dfrac{1}{x}\right)\mathrm{d}x = \int \dfrac{1}{1+x^2}\mathrm{d}x + \int \dfrac{1}{x}\mathrm{d}x$

$$= \arctan x + \ln \mid x \mid + C.$$

例 8 求 $\int \dfrac{x^4}{1+x^2}\mathrm{d}x.$

解 $\int \dfrac{x^4}{1+x^2}\mathrm{d}x = \int \dfrac{(x^4-1)+1}{1+x^2}\mathrm{d}x = \int \left(x^2-1+\dfrac{1}{1+x^2}\right)\mathrm{d}x$

$$= \int x^2\mathrm{d}x - \int \mathrm{d}x + \int \dfrac{1}{1+x^2}\mathrm{d}x$$

$$= \dfrac{1}{3}x^3 - x + \arctan x + C.$$

例 9 求 $\int \left(\mathrm{e}^{x+1} - \dfrac{3}{x} + 4^x \cdot 3^{-x}\right)\mathrm{d}x.$

解 $\int \left(\mathrm{e}^{x+1} - \dfrac{3}{x} + 4^x \cdot 3^{-x}\right)\mathrm{d}x = \int \left[\mathrm{e}\cdot\mathrm{e}^x - \dfrac{3}{x} + \left(\dfrac{4}{3}\right)^x\right]\mathrm{d}x$

$$= \mathrm{e}\int \mathrm{e}^x\mathrm{d}x - 3\int \dfrac{1}{x}\mathrm{d}x + \int \left(\dfrac{4}{3}\right)^x\mathrm{d}x$$

$$= \mathrm{e}\cdot\mathrm{e}^x - 3\ln \mid x \mid + \dfrac{\left(\dfrac{4}{3}\right)^x}{\ln \dfrac{4}{3}} + C$$

$$= \mathrm{e}^{x+1} - 3\ln \mid x \mid + \dfrac{4^x \cdot 3^{-x}}{2\ln 2 - \ln 3} + C.$$

例 10 求 $\int \tan^2 x\mathrm{d}x.$

解　$\displaystyle\int\tan^2 x\,\mathrm{d}x=\int(\sec^2 x-1)\mathrm{d}x=\int\sec^2 x\,\mathrm{d}x-\int\mathrm{d}x=\tan x-x+C.$

例 11　求 $\displaystyle\int\frac{\cos 2x}{\sin^2 x\cos^2 x}\mathrm{d}x.$

解　$\displaystyle\int\frac{\cos 2x}{\sin^2 x\cos^2 x}\mathrm{d}x=\int\frac{\cos^2 x-\sin^2 x}{\sin^2 x\cos^2 x}\mathrm{d}x=\int\left(\frac{1}{\sin^2 x}-\frac{1}{\cos^2 x}\right)\mathrm{d}x$

$$=\int(\csc^2 x-\sec^2 x)\mathrm{d}x=\int\csc^2 x\,\mathrm{d}x-\int\sec^2 x\,\mathrm{d}x$$

$$=-\cot x-\tan x+C.$$

从以上的一些例子中可以看出,求不定积分时,往往需要先对被积函数作适当的恒等变形,使得每一项化成基本积分公式表中的类型,然后再进行逐项积分.

4.1.4　原函数与不定积分的几何意义

从几何上来看,若 $F(x)$ 是 $f(x)$ 的一个原函数,则曲线 $y=F(x)$ 称为函数 $f(x)$ 的**积分曲线**. 而当 C 取不同的值时,$y=F(x)+C$ 表示一系列由曲线 $y=F(x)$ 沿 y 轴方向平行移动距离为 $|C|$ 而形成的"平行曲线",称为函数 $f(x)$ 的**积分曲线族**. 所谓"平行曲线",是指这些曲线上在横坐标为 x 的点处的切线斜率相同,均为 $f(x)$. 如果需要确定通过某点 $(x_0,\ y_0)$ 的特定曲线,则只需将条件 $x=x_0$,$y=y_0$ 代入 $y=F(x)+C$ 中,确定出常数 $C=y_0-F(x_0)$ 即可.

例 12　设曲线经过点 $(1,\ 2)$,且曲线上任一点 $(x,\ y)$ 处的切线斜率为 $2x+\dfrac{1}{x}$,试求该曲线方程.

解　设曲线方程为 $y=f(x)$,由题意知 $f'(x)=2x+\dfrac{1}{x}$,即 $f(x)$ 是 $2x+\dfrac{1}{x}$ 的一个原函数. 因 $\displaystyle\int\left(2x+\frac{1}{x}\right)\mathrm{d}x=x^2+\ln|x|+C$,故必有某个常数 C,使

$$f(x)=x^2+\ln|x|+C,$$

将 $x=1$,$y=2$ 代入上式,得 $C=1$. 于是所求曲线方程为

$$y=x^2+\ln|x|+1.$$

例 13　某化肥厂生产某种产品,已知生产该产品的边际成本为 $C'(x)=\dfrac{x}{5}$,且当产量 $x=120$ 时的平均成本为 $\dfrac{61}{3}$,求该产品的总成本函数 $C(x)$.

解 由于该产品的总成本 $C(x)$ 是边际成本 $C'(x)$ 的原函数,所以有

$$C(x) = \int \frac{x}{5} dx = \frac{x^2}{10} + C_1 \quad (C_1 \text{ 为任意常数}).$$

从而平均成本为

$$\overline{C}(x) = \frac{C(x)}{x} = \frac{x}{10} + \frac{C_1}{x}.$$

以 $\overline{C}(120) = \frac{61}{3}$ 代入,得 $\frac{61}{3} = \frac{120}{10} + \frac{C_1}{120}$,解得 $C_1 = 1\,000$. 于是

$$C(x) = \frac{x^2}{10} + 1\,000.$$

习题 4.1

1. 验证下列函数是否是同一函数的原函数:

   (1) $y = \ln(2x)$;(2) $y = \ln x + 2$;(3) $y = \ln(ax)$ $(a > 0)$.

2. 设 $f(x)$ 的一个原函数是 $-\cos x + \frac{1}{3}\cos^3 x$,求 $f(x)$,$\int f(x) dx$.

3. 求不定积分.

   (1) $\int \frac{(1-x)^2}{\sqrt{x}} dx$; 　　　　(2) $\int (\sqrt{x}+1)(\sqrt[3]{x}-1) dx$;

   (3) $\int \frac{3x^4 + 3x^2 + 1}{x^2 + 1} dx$; 　　(4) $\int \frac{x^2}{1+x^2} dx$;

   (5) $\int \left(2e^x + \frac{3}{x}\right) dx$; 　　　(6) $\int \left(\frac{3}{1+x^2} - \frac{2}{\sqrt{1-x^2}}\right) dx$;

   (7) $\int \frac{2 \cdot 3^x - 5 \cdot 2^x}{3^x} dx$; 　　(8) $\int \sec x(\sec x - \tan x) dx$;

   (9) $\int \frac{dx}{1 + \cos 2x}$; 　　　　(10) $\int \cot^2 x dx$.

4. 一物体作直线运动,速度为 $v(t) = (3t^2 + 4t)(\text{m/s})$,当 $t = 2$ s 时,这物体经过的路程为 $s = 16$ m. 求这物体的运动方程(即路程 s 与时间 t 的关系式).

5. 一曲线过点 $(1, 3)$,且在曲线上任一点处的切线斜率都等于该点横坐标的平方,求这曲线的方程.

6. 某家化厂生产某种产品,每日生产该产品的总成本 y 的变化率(即边际成本)是日产量 x 的函数 $y' = 0.3 + \frac{6}{\sqrt{x}}$. 已知固定成本为 $12\,200$ 元,求总成本与日产量的函数关系.

7. 设某商品的需求量 Q 是价格 p 的函数,该商品的最大需求量为 $1\,000$(即 $p = 0$ 时,$Q = 1\,000$).已知需求量的变化率(边际需求)为

$$Q'(p) = -1\,000 \cdot \ln 3 \cdot \left(\frac{1}{3}\right)^p,$$

求需求量 Q 与价格 p 的函数关系.

1. (1),(2),(3)均为 $\dfrac{1}{x}$ 的原函数.　　2. $\sin x - \sin x\cos^2 x$; $-\cos x + \dfrac{1}{3}\cos^3 x + C$.

3. (1) $2\sqrt{x} - \dfrac{4}{3}x^{\frac{3}{2}} + \dfrac{2}{5}x^{\frac{5}{2}} + C$;　(2) $\dfrac{6}{11}x^{\frac{11}{6}} + \dfrac{3}{4}x^{\frac{4}{3}} - \dfrac{2}{3}x^{\frac{3}{2}} - x + C$;　(3) $x^3 + \arctan x$ $+ C$;　(4) $x - \arctan x + C$;　(5) $2e^x + 3\ln|x| + C$;　(6) $3\arctan x - 2\arcsin x + C$;　(7) $2x -$ $\dfrac{5}{\ln 2 - \ln 3}\left(\dfrac{2}{3}\right)^x + C$;　(8) $\tan x - \sec x + C$;　(9) $\dfrac{1}{2}\tan x + C$;　(10) $-\cot x - x + C$.

4. $s = t^3 + 2t^2$.　　　　　　　　5. $y = \dfrac{1}{3}(x^3 + 8)$.

6. $y = 0.3x + 12\sqrt{x} + 12\,200$.　　　　7. $Q = 1\,000\left(\dfrac{1}{3}\right)^p$.

4.2　换元积分法

利用不定积分的基本公式和性质,所能计算的不定积分是十分有限的. 因此,有必要引出其他有效的积分方法.本节的讨论,始终贯穿着一种变量代换的思想,且将复合函数的微分法反过来用于求不定积分,可以得到一种复合函数的积分法,称为**换元积分法**.

4.2.1　第一类换元积分法

如果认为可由积分公式 $\displaystyle\int \cos x\mathrm{d}x = \sin x + C$ 对应推出 $\displaystyle\int \cos 2x\mathrm{d}x = \sin 2x + C$, 显然是错误的,这是因为 $(\sin 2x)' = 2\cos 2x \neq \cos 2x$,即 $\sin 2x$ 不是 $\cos 2x$ 的原函数.

针对 $\cos 2x$ 这一复合函数,我们对被积表达式作如下变形:

$$\cos 2x\mathrm{d}x = \frac{1}{2}\cos 2x\mathrm{d}(2x),$$

于是

$$\int \cos 2x\mathrm{d}x = \frac{1}{2}\int \cos 2x\mathrm{d}(2x).$$

令 $u = 2x$,则 $\mathrm{d}u = 2\,\mathrm{d}x$,这样可有以下计算过程:

$$\int \cos 2x\mathrm{d}x = \frac{1}{2}\int \cos u\mathrm{d}u = \frac{1}{2}\sin u + C = \frac{1}{2}\sin 2x + C.$$

通过上面的计算过程可知,由 $\displaystyle\int \cos x\mathrm{d}x = \sin x + C$ 可推出 $\displaystyle\int \cos 2x\mathrm{d}(2x) = \sin 2x$ $+ C$, $\displaystyle\int \cos \ln \sqrt{x}\mathrm{d}(\ln \sqrt{x}) = \sin (\ln \sqrt{x}) + C$,等等.

一般地,如果所求的不定积分 $\int g(x)\mathrm{d}x$ 不易直接求出,但 $g(x)$ 可以配制成 $g(x)$ $= f[\varphi(x)]\varphi'(x)$ 的形式,则可通过下述定理计算 $\int g(x)\mathrm{d}x$.

定理 1　设 $\int f(u)\mathrm{d}u = F(u) + C$, $u = \varphi(x)$ 具有连续导数,则

$$\int g(x)\mathrm{d}x = \int f[\varphi(x)]\varphi'(x)\mathrm{d}x = F[\varphi(x)] + C.$$

证明　由于 $F'(u) = f(u)$,由复合函数的求导法则,得

$$\frac{\mathrm{d}}{\mathrm{d}x}F[\varphi(x)] = F'(u)\varphi'(x) = f(u)\varphi'(x) = f[\varphi(x)]\varphi'(x).$$

这表示 $F[\varphi(x)]$ 是 $f[\varphi(x)]\varphi'(x)$ 的一个原函数,从而

$$\int f[\varphi(x)]\varphi'(x)\mathrm{d}x = F[\varphi(x)] + C,$$

或写成

$$\int f[\varphi(x)]\mathrm{d}[\varphi(x)] = F[\varphi(x)] + C.$$

定理告诉我们,对于不易求的不定积分 $\int g(x)\mathrm{d}x$,如果将 $g(x)$ 适当变形能够配制成 $g(x) = f[\varphi(x)]\varphi'(x)$ 的形式,再通过"凑微分"运算得到 $\varphi'(x)\mathrm{d}x = \mathrm{d}\varphi(x)$,则可令 $u = \varphi(x)$,使原积分变成容易求的积分 $\int f(u)\mathrm{d}u$. 具体计算过程如下:

$$\int g(x)\mathrm{d}x = \int f[\varphi(x)]\varphi'(x)\mathrm{d}x = \int f[\varphi(x)]\mathrm{d}\varphi(x)$$

$$\xrightarrow{\text{令}\,u = \varphi(x)} \int f(u)\mathrm{d}u = F(u) + C = F[\varphi(x)] + C,$$

其中, $F'(u) = f(u)$.

这种积分方法称为**第一类换元积分法**,应用时关键的一步在于将 $g(x)\mathrm{d}x$ "凑成" $f[\varphi(x)]\mathrm{d}\varphi(x)$,从而可以找出变量代换: $u = \varphi(x)$. 这种积分方法亦称为**凑微分法**.

例 1　求 $\int 3(2 + 3x)^7\mathrm{d}x$.

解　被积函数中 $(2+3x)^7$ 是一个复合函数: $(2+3x)^7 = u^7$, $u = 2 + 3x$,而常数因子恰好等于 $u' = (2 + 3x)'$. 因此,作变换为 $u = 2 + 3x$,可得

$$\int 3(2+3x)^7 \mathrm{d}x = \int (2+3x)^7 (2+3x)' \mathrm{d}x$$

$$= \int (2+3x)^7 \mathrm{d}(2+3x) = \int u^7 \mathrm{d}u$$

$$= \frac{1}{8} u^8 + C = \frac{1}{8}(2+3x)^8 + C.$$

例 2　求 $\int \mathrm{e}^{1-2x} \mathrm{d}x$.

解　因为 $(1-2x)' = -2$,则 $\mathrm{e}^{1-2x} = \mathrm{e}^{1-2x} \cdot \left(-\dfrac{1}{2}\right) \cdot (1-2x)'$. 于是

$$\int \mathrm{e}^{1-2x} \mathrm{d}x = \int \mathrm{e}^{1-2x} \cdot \left(-\frac{1}{2}\right) \cdot (1-2x)' \mathrm{d}x = -\frac{1}{2} \int \mathrm{e}^{1-2x} (1-2x)' \mathrm{d}x$$

$$= -\frac{1}{2} \int \mathrm{e}^{1-2x} \mathrm{d}(1-2x) \xrightarrow{u=1-2x} -\frac{1}{2} \int \mathrm{e}^u \mathrm{d}u = -\frac{1}{2} \mathrm{e}^u + C$$

$$= -\frac{1}{2} \mathrm{e}^{1-2x} + C.$$

为方便今后的计算,我们应当注意简化计算过程.

例 3　求 $\int \dfrac{2x}{\sqrt{3+x^2}} \mathrm{d}x$.

解　因为 $(3+x^2)' = 2x$,所以

$$\int \frac{2x}{\sqrt{3+x^2}} \mathrm{d}x = \int \frac{(3+x^2)'}{\sqrt{3+x^2}} \mathrm{d}x = \int \frac{\mathrm{d}(3+x^2)}{\sqrt{3+x^2}} \xrightarrow{u=3+x^2} \int \frac{1}{\sqrt{u}} \mathrm{d}u$$

$$= \int u^{-\frac{1}{2}} \mathrm{d}u = 2\sqrt{u} + C = 2\sqrt{3+x^2} + C.$$

例 4　求 $\int \cot x \mathrm{d}x$.

解　因为 $(\sin x)' = \cos x$,所以

$$\int \cot x \mathrm{d}x = \int \frac{\cos x}{\sin x} \mathrm{d}x = \int \frac{(\sin x)'}{\sin x} \mathrm{d}x = \int \frac{1}{\sin x} \mathrm{d}\sin x$$

$$\xrightarrow{u=\sin x} \int \frac{1}{u} \mathrm{d}u = \ln |u| + C = \ln |\sin x| + C.$$

同理可得　　　　　　　　$\int \tan x \mathrm{d}x = -\ln |\cos x| + C.$

当上面变量代换的方法运用熟练后,可不再写出中间变量 u,而直接写出积分结果.

例 5　求 $\int \cos^3 x \, dx$.

解　$\int \cos^3 x \, dx = \int (1 - \sin^2 x)\cos x \, dx = \int (1 - \sin^2 x) \, d(\sin x)$

$$= \int d(\sin x) - \int \sin^2 x \, d(\sin x) = \sin x - \frac{1}{3}\sin^3 x + C.$$

例 6　求 $\int \dfrac{\sqrt{1 + 4\ln x}}{x} \, dx$.

解　$\int \dfrac{\sqrt{1 + 4\ln x}}{x} \, dx = \int (1 + 4\ln x)^{\frac{1}{2}} \, d(\ln x) = \dfrac{1}{4}\int (1 + 4\ln x)^{\frac{1}{2}} \, d(1 + 4\ln x)$

$$= \frac{1}{6}(1 + 4\ln x)^{\frac{3}{2}} + C.$$

例 7　求 $\int \dfrac{1}{a^2 + x^2} \, dx \quad (a > 0)$.

解　$\int \dfrac{1}{a^2 + x^2} \, dx = \int \dfrac{1}{a^2} \cdot \dfrac{1}{1 + \left(\dfrac{x}{a}\right)^2} \, dx = \dfrac{1}{a}\int \dfrac{1}{1 + \left(\dfrac{x}{a}\right)^2} \, d\left(\dfrac{x}{a}\right)$

$$= \frac{1}{a}\arctan \frac{x}{a} + C.$$

类似地,得
$$\int \frac{1}{\sqrt{a^2 - x^2}} \, dx = \arcsin \frac{x}{a} + C \quad (a > 0).$$

在上面例 5、例 6、例 7 的计算中,实际上分别作了变量代换 $u = \sin x$,$u = 1 + 4\ln x$,$u = \dfrac{x}{a}$,并在求出积分 $\int f(u) \, du$ 后代回了原来的积分变量 x,只是没有具体地写出这些步骤而已.

例 8　求 $\int \dfrac{1}{a^2 - x^2} \, dx \quad (a > 0)$.

解　因为 $\dfrac{1}{a^2 - x^2} = \dfrac{(a - x) + (a + x)}{(a + x)(a - x)} \cdot \dfrac{1}{2a} = \dfrac{1}{2a}\left(\dfrac{1}{a + x} + \dfrac{1}{a - x}\right)$,

故
$$\int \frac{1}{a^2 - x^2} \, dx = \frac{1}{2a}\int \left(\frac{1}{a + x} + \frac{1}{a - x}\right) dx$$

$$= \frac{1}{2a}\left[\int \frac{1}{a + x} \, d(a + x) - \int \frac{1}{a - x} \, d(a - x)\right]$$

$$= \frac{1}{2a}(\ln |a + x| - \ln |a - x|) + C$$

$$= \frac{1}{2a} \ln \left| \frac{a+x}{a-x} \right| + C.$$

由例 8，可推出

$$\int \frac{1}{x^2 - a^2} dx = \frac{1}{2a} \ln \left| \frac{x-a}{x+a} \right| + C \quad (a > 0).$$

以上各例中的计算过程告诉我们：对积分公式应广义地理解，如公式 $\int \frac{1}{x} dx = \ln |x| + C$ 推广到 $u = \varphi(x)$ 时，仍有 $\int \frac{1}{u} du = \ln |u| + C$. 应用第一类换元积分法时，常用到如下一些"凑微分"表达式：

$$\frac{1}{x} dx = d(\ln x); \qquad\qquad \frac{1}{\sqrt{x}} dx = 2d(\sqrt{x});$$

$$x dx = \frac{1}{2a} d(ax^2 + b) (a, b \text{ 为常数，且 } a \neq 0);$$

$$dx = \frac{1}{a} d(ax + b) (a \neq 0); \quad x^\mu dx = \frac{1}{\mu+1} d(x^{\mu+1}) (\mu \neq -1);$$

$$\cos x dx = d(\sin x); \qquad\qquad \sin x dx = -d(\cos x);$$

$$\frac{1}{1+x^2} dx = d(\arctan x); \qquad\qquad \frac{1}{\sqrt{1-x^2}} dx = d(\arcsin x);$$

$$\sec^2 x dx = d(\tan x); \qquad\qquad \csc^2 x dx = -d(\cot x);$$

$$\tan x \sec x dx = d(\sec x); \qquad\qquad \cot x \csc x dx = -d(\csc x).$$

例 9 求 $\int \cos^2 x dx.$

解 $\int \cos^2 x dx = \int \frac{1 + \cos 2x}{2} dx = \frac{1}{2} \left(\int dx + \int \cos 2x dx \right)$

$$= \frac{1}{2} \int dx + \frac{1}{4} \int \cos 2x d(2x) = \frac{x}{2} + \frac{1}{4} \sin 2x + C.$$

例 10 求 $\int \sin^2 x \cos^3 x dx.$

解 $\int \sin^2 x \cos^3 x dx = \int \sin^2 x \cos^2 x \cdot \cos x dx = \int \sin^2 x (1 - \sin^2 x) d(\sin x)$

$$= \int (\sin^2 x - \sin^4 x) d(\sin x) = \frac{1}{3} \sin^3 x - \frac{1}{5} \sin^5 x + C.$$

例 11 求 $\int \sec x dx.$

解 $\int \sec x dx = \int \frac{\cos x}{\cos^2 x} dx = \int \frac{1}{1 - \sin^2 x} d(\sin x).$

由例 8 知

$$\int \sec x \mathrm{d}x = \frac{1}{2}\ln\left|\frac{1+\sin x}{1-\sin x}\right| + C.$$

而

$$\frac{1+\sin x}{1-\sin x} = \frac{(1+\sin x)^2}{1-\sin^2 x} = \frac{(1+\sin x)^2}{\cos^2 x} = (\sec x + \tan x)^2.$$

故

$$\int \sec x \mathrm{d}x = \frac{1}{2}\ln(\sec x + \tan x)^2 + C = \ln|\sec x + \tan x| + C.$$

类似地,得

$$\int \csc x \mathrm{d}x = \ln|\csc x - \cot x| + C.$$

例 12 求 $\int \sin^3 x \mathrm{d}x.$

解

$$\int \sin^3 x \mathrm{d}x = \int \sin^2 x \cdot \sin x \mathrm{d}x = -\int(1-\cos^2 x)\mathrm{d}\cos x$$

$$= -\cos x + \frac{1}{3}\cos^3 x + C.$$

例 13 求 $\int \sin^4 x \mathrm{d}x.$

解

$$\int \sin^4 x \mathrm{d}x = \int(\sin^2 x)^2 \mathrm{d}x = \int\left(\frac{1-\cos 2x}{2}\right)^2 \mathrm{d}x$$

$$= \frac{1}{4}\int(1 - 2\cos 2x + \cos^2 2x)\mathrm{d}x$$

$$= \frac{1}{4}\int\left(1 - 2\cos 2x + \frac{1+\cos 4x}{2}\right)\mathrm{d}x$$

$$= \frac{1}{4}\int\left(\frac{3}{2} - 2\cos 2x + \frac{1}{2}\cos 4x\right)\mathrm{d}x$$

$$= \frac{3}{8}x - \frac{1}{4}\sin 2x + \frac{1}{32}\sin 4x + C.$$

用类似的方法可以计算正弦函数、余弦函数的奇数次幂或偶数次幂的积分.

例 14 求 $\int x^x(1+\ln x)\mathrm{d}x.$

解 $\int x^x(1+\ln x)\mathrm{d}x = \int e^{x\ln x}(x\ln x)'\mathrm{d}x = \int e^{x\ln x}\mathrm{d}(x\ln x) = e^{x\ln x} + C = x^x + C.$

例 15 求 $\int \dfrac{\arctan\dfrac{1}{x}}{1+x^2}\mathrm{d}x.$

解 $\displaystyle\int \frac{\arctan\dfrac{1}{x}}{1+x^2}\mathrm{d}x = \int \frac{\arctan\dfrac{1}{x}}{1+\left(\dfrac{1}{x}\right)^2}\cdot\frac{1}{x^2}\mathrm{d}x = -\int \frac{\arctan\dfrac{1}{x}}{1+\left(\dfrac{1}{x}\right)^2}\mathrm{d}\left(\frac{1}{x}\right)$

$$= -\int \arctan \frac{1}{x} \mathrm{d}\left(\arctan \frac{1}{x}\right) = -\frac{1}{2}\left(\arctan \frac{1}{x}\right)^2 + C.$$

4.2.2 第二类换元积分法

利用第一类换元积分法计算不定积分,其关键在于凑好微分,即通过变量代换 $u = \varphi(x)$,使得积分 $\int f[\varphi(x)]\varphi'(x)\mathrm{d}x$ 化为易求的积分 $\int f(u)\mathrm{d}u$. 但是,有些被积函数不容易凑成 $f[\varphi(x)]\varphi'(x)$ 的形式. 这时,根据被积函数的特征,可以尝试作适当的变量代换 $x = \psi(t)$,$\mathrm{d}x = \psi'(t)\mathrm{d}t$,将不定积分 $\int f(x)\mathrm{d}x$ 化为易求的不定积分 $\int f[\psi(t)]\psi'(t)\mathrm{d}t$,待求出该不定积分后,再以 $x = \psi(t)$ 的反函数 $t = \psi^{-1}(x)$ 代回到该积分结果. 这种方法称为**第二类换元法**.

定理 2 设 $x = \psi(t)$ 是单调、可导的函数,并且 $\psi'(t) \neq 0$. 如果

$$\int f[\psi(t)]\psi'(t)\mathrm{d}t = F(t) + C,$$

则

$$\int f(x)\mathrm{d}x = F[\psi^{-1}(x)] + C,$$

其中,$t = \psi^{-1}(x)$ 是 $x = \psi(t)$ 的反函数.

证明 由假设

$$F'(t) = f[\psi(t)]\psi'(t) = f(x) \cdot \frac{\mathrm{d}x}{\mathrm{d}t},$$

利用复合函数的求导法则及反函数的求导公式,推出

$$\frac{\mathrm{d}}{\mathrm{d}x}F[\psi^{-1}(x)] = \frac{\mathrm{d}F(t)}{\mathrm{d}x} = F'(t) \cdot \frac{\mathrm{d}t}{\mathrm{d}x}$$

$$= f(x) \cdot \frac{\mathrm{d}x}{\mathrm{d}t} \cdot \frac{\mathrm{d}t}{\mathrm{d}x} = f(x).$$

这表明 $F[\psi^{-1}(x)]$ 是 $f(x)$ 的一个原函数,从而

$$\int f(x)\mathrm{d}x = F[\psi^{-1}(x)] + C.$$

下面来举例说明第二类换元法常用的两种代换法——根式代换和三角代换.

1. 根式代换

例 16 求 $\int \dfrac{\mathrm{d}x}{\sqrt[3]{x+7}-1}$.

解 为了去掉被积函数中的根式,设 $\sqrt[3]{x+7} = t$,则 $x = t^3 - 7$,$\mathrm{d}x = 3t^2\mathrm{d}t$. 于是

$$\int \frac{dx}{\sqrt[3]{x+7}-1} = 3\int \frac{t^2}{t-1}dt = 3\int \frac{(t^2-1)+1}{t-1}dt = 3\int\left[\frac{(t-1)(t+1)}{t-1}+\frac{1}{t-1}\right]dt$$

$$= 3\int\left(t+1+\frac{1}{t-1}\right)dt = 3\left(\frac{t^2}{2}+t+\ln|t-1|\right)+C$$

$$= 3\left[\frac{1}{2}\sqrt[3]{(x+7)^2}+\sqrt[3]{x+7}+\ln|\sqrt[3]{x+7}-1|\right]+C.$$

例 17 求 $\displaystyle\int \frac{dx}{\sqrt{x}+\sqrt[3]{x}}$.

解 为了去掉被积函数中的根式,设 $\sqrt[6]{x}=t$,则 $x=t^6$, $dx=6t^5dt$. 于是

$$\int \frac{dx}{\sqrt{x}+\sqrt[3]{x}} = \int \frac{6t^5}{t^3+t^2}dt = 6\int \frac{t^5}{t^3+t^2}dt = 6\int \frac{t^3}{t+1}dt$$

$$= 6\int \frac{(t^3+1)-1}{t+1}dt = 6\int\left[(t^2-t+1)-\frac{1}{t+1}\right]dt$$

$$= 6\left[\frac{t^3}{3}-\frac{t^2}{2}+t-\ln|t+1|\right]+C$$

$$= 2\sqrt{x}-3\sqrt[3]{x}+6\sqrt[6]{x}-6\ln(\sqrt[6]{x}+1)+C.$$

例 18 求 $\displaystyle\int \frac{1}{\sqrt{1+e^x}}dx$.

解 令 $t=\sqrt{1+e^x}$,则 $e^x=t^2-1$, $x=\ln(t^2-1)$, $dx=\dfrac{2t}{t^2-1}dt$. 则

$$\int \frac{1}{\sqrt{1+e^x}}dx = \int \frac{2}{t^2-1}dt = \int\left(\frac{1}{t-1}-\frac{1}{t+1}\right)dt$$

$$= \ln\left|\frac{t-1}{t+1}\right|+C = \ln\left|\frac{\sqrt{1+e^x}-1}{\sqrt{1+e^x}+1}\right|+C.$$

2. 三角代换

例 19 求 $\displaystyle\int \sqrt{a^2-x^2}\,dx \quad (a>0)$.

解 此类函数依照前面介绍的根式代换无法将根式消去. 若利用三角公式 $1-\sin^2 t=\cos^2 t$,则有可能消去相应根式.

设 $x=a\sin t$,则 $dx=a\cos t\,dt$, $\sqrt{a^2-x^2}=a|\cos t|$. 为保证定理 2 的条件成立,取 $t\in\left(-\dfrac{\pi}{2},\dfrac{\pi}{2}\right)$,则 $x=a\sin t$ 有反函数 $t=\arcsin\dfrac{x}{a}$. 利用前面例 9 的结果,有

$$\int \sqrt{a^2 - x^2}\,\mathrm{d}x = \int a\cos t \cdot a\cos t\,\mathrm{d}t = a^2 \int \cos^2 t\,\mathrm{d}t = \frac{a^2}{2}\left(t + \frac{\sin 2t}{2}\right) + C$$

$$= \frac{a^2}{2}(t + \sin t\cos t) + C = \frac{a^2}{2}(t + \sin t \cdot \sqrt{1 - \sin^2 t}) + C$$

$$\xlongequal{\sin t = \frac{x}{a}} \frac{a^2}{2}\arcsin\frac{x}{a} + \frac{x}{2}\sqrt{a^2 - x^2} + C.$$

例 20　求 $\displaystyle\int \frac{\mathrm{d}x}{\sqrt{x^2 + a^2}}$ 　$(a > 0)$.

解　类似上面的例子,考虑利用三角公式 $1 + \tan^2 t = \sec^2 t$ 来消去根式.

设 $x = a\tan t$, $t \in \left(-\dfrac{\pi}{2}, \dfrac{\pi}{2}\right)$, 则 $\mathrm{d}x = a\sec^2 t\,\mathrm{d}t$, $\sqrt{x^2 + a^2} = a\sec t$. 于是

$$\int \frac{\mathrm{d}x}{\sqrt{x^2 + a^2}} = \int \frac{a\sec^2 t}{a\sec t}\,\mathrm{d}t = \int \sec t\,\mathrm{d}t = \ln|\sec t + \tan t| + C_1$$

$$= \ln|\sqrt{1 + \tan^2 t} + \tan t| + C_1$$

$$\xlongequal{\tan t = \frac{x}{a}} \ln\left|\frac{x}{a} + \sqrt{\left(\frac{x}{a}\right)^2 + 1}\right| + C_1$$

$$= \ln|x + \sqrt{x^2 + a^2}| + C \quad (C = C_1 - \ln a).$$

例 21　求 $\displaystyle\int \frac{\mathrm{d}x}{\sqrt{x^2 - a^2}}$ 　$(a > 0)$.

解　利用三角公式 $\sec^2 t - 1 = \tan^2 t$, 设 $x = a\sec t$, 则在 t 的一定范围内, $\mathrm{d}x = a\sec t\tan t\,\mathrm{d}t$, $\sqrt{x^2 - a^2} = a\tan t$. 于是

$$\int \frac{\mathrm{d}x}{\sqrt{x^2 - a^2}} = \int \frac{a\sec t\,\tan t}{a\tan t}\,\mathrm{d}t = \int \sec t\,\mathrm{d}t$$

$$= \ln|\sec t + \tan t| + C_1 = \ln\left|\frac{x}{a} + \sqrt{\left(\frac{x}{a}\right)^2 - 1}\right| + C_1$$

$$= \ln|x + \sqrt{x^2 - a^2}| + C \quad (C = C_1 - \ln a).$$

一般地,当被积函数中含有 $\sqrt{a^2 - x^2}$, $\sqrt{a^2 + x^2}$ 及 $\sqrt{x^2 - a^2}$ 时,为消去根式,可分别作代换:令 $x = a\sin t$, $x = a\tan t$ 及 $x = a\sec t$. 这类变量代换,统称为**三角代换**.

在上面的例题中,有些函数积分的结果今后经常用到,我们把它们作为 4.1.3 目中基本积分公式表的扩充,通常也可当作积分公式使用(其中常数 $a > 0$).

(14) $\int \dfrac{1}{a^2+x^2}\mathrm{d}x = \dfrac{1}{a}\arctan\dfrac{x}{a}+C$;　(15) $\int \dfrac{1}{\sqrt{a^2-x^2}}\mathrm{d}x = \arcsin\dfrac{x}{a}+C$;

(16) $\int \dfrac{1}{a^2-x^2}\mathrm{d}x = \dfrac{1}{2a}\ln\left|\dfrac{a+x}{a-x}\right|+C$;　(17) $\int \dfrac{1}{x^2-a^2}\mathrm{d}x = \dfrac{1}{2a}\ln\left|\dfrac{x-a}{x+a}\right|+C$;

(18) $\int \tan x\mathrm{d}x = -\ln|\cos x|+C$;　(19) $\int \cot x\mathrm{d}x = \ln|\sin x|+C$;

(20) $\int \sec x\mathrm{d}x = \ln|\sec x+\tan x|+C$;

(21) $\int \csc x\mathrm{d}x = \ln|\csc x-\cot x|+C$;

(22) $\int \sqrt{a^2-x^2}\,\mathrm{d}x = \dfrac{a^2}{2}\arcsin\dfrac{x}{a}+\dfrac{x}{2}\sqrt{a^2-x^2}+C$;

(23) $\int \dfrac{1}{\sqrt{x^2-a^2}}\mathrm{d}x = \ln\left|x+\sqrt{x^2-a^2}\right|+C$;

(24) $\int \dfrac{1}{\sqrt{x^2+a^2}}\mathrm{d}x = \ln\left|x+\sqrt{x^2+a^2}\right|+C$.

例 22　求 $\int \dfrac{1}{\sqrt{x-x^2}}\mathrm{d}x$.

解　$\int \dfrac{1}{\sqrt{x-x^2}}\mathrm{d}x = \int \dfrac{1}{\sqrt{\dfrac{1}{4}-\left(x-\dfrac{1}{2}\right)^2}}\mathrm{d}\left(x-\dfrac{1}{2}\right) = \arcsin\left(\dfrac{x-\dfrac{1}{2}}{\dfrac{1}{2}}\right)+C$

$$= \arcsin(2x-1)+C.$$

例 23　求 $\int \dfrac{2x+1}{x^2+4x+5}\mathrm{d}x$.

解　$\int \dfrac{2x+1}{x^2+4x+5}\mathrm{d}x = \int \dfrac{2x+4-3}{x^2+4x+5}\mathrm{d}x$

$$= \int \dfrac{2x+4}{x^2+4x+5}\mathrm{d}x - 3\int \dfrac{1}{1+(x+2)^2}\mathrm{d}x$$

$$= \int \dfrac{\mathrm{d}(x^2+4x+5)}{x^2+4x+5} - 3\int \dfrac{1}{1+(x+2)^2}\mathrm{d}(x+2)$$

$$= \ln|x^2+4x+5| - 3\arctan(x+2)+C.$$

例 24　求 $\int \dfrac{x}{\sqrt{3+2x-x^2}}\mathrm{d}x$.

解　$\int \dfrac{x}{\sqrt{3+2x-x^2}}\mathrm{d}x = \int \dfrac{(x-1)+1}{\sqrt{4-(x-1)^2}}\mathrm{d}x$

$$= \int \dfrac{x-1}{\sqrt{4-(x-1)^2}}\mathrm{d}x + \int \dfrac{1}{\sqrt{4-(x-1)^2}}\mathrm{d}x$$

$$= \int \frac{x-1}{\sqrt{4-(x-1)^2}} \mathrm{d}(x-1) + \int \frac{1}{2\sqrt{1-\left(\frac{x-1}{2}\right)^2}} \mathrm{d}x$$

$$= \frac{1}{2} \int \frac{\mathrm{d}(x-1)^2}{\sqrt{4-(x-1)^2}} + \int \frac{1}{\sqrt{1-\left(\frac{x-1}{2}\right)^2}} \mathrm{d}\left(\frac{x-1}{2}\right)$$

$$= -\frac{1}{2} \int \frac{\mathrm{d}\left[4-(x-1)^2\right]}{\sqrt{4-(x-1)^2}} + \arcsin\frac{x-1}{2}$$

$$= -\sqrt{4-(x-1)^2} + \arcsin\frac{x-1}{2} + C.$$

例 25 求 $\int \frac{2}{\sqrt{x^2-x+1}} \mathrm{d}x$.

解 $\int \frac{2}{\sqrt{x^2-x+1}} \mathrm{d}x = 2\int \frac{\mathrm{d}\left(x-\frac{1}{2}\right)}{\sqrt{\left(x-\frac{1}{2}\right)^2+\frac{3}{4}}}$,

利用公式(24),得到

$$\int \frac{2}{\sqrt{x^2-x+1}} \mathrm{d}x = 2\ln\left|\left(x-\frac{1}{2}\right)+\sqrt{\left(x-\frac{1}{2}\right)^2+\frac{3}{4}}\right| + C$$

$$= 2\ln\left|x-\frac{1}{2}+\sqrt{x^2-x+1}\right| + C.$$

习题 4.2

1. 在下列各式等号右端的横线上填入适当的系数,使微分等式成立. 例如,$x^3\mathrm{d}x = \frac{1}{12}\mathrm{d}(3x^4-2)$.

(1) $x\mathrm{d}x = $ _____ $\mathrm{d}(1-x^2)$;   (2) $xe^{x^2}\mathrm{d}x = $ _____ $\mathrm{d}e^{x^2}$;

(3) $\frac{\mathrm{d}x}{x} = $ _____ $\mathrm{d}(3-5\ln x)$;   (4) $a^{3x}\mathrm{d}x = $ _____ $\mathrm{d}(a^{3x}-1)$;

(5) $\sin 3x\mathrm{d}x = $ _____ $\mathrm{d}\cos 3x$;   (6) $\sin 2x\mathrm{d}x = $ _____ $\mathrm{d}(1-4\cos 2x)$;

(7) $\int \frac{\mathrm{d}x}{\cos^2 5x} = $ _____ $\mathrm{d}\tan 5x$;   (8) $\frac{x\mathrm{d}x}{x^2-1} = $ _____ $\mathrm{d}\ln(x^2-1)$;

(9) $\frac{\mathrm{d}x}{5-2x} = $ _____ $\mathrm{d}\ln(5-2x)$;   (10) $(3-x)\mathrm{d}x = $ _____ $\mathrm{d}\left[(3-x)^2-4\right]$;

(11) $\int \frac{\mathrm{d}x}{1+9x^2} = $ _____ $\mathrm{d}\arctan 3x$;   (12) $\frac{\mathrm{d}x}{\sqrt{1-9x^2}} = $ _____ $\mathrm{d}\arcsin 3x$.

2. 利用第一类换元法求不定积分.

(1) $\int e^{-5x}\mathrm{d}x$;   (2) $\int \frac{e^x}{1+e^x}\mathrm{d}x$;   (3) $\int \frac{\mathrm{d}x}{\sqrt[3]{2-3x}}$;

(4) $\int (2x+1)^{10}\,dx$;　　(5) $\int \dfrac{x}{\sqrt{2-3x^2}}\,dx$;　　(6) $\int xe^{-x^2}\,dx$;

(7) $\int \dfrac{3x^3}{1-x^4}\,dx$;　　(8) $\int \cos^3 x\,dx$;　　(9) $\int \dfrac{\sin x}{\cos^3 x}\,dx$;

(10) $\int \cos^2 3x\,dx$;　　(11) $\int \cot \dfrac{x}{3}\,dx$;　　(12) $\int \cos^3 x\sin^5 x\,dx$;

(13) $\int \dfrac{\cos\sqrt{t}}{\sqrt{t}}\,dt$;　　(14) $\int \dfrac{e^{-\sqrt{t}}}{\sqrt{t}}\,dt$;　　(15) $\int \dfrac{dx}{x\ln^2 x}$;

(16) $\int \dfrac{1+\ln x}{(x\ln x)^2}\,dx$;　　(17) $\int \tan^{10} x\sec^2 x\,dx$;　　(18) $\int \dfrac{\sin x\cos x}{1+\sin^4 x}\,dx$;

(19) $\int \dfrac{dx}{e^x-e^{-x}}$;　　(20) $\int \dfrac{dx}{e^x+e^{-x}}$;　　(21) $\int \dfrac{1}{x^2}\sec^2 \dfrac{1}{x}\,dx$;

(22) $\int \dfrac{1}{x^2}3^{\frac{1}{x}}\,dx$;　　(23) $\int \dfrac{10^{2\arcsin x}}{\sqrt{1-x^2}}\,dx$;　　(24) $\int \dfrac{\arctan \sqrt{x}}{\sqrt{x}(1+x)}\,dx$.

3. 指出下列积分计算中的错误，并改正.

(1) $\displaystyle\int \dfrac{1}{1+\sqrt{x}}\,dx \xlongequal{\,\text{令}\sqrt{x}=u\,} \int \dfrac{1}{1+u}\,du = \ln|1+u|+C$;

(2) $\displaystyle\int \sqrt{1-x^2}\,dx \xlongequal{\,\text{令}x=\sin t\,} \int \cos^2 t\,dt = \dfrac{1}{2}\int (1+\cos 2t)\,dt = \dfrac{1}{2}t+\dfrac{1}{4}\sin 2t+C$.

4. 利用第二类换元法求不定积分.

(1) $\int x\sqrt{x+1}\,dx$;　　(2) $\int \dfrac{dx}{\sqrt{2x-3}+1}$;　　(3) $\int \dfrac{dx}{1+\sqrt[3]{x+1}}$;

(4) $\int \dfrac{dx}{x^2\sqrt{1-x^2}}$;　　(5) $\int \dfrac{dx}{\sqrt{(1+x^2)^3}}$;　　(6) $\int \dfrac{dx}{x\sqrt{x^2-1}}$.

5. 求不定积分.

(1) $\int \dfrac{dx}{x^2+2x+3}$;　　(2) $\int \dfrac{dx}{\sqrt{4x^2+4x-3}}$;　　(3) $\int \dfrac{x+1}{\sqrt{x^2+x+1}}\,dx$.

答　案

1. (1) $-\dfrac{1}{2}$;　(2) $\dfrac{1}{2}$;　(3) $-\dfrac{1}{5}$;　(4) $\dfrac{1}{3\ln a}$;　(5) $-\dfrac{1}{3}$;　(6) $\dfrac{1}{8}$;　(7) $\dfrac{1}{5}$;　(8) $\dfrac{1}{2}$;

(9) $-\dfrac{1}{2}$;　(10) $-\dfrac{1}{2}$;　(11) $\dfrac{1}{3}$;　(12) $\dfrac{1}{3}$.

2. (1) $-\dfrac{1}{5}e^{-5x}+C$;　(2) $\ln(1+e^x)+C$;　(3) $-\dfrac{1}{2}(2-3x)^{\frac{2}{3}}+C$;　(4) $\dfrac{1}{22}(2x+1)^{11}+C$;

(5) $-\dfrac{1}{3}\sqrt{2-3x^2}+C$;　(6) $-\dfrac{1}{2}e^{-x^2}+C$;　(7) $-\dfrac{3}{4}\ln|1-x^4|+C$;　(8) $\sin x-\dfrac{1}{3}\sin^3 x+C$;

(9) $\dfrac{1}{2\cos^2 x}+C$;　(10) $\dfrac{x}{2}+\dfrac{1}{12}\sin 6x+C$;　(11) $3\ln\left|\sin\dfrac{x}{3}\right|+C$;　(12) $\dfrac{1}{6}\sin^6 x-\dfrac{1}{8}\sin^8 x+C$;

(13) $2\sin\sqrt{t}+C$;　(14) $-2e^{-\sqrt{t}}+C$;　(15) $-\dfrac{1}{\ln x}+C$;　(16) $-\dfrac{1}{x\ln x}+C$;　(17) $\dfrac{1}{11}\tan^{11}x+C$;

(18) $\dfrac{1}{2}\arctan(\sin^2 x)+C$;　(19) $\dfrac{1}{2}\ln\left|\dfrac{e^x-1}{e^x+1}\right|+C$;　(20) $\arctan e^x+C$;　(21) $-\tan\dfrac{1}{x}+C$;

(22) $-\dfrac{1}{\ln 3}3^{\frac{1}{x}}+C$; (23) $\dfrac{1}{2\ln 10}10^{2\arcsin x}+C$; (24) $(\arctan\sqrt{x})^2+C$.

3. (1) $\mathrm{d}x\neq\mathrm{d}u$. 应改正为

$$\int\dfrac{\mathrm{d}x}{1+\sqrt{x}}\xlongequal{\diamondsuit\sqrt{x}=u}\int\dfrac{2u}{1+u}\mathrm{d}u=2u-2\ln(1+u)+C=2\sqrt{x}-2\ln(1+\sqrt{x})+C;$$

(2) 错在最后没有把 t 代回 x 的函数. 应改正为

$$\int\sqrt{1-x^2}\,\mathrm{d}x=\dfrac{t}{2}+\dfrac{1}{4}\sin 2t+C=\dfrac{1}{2}\arcsin x+\dfrac{1}{2}x\sqrt{1-x^2}+C.$$

4. (1) $\dfrac{2}{5}(x+1)^{\frac{5}{2}}-\dfrac{2}{3}(x+1)^{\frac{3}{2}}+C$;   (2) $\sqrt{2x-3}-\ln(\sqrt{2x-3}+1)+C$;

(3) $\dfrac{3}{2}\sqrt[3]{(1+x)^2}-3\sqrt[3]{x+1}+3\ln\mid 1+\sqrt[3]{1+x}\mid+C$;

(4) $-\dfrac{\sqrt{1-x^2}}{x}+C$;   (5) $\dfrac{x}{\sqrt{1+x^2}}+C$;   (6) $\arccos\dfrac{1}{x}+C$.

5. (1) $\dfrac{1}{\sqrt{2}}\arctan\dfrac{x+1}{\sqrt{2}}+C$;   (2) $\dfrac{1}{2}\ln\mid 2x+1+\sqrt{4x^2+4x-3}\mid+C$;

(3) $\sqrt{x^2+x+1}+\dfrac{1}{2}\ln(2\sqrt{x^2+x+1}+2x+1)+C$.

4.3 分部积分法

换元积分法是一种重要的方法,但还有一些不定积分不能用换元积分法计算,如积分 $\int x\sin x\,\mathrm{d}x$,$\int x\mathrm{e}^x\,\mathrm{d}x$ 等等.本节将在函数乘积的导数公式的基础上得出计算不定积分的又一种重要方法——**分部积分法**.

设函数 $u=u(x)$,$v=v(x)$ 均有连续的导数,由

$$(uv)'=u'v+uv'$$

得

$$uv'=(uv)'-u'v.$$

两边求不定积分,得

$$\boxed{\int uv'\mathrm{d}x=uv-\int u'v\mathrm{d}x.}$$ (4.3.1)

或写成

$$\boxed{\int u\mathrm{d}v=uv-\int v\mathrm{d}u.}$$ (4.3.2)

式(4.3.1)与式(4.3.2)都称为**分部积分公式**.通常当 $\int v\mathrm{d}u$ 比 $\int u\mathrm{d}v$ 容易计算时,

就可应用分部积分法.

例1 求 $\int x\sin x\,\mathrm{d}x$.

解 设 $u=x$, $\sin x\,\mathrm{d}x=(-\cos x)'\mathrm{d}x=\mathrm{d}(-\cos x)=\mathrm{d}v$, $v=-\cos x$. 于是由公式(4.3.2)得

$$\int x\sin x\,\mathrm{d}x=\int x\,\mathrm{d}(-\cos x)=-x\cos x-\int(-\cos x)\mathrm{d}x=-x\cos x+\int\cos x\,\mathrm{d}x$$

$$=-x\cos x+\sin x+C.$$

使用分部积分公式时,如何恰当地选取 u 和配制 $\mathrm{d}v$ 是十分重要的. 如果选得不当,则可能使所求的积分变得更加复杂. 如在本例中,若设 $u=\sin x$, $\mathrm{d}v=x\,\mathrm{d}x$,则 $\mathrm{d}u=\cos x\,\mathrm{d}x$, $v=\dfrac{x^2}{2}$. 于是由公式(4.3.2),得

$$\int x\sin x\,\mathrm{d}x=\int\sin x\,\mathrm{d}\left(\frac{x^2}{2}\right)=\frac{x^2}{2}\sin x-\int\frac{x^2}{2}\cos x\,\mathrm{d}x=\frac{x^2}{2}\sin x-\frac{1}{2}\int x^2\cos x\,\mathrm{d}x,$$

显然,右端的积分 $\int x^2\cos x\,\mathrm{d}x$ 比 $\int x\sin x\,\mathrm{d}x$ 更复杂些. 所以,这样选取 u 和 $\mathrm{d}v$ 是不恰当的.

一般地说,选取 u 和配制 $\mathrm{d}v$ 的原则如下:

(1) v 要容易求得;

(2) $\int v\,\mathrm{d}u$ 要比 $\int u\,\mathrm{d}v$ 容易求出.

例2 求 $\int x^2\mathrm{e}^x\,\mathrm{d}x$.

解 设 $u=x^2$, $\mathrm{e}^x\,\mathrm{d}x=\mathrm{d}\mathrm{e}^x=\mathrm{d}v$,则由公式(4.3.2) 得

$$\int x^2\mathrm{e}^x\,\mathrm{d}x=\int x^2\,\mathrm{d}\mathrm{e}^x=x^2\mathrm{e}^x-\int\mathrm{e}^x\,\mathrm{d}x^2=x^2\mathrm{e}^x-\int\mathrm{e}^x 2x\,\mathrm{d}x=x^2\mathrm{e}^x-2\int x\mathrm{e}^x\,\mathrm{d}x.$$

这里 $\int x\mathrm{e}^x\,\mathrm{d}x$ 比 $\int x^2\mathrm{e}^x\,\mathrm{d}x$ 容易求积分,因为被积函数中 x 的幂次后者比前者降低了一次. 计算 $\int x\mathrm{e}^x\,\mathrm{d}x$ 应再使用一次分部积分法:

设 $u=x$, $\mathrm{e}^x\,\mathrm{d}x=\mathrm{d}\mathrm{e}^x=\mathrm{d}v$, $v=\mathrm{e}^x$. 于是得

$$\int x\mathrm{e}^x\,\mathrm{d}x=\int x\,\mathrm{d}\mathrm{e}^x=x\mathrm{e}^x-\int\mathrm{e}^x\,\mathrm{d}x=x\mathrm{e}^x-\mathrm{e}^x+C'.$$

所以
$$\int x^2\mathrm{e}^x\,\mathrm{d}x=x^2\mathrm{e}^x-2\int x\mathrm{e}^x\,\mathrm{d}x=x^2\mathrm{e}^x-2(x\mathrm{e}^x-\mathrm{e}^x)+C$$

$$=\mathrm{e}^x(x^2-2x+2)+C.$$

从上面的两个例子可以看出,如果被积函数是正整数次幂函数与正(余)弦函数

或指数函数的乘积,那么,就可以考虑使用分部积分法,并设此幂函数为 u. 这样通过一次分部积分,就可以使此幂函数的次数降低一次.

例 3　求 $\int x^2 \ln x \mathrm{d}x$.

解　设 $u = \ln x$, $x^2 \mathrm{d}x = \left(\dfrac{x^3}{3}\right)' \mathrm{d}x = \mathrm{d}\left(\dfrac{x^3}{3}\right) = \mathrm{d}v$, $v = \dfrac{x^3}{3}$. 于是

$$\int x^2 \ln x \mathrm{d}x = \int \ln x \mathrm{d}\frac{x^3}{3} = \frac{1}{3} x^3 \ln x - \frac{1}{3} \int x^3 \frac{1}{x} \mathrm{d}x = \frac{1}{3} x^3 \ln x - \frac{1}{3} \int x^2 \mathrm{d}x$$

$$= \frac{1}{3} x^3 \ln x - \frac{1}{9} x^3 + C.$$

注意　在本例中如果设 $u = x^2$, $\mathrm{d}v = \ln x \mathrm{d}x$, 由于不易求出 v, 所以在使用分部积分法时,这样选取 u 和 $\mathrm{d}v$ 是不合适的.

例 4　求 $\int \arcsin x \mathrm{d}x$.

解　设 $u = \arcsin x$, $\mathrm{d}v = \mathrm{d}x$, 即 $v = x$, 则 $\mathrm{d}u = \dfrac{\mathrm{d}x}{\sqrt{1-x^2}}$. 于是由公式(4.3.2)得

$$\int \arcsin x \mathrm{d}x = x \arcsin x - \int x \mathrm{d}\arcsin x = x \arcsin x - \int \frac{x}{\sqrt{1-x^2}} \mathrm{d}x$$

$$= x \arcsin x + \frac{1}{2} \int (1-x^2)^{-\frac{1}{2}} \mathrm{d}(1-x^2)$$

$$= x \arcsin x + (1-x^2)^{\frac{1}{2}} + C = x \arcsin x + \sqrt{1-x^2} + C.$$

例 5　求 $\int x^2 \arctan x \mathrm{d}x$.

解　设 $u = \arctan x$, $x^2 \mathrm{d}x = \mathrm{d}\dfrac{x^3}{3} = \mathrm{d}v$, $v = \dfrac{x^3}{3}$. 于是

$$\int x^2 \arctan x \mathrm{d}x = \int \arctan x \mathrm{d}\frac{x^3}{3} = \frac{x^3}{3} \arctan x - \int \frac{x^3}{3} \mathrm{d}\arctan x$$

$$= \frac{x^3}{3} \arctan x - \int \frac{x^3}{3} \cdot \frac{1}{1+x^2} \mathrm{d}x$$

$$= \frac{x^3}{3} \arctan x - \frac{1}{3} \int x \frac{(x^2+1)-1}{1+x^2} \mathrm{d}x$$

$$= \frac{x^3}{3} \arctan x - \frac{1}{3} \int \left(x - \frac{x}{1+x^2}\right) \mathrm{d}x$$

$$= \frac{x^3}{3} \arctan x - \frac{1}{3} \left[\frac{x^2}{2} - \frac{1}{2} \ln(1+x^2)\right] + C$$

$$= \frac{x^3}{3} \arctan x - \frac{x^2}{6} + \frac{1}{6} \ln(1+x^2) + C.$$

从上面的几个例子可以看出,如果被积函数是正整数次幂函数与对数函数或反三角函数的乘积,那么,也可以考虑用分部积分法,并设对数函数或反三角函数为 u.

当运算较为熟练后,进行分部积分运算时,可不必写出所设的 u 和 $\mathrm{d}v$.

例 6 求 $\int (3x^2-1)\ln x\,\mathrm{d}x$.

解
$$\int (3x^2-1)\ln x\,\mathrm{d}x = \int \ln x\,\mathrm{d}(x^3-x) = (x^3-x)\ln x - \int \frac{x^3-x}{x}\mathrm{d}x$$

$$= (x^3-x)\ln x - \int (x^2-1)\mathrm{d}x$$

$$= (x^3-x)\ln x - \frac{x^3}{3} + x + C.$$

注意 在本例中,实际上是假设了 $u=\ln x,\mathrm{d}v=(3x^2-1)\mathrm{d}x$,从而 $\mathrm{d}u=\frac{1}{x}\mathrm{d}x$, $v=x^3-x$,只是未写出而已.

还应当指出:在下面求解的例子中,所用的积分移项法,也是求积分中一种常用的方法.

例 7 求 $\int \mathrm{e}^x \sin x\,\mathrm{d}x$.

解
$$\int \mathrm{e}^x \sin x\,\mathrm{d}x = \int \sin x\,\mathrm{d}(\mathrm{e}^x) = \mathrm{e}^x \sin x - \int \mathrm{e}^x\,\mathrm{d}(\sin x)$$

$$= \mathrm{e}^x \sin x - \int \mathrm{e}^x \cos x\,\mathrm{d}x = \mathrm{e}^x \sin x - \int \cos x\,\mathrm{d}(\mathrm{e}^x)$$

$$= \mathrm{e}^x \sin x - \mathrm{e}^x \cos x + \int \mathrm{e}^x\,\mathrm{d}(\cos x)$$

$$= \mathrm{e}^x \sin x - \mathrm{e}^x \cos x - \int \mathrm{e}^x \sin x\,\mathrm{d}x.$$

由于上式右端又含有所求的积分,把它移项到等号的左端,合并后两端再同时除以 2,再加上一个任意常数 C,可以得到

$$\int \mathrm{e}^x \sin x\,\mathrm{d}x = \frac{1}{2}\mathrm{e}^x(\sin x - \cos x) + C.$$

例 8 求 $\int \sec^3 x\,\mathrm{d}x$.

解
$$\int \sec^3 x\,\mathrm{d}x = \int \sec x \sec^2 x\,\mathrm{d}x = \int \sec x\,\mathrm{d}(\tan x) = \sec x\tan x - \int \tan x\,\mathrm{d}(\sec x)$$

$$= \sec x\tan x - \int \sec x\tan^2 x\,\mathrm{d}x = \sec x\tan x - \int \sec x(\sec^2 x-1)\mathrm{d}x$$

$$= \sec x\tan x - \int \sec^3 x\,\mathrm{d}x + \int \sec x\,\mathrm{d}x$$

$$= \sec x\tan x + \ln |\sec x + \tan x| - \int \sec^3 x\,\mathrm{d}x.$$

由于上式右端有所求积分,将它移项到等号左端,合并后两端除以 2,再加上一个任意常数 C,可以得到

$$\int \sec^3 x \mathrm{d}x = \frac{1}{2}(\sec x \tan x + \ln \mid \sec x + \tan x \mid) + C.$$

在积分过程中往往需要同时兼用换元积分法和分部积分法,并用各种适当的方法处理不同的积分.

例 9 求 $\displaystyle\int \frac{\arcsin x}{x^2\sqrt{1-x^2}}\mathrm{d}x$.

解 先作变换,令 $\arcsin x = t$,则 $x = \sin t$, $\mathrm{d}x = \cos t \mathrm{d}t$. 于是

$$\int \frac{\arcsin x}{x^2\sqrt{1-x^2}}\mathrm{d}x = \int \frac{t}{\sin^2 t \cos t} \cdot \cos t \mathrm{d}t = \int t \csc^2 t \mathrm{d}t = -\int t \mathrm{d}(\cot t)$$

$$= -\left(t \cot t - \int \cot t \, \mathrm{d}t\right) = -t \cot t + \ln \mid \sin t \mid + C$$

$$= -\frac{\sqrt{1-x^2}}{x}\arcsin x + \ln \mid x \mid + C.$$

例 10 求 $\displaystyle\int \mathrm{e}^x \left(\frac{1}{\sqrt{1-x^2}} + \arcsin x\right)\mathrm{d}x$.

解

$$\int \mathrm{e}^x \left(\frac{1}{\sqrt{1-x^2}} + \arcsin x\right)\mathrm{d}x = \int \mathrm{e}^x \frac{\mathrm{d}x}{\sqrt{1-x^2}} + \int \mathrm{e}^x \arcsin x \mathrm{d}x$$

$$= \int \mathrm{e}^x \mathrm{d}(\arcsin x) + \int \mathrm{e}^x \arcsin x \mathrm{d}x$$

$$= \mathrm{e}^x \arcsin x - \int \mathrm{e}^x \arcsin x \mathrm{d}x + \int \mathrm{e}^x \arcsin x \mathrm{d}x$$

$$= \mathrm{e}^x \arcsin x + C.$$

注意 在积分过程中,等式右边出现了正、负抵消项,右边已无积分号,应加上任意常数 C.

习题 4.3

1. 求下列不定积分.

(1) $\displaystyle\int x \mathrm{e}^{-x} \mathrm{d}x$;

(2) $\displaystyle\int x \ln x \mathrm{d}x$;

(3) $\displaystyle\int x \sin 2x \mathrm{d}x$;

(4) $\displaystyle\int \ln(x^2 + 1)\mathrm{d}x$;

(5) $\displaystyle\int \arctan x \mathrm{d}x$;

(6) $\displaystyle\int \frac{\ln x}{x^2}\mathrm{d}x$;

(7) $\int \mathrm{e}^x \cos x\,\mathrm{d}x$;

(8) $\int x^2 \cos 2x\,\mathrm{d}x$;

(9) $\int (x^2 - 2x + 5)\mathrm{e}^{-x}\,\mathrm{d}x$;

(10) $\int \mathrm{e}^{-2x} \sin \dfrac{x}{2}\,\mathrm{d}x$;

(11) $\int \cos \ln x\,\mathrm{d}x$;

(12) $\int x^3 (\ln x)^2\,\mathrm{d}x$;

(13) $\int x^2 \mathrm{e}^{-x}\,\mathrm{d}x$;

(14) $\int \mathrm{e}^{\sqrt{x}}\,\mathrm{d}x$;

(15) $\int \dfrac{\ln\ln x}{x}\,\mathrm{d}x$;

(16) $\int \dfrac{x\mathrm{e}^x}{(1+x)^2}\,\mathrm{d}x$.

2. 已知 $f(x)$ 的原函数是 $\dfrac{\sin x}{x}$，求 $\int xf'(x)\,\mathrm{d}x$.

答　案

1. (1) $-\mathrm{e}^{-x}(x+1)+C$;

(2) $\dfrac{x^2}{2}\ln x - \dfrac{x^2}{4} + C$;

(3) $\dfrac{1}{4}\sin 2x - \dfrac{x}{2}\cos 2x + C$;

(4) $x\ln(x^2+1) - 2x + 2\arctan x + C$;

(5) $x\arctan x - \dfrac{1}{2}\ln(1+x^2) + C$;

(6) $-\dfrac{1}{x}(\ln x + 1) + C$;

(7) $\dfrac{1}{2}\mathrm{e}^x(\sin x + \cos x) + C$;

(8) $\dfrac{1}{2}\left(x^2 \sin 2x + x\cos 2x - \dfrac{1}{2}\sin 2x\right) + C$;

(9) $-\mathrm{e}^{-x}(x^2+5) + C$;

(10) $-\dfrac{2}{17}\mathrm{e}^{-2x}\left(\cos \dfrac{x}{2} + 4\sin \dfrac{x}{2}\right) + C$;

(11) $\dfrac{x}{2}(\cos \ln x + \sin \ln x) + C$;

(12) $\dfrac{1}{8}x^4\left(2\ln^2 x - \ln x + \dfrac{1}{4}\right) + C$;

(13) $-\mathrm{e}^{-x}(x^2 + 2x + 2) + C$;

(14) $2\mathrm{e}^{\sqrt{x}}(\sqrt{x} - 1) + C$;

(15) $(\ln\ln x - 1)\ln x + C$;

(16) $\dfrac{\mathrm{e}^x}{1+x} + C$.

2. $\cos x - \dfrac{2\sin x}{x} + C$.

复习题(4)

(A)

1. 函数 $y = (\mathrm{e}^x + \mathrm{e}^{-x})^2$ 与 $y = (\mathrm{e}^x - \mathrm{e}^{-x})^2$ 是同一个函数的原函数吗？为什么？

2. 利用换元法求不定积分.

(1) $\int x^3 \sqrt[5]{1 - 3x^4}\,\mathrm{d}x$;

(2) $\int \dfrac{\sqrt[3]{1 + \ln x}}{x}\,\mathrm{d}x$;

(3) $\int \sin x \cos(\cos x)\,\mathrm{d}x$;

(4) $\int \dfrac{e^{\arctan x}}{1+x^2}dx$; (5) $\int \dfrac{2-x}{\sqrt[3]{3-x}}dx$; (6) $\int \dfrac{x^3}{\sqrt{4-x^2}}dx$;

(7) $\int \sqrt{3+2x-x^2}\,dx$; (8) $\int \dfrac{dx}{4x^2+4x-3}$; (9) $\int \dfrac{\sqrt{\tan x}}{\sin 2x}dx$.

3. 利用分部积分法求不定积分.

(1) $\int x^2 a^x\,dx\ (a>0,\ a\neq 1)$; (2) $\int \dfrac{\arcsin x}{x^2}dx$; (3) $\int \cos x\ln(\sin x)dx$;

(4) $\int \dfrac{x^2\arctan x}{1+x^2}dx$; (5) $\int xf''(x)dx$; (6) $\int \ln(x+\sqrt{1+x^2})dx$.

4. 利用换元积分法与分部积分法求不定积分.

(1) $\int \cos\sqrt{x}\,dx$; (2) $\int x^5 e^{x^3}\,dx$; (3) $\int \dfrac{x\cos x}{\sin^3 x}dx$;

(4) $\int \dfrac{x^7}{(1+x^4)^2}dx$; (5) $\int \dfrac{x\arcsin x}{\sqrt{1-x^2}}dx$; (6) $\int \dfrac{xe^x}{\sqrt{1+e^x}}dx$.

5. 在平面上有一运动的质点,已知它在 x 轴和 y 轴方向的分速度分别为 $v_x(t)=5\sin t$, $v_y(t)=2\cos t$;又当 $t=0$ 时,质点位于原点$(0,0)$处. 试求:(1) 质点的运动方程(用参数方程表示);(2) 当 $t=\dfrac{\pi}{2}$ 时,质点位于何处?

6. 设函数 $f(x)$ 当 $x=1$ 时有极小值,当 $x=-1$ 时有极大值 4,又知道 $f'(x)=3x^2+bx+c$,求函数 $f(x)$.

(B)

1. 填空题

(1) 若函数 $f(x)$ 具有一阶连续导数,则 $\int f'(x)\sin f(x)dx=$ _____;

(2) 若 $\int f(x)dx=F(x)+C$,则 $\int e^{-x}f(e^{-x})dx=$ _____;

(3) 设 $f(x)=e^{-x}$,则 $\int \dfrac{f'(\ln x)}{x}dx=$ _____;

(4) 设 $\int f(x)dx=F(x)+C$,若积分曲线通过原点,则常数 $C=$ _____;

(5) 已知函数 $f(x)$ 可导,$F(x)$ 是 $f(x)$ 的一个原函数,则 $\int xf'(x)dx=$ _____.

2. 选择题

(1) 若 $\int f(x)dx=x^2+C$,则 $\int xf(1-x^2)dx$ 等于 ( ).

A. $2(1-x^2)^2+C$ B. $-2(1-x^2)^2+C$

C. $\dfrac{1}{2}(1-x^2)^2+C$ D. $-\dfrac{1}{2}(1-x^2)^2+C$

(2) 若 e^{-x} 是 $f(x)$ 的原函数,则 $\int xf(x)dx$ 等于 ( ).

A. $e^{-x}(1-x)+C$ B. $e^{-x}(x+1)+C$

C. $e^{-x}(x-1)+C$ D. $-e^{-x}(x+1)+C$

(3) 在区间(a, b) 内,如果 $f'(x) = g'(x)$,则必有 （　）.

A. $f(x) = g(x)$ B. $f(x) = g(x) + C(C$ 为任意常数)

C. $\left[\int f(x)\mathrm{d}x\right]' = \left[\int g(x)\mathrm{d}x\right]'$ D. $\int f(x)\mathrm{d}x = \int g(x)\mathrm{d}x$

(4) 如果$\int \mathrm{d}f(x) = \int \mathrm{d}g(x)$,则必有 （　）.

A. $f(x) = g(x)$ B. $f'(x) = g'(x)$

C. $\int f(x)\mathrm{d}x = \int g(x)\mathrm{d}x$ D. $\left[\int f(x)\mathrm{d}x\right]' = \left[\int g(x)\mathrm{d}x\right]'$

答　案

(A)

1. 是. 因为它们的导数相同.

2. (1) $-\dfrac{5}{72}(1-3x^4)^{\frac{6}{5}} + C$; (2) $\dfrac{3}{4}(1+\ln x)^{\frac{4}{3}} + C$; (3) $-\sin(\cos x) + C$;

(4) $\mathrm{e}^{\arctan x} + C$; (5) $\dfrac{3}{2}\sqrt[3]{(3-x)^2} - \dfrac{3}{5}\sqrt[3]{(3-x)^5} + C$;

(6) $\dfrac{1}{3}\sqrt{(4-x^2)^3} - 4\sqrt{4-x^2} + C$;

(7) $2\arcsin\dfrac{x-1}{2} + \dfrac{1}{2}(x-1)\sqrt{3+2x-x^2} + C$;

(8) $\dfrac{1}{8}\ln\left|\dfrac{2x-1}{2x+3}\right| + C$; (9) $\sqrt{\tan x} + C$.

3. (1) $\dfrac{a^x}{(\ln a)^3}[(\ln a)^2 x^2 - 2(\ln a)x + 2] + C$; (2) $-\dfrac{1}{x}\arcsin x + \ln\left|\dfrac{1-\sqrt{1-x^2}}{x}\right| + C$;

(3) $\sin x \ln(\sin x) - \sin x + C$; (4) $x\arctan x - \dfrac{1}{2}\ln(1+x^2) - \dfrac{1}{2}(\arctan x)^2 + C$;

(5) $xf'(x) - f(x) + C$; (6) $x\ln(x+\sqrt{1+x^2}) - \sqrt{1+x^2} + C$.

4. (1) $2(\sqrt{x}\sin\sqrt{x} + \cos\sqrt{x}) + C$; (2) $\dfrac{1}{3}(x^3-1)\mathrm{e}^{x^3} + C$; (3) $-\dfrac{1}{2}(x\csc^2 x + \cot x) + C$;

(4) $\dfrac{1}{4}\ln(1+x^4) + \dfrac{1}{4(1+x^4)} + C$; (5) $-\sqrt{1-x^2}\arcsin x + x + C$;

(6) $2(x-2)\sqrt{1+\mathrm{e}^x} - 2\ln\left|\dfrac{\sqrt{1+\mathrm{e}^x}-1}{\sqrt{1+\mathrm{e}^x}+1}\right| + C$.

5. (1) $\begin{cases} x = -5\cos t + 5, \\ y = 2\sin t; \end{cases}$ (2) 位于$(5, 2)$ 处. 6. $x^3 - 3x + 2$.

(B)

1. (1) $-\cos f(x) + C$; (2) $-F(\mathrm{e}^{-x}) + C$; (3) $\dfrac{1}{x} + C$; (4) $-F(0)$;

(5) $xf(x) - F(x) + C$.

2. (1) D; (2) B; (3) B; (4) B.

第5章　定积分及其应用

定积分是一元函数积分学中的另一个基本问题.本章先从实际问题引进定积分的概念,然后讨论定积分的性质与计算方法,最后通过例子介绍定积分在几何及经济分析中的一些应用.

5.1　定积分的概念与性质

5.1.1　引例

例 1(曲边梯形的面积)　设 $y = f(x)$ 是定义在 $[a, b]$ 上的非负连续函数,由曲线 $y = f(x)$,直线 $x = a$, $x = b$ 及 x 轴所围成的平面图形称为**曲边梯形**(图 5-1),其中曲线弧称为**曲边**,求曲边梯形的面积 A.

解　如果 $f(x)$ 在 $[a, b]$ 上是常数,则曲边梯形是一个矩形,其面积容易求出. 而现在 DC 是一条曲线弧,底边上的高 $f(x)$ 是在 $[a, b]$ 上变化的,因而不能用初等几何的方法解决. 但是,如果我们把底边分割成若干小段,并在每个分点作垂直于 x 轴的直线,这样就将整个曲边梯形分成若干个小曲边梯形. 对于每一个小曲边梯形来讲,由于底边很短,高度变化也不大,就可以用小曲边梯形底边上任一点的函数值为高,用矩形面积近似代替小曲边梯形面积. 显然,只要曲边梯形底边分割得越细,那么小矩形的面积与相应的小曲边梯形的面积就越接近,所有小矩形面积之和,就越逼近原来的曲边梯形的面积 A. 因此当每个小区间的长度都趋于零,这时所有小矩形面积之和的极限就可定义为曲边梯形的面积 A(图 5-2). 由此得到求曲边梯形面积的方法,其具体步骤如下:

第一步:分割　在 $[a, b]$ 中任意插入分点 $x_1, x_2, \cdots, x_{n-1}$,且 $a = x_0 < x_1 < \cdots < x_{i-1} <$

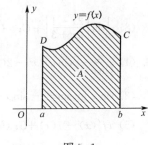

图 5-1

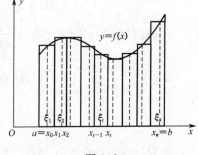

图 5-2

$x_i < \cdots < x_n = b.$ 这些分点将 $[a, b]$ 分成 n 个小区间

$$[x_0, x_1], \cdots, [x_{i-1}, x_i], \cdots, [x_{n-1}, x_n],$$

小区间 $[x_{i-1}, x_i]$ 的长度记为 $\Delta x_i = x_i - x_{i-1}(i = 1, 2, \cdots, n)$.

过各分点作垂直于 Ox 轴的直线,把整个曲边梯形分成 n 个小曲边梯形.

第二步:**取近似** 在小区间 $[x_{i-1}, x_i]$ 上任选一点 $\xi_i \in [x_{i-1}, x_i]$,用窄矩形面积 $f(\xi_i) \cdot \Delta x_i$ 近似代替第 i 个小曲边梯形的面积 ΔA_i,即

$$\Delta A_i \approx f(\xi_i)\Delta x_i \quad (i = 1, 2, \cdots, n).$$

第三步:**作和** 把这 n 个窄矩形的面积相加,得到曲边梯形面积 A 的近似值,即

$$A = \Delta A_1 + \Delta A_2 + \cdots + \Delta A_i + \cdots + \Delta A_n$$

$$\approx f(\xi_1)\Delta x_1 + f(\xi_2)\Delta x_2 + \cdots + f(\xi_i)\Delta x_i + \cdots + f(\xi_n)\Delta x_n$$

$$= \sum_{i=1}^{n} f(\xi_i)\Delta x_i.$$

第四步:**取极限** 记 $\lambda = \max_{1 \leqslant i \leqslant n}\{\Delta x_i\}$,若当 $\lambda \to 0$ 时,和式 $\sum_{i=1}^{n} f(\xi_i)\Delta x_i$ 的极限存在,则称此极限值就是曲边梯形的面积 A,即

$$A = \lim_{\lambda \to 0} \sum_{i=1}^{n} f(\xi_i)\Delta x_i.$$

例 2(已知产量的变化率求产量) 已知生产某产品的产量在某一段时间间隔 $[T_1, T_2]$ 内的变化率为连续函数 $q(t)$,现计算在 $[T_1, T_2]$ 这段时间间隔内的产量 Q.

解 因函数 $q(t)$ 是随时刻 t 连续变化的,故不能按 $Q = q(t)(T_2 - T_1)$ 来计算. 但由于 $q(t)$ 是连续函数,它在很短一段时间内的变化很小,可以近似地看作是常数. 于是,我们仍需采用类似于计算曲边梯形面积的方法来计算产量 Q. 具体步骤如下:

第一步:**分割** 在时间间隔 $[T_1, T_2]$ 内任意插入分点 $t_1, t_2, \cdots, t_{n-1}$,且

$$T_1 = t_0 < t_1 < \cdots < t_{i-1} < t_i < \cdots < t_n = T_2,$$

从而将 $[T_1, T_2]$ 分成 n 个小时间段:

$$[t_0, t_1], [t_1, t_2], \cdots, [t_{i-1}, t_i], \cdots, [t_{n-1}, t_n].$$

第 i 个小区间 $[t_{i-1}, t_i]$ 的长度记为 $\Delta t_i = t_i - t_{i-1} \ (i = 1, 2, \cdots, n)$. 在这 n 个小段时间间隔上的产量分别记为 $\Delta Q_i \ (i = 1, 2, \cdots, n)$,则

$$Q = \sum_{i=1}^{n} \Delta Q_i.$$

第二步：**取近似**　在每小段时间间隔 $[t_{i-1}, t_i]$ 上任选一时刻 τ_i，将 $[t_{i-1}, t_i]$ 上产量的变化率用 $q(\tau_i)$ 近似代替，即得在该小段时间间隔上的产量的近似值为

$$\Delta Q_i \approx q(\tau_i)\Delta t_i \quad (i = 1, 2, \cdots, n).$$

第三步：**作和**　将每小段时间间隔上的产量的近似值相加，便得所求产量 Q 的近似值，即

$$Q \approx q(\tau_1)\Delta t_1 + q(\tau_2)\Delta t_2 + \cdots + q(\tau_i)\Delta t_i + \cdots + q(\tau_n)\Delta t_n = \sum_{i=1}^{n} q(\tau_i)\Delta t_i.$$

第四步：**取极限**　记 $\lambda = \max\limits_{1 \leqslant i \leqslant n}\{\Delta t_i\}$，若当 $\lambda \to 0$ 时，和式 $\sum\limits_{i=1}^{n} q(\tau_i)\Delta t_i$ 的极限存在，则此极限值就称为在 $[T_1, T_2]$ 这段时间间隔内的产量 Q，即

$$Q = \lim_{\lambda \to 0}\sum_{i=1}^{n} q(\tau_i)\Delta t_i.$$

事实上，在实际生活中还有众多的量，例如曲边形的面积、旋转体的体积以及经济管理中的某些量等等，尽管它们的具体意义各不相同，但解决问题的方法如同上面所讨论的两个实际问题，我们都可采用"分割，取近似，作和，取极限"四个步骤，并且最后都归结为具有相同结构的一种特定和式的极限. 由此，经数学上加以抽象，可得定积分的定义.

5.1.2　定积分的定义

定义　设函数 $f(x)$ 是定义在 $[a, b]$ 上的有界函数，用任意的分点：$a = x_0 < x_1 < x_2 < \cdots < x_{i-1} < x_i < \cdots < x_n = b$，将区间 $[a, b]$ 分成 n 个小区间 $[x_0, x_1]$，$[x_1, x_2]$，$\cdots$，$[x_{n-1}, x_n]$，记 $\Delta x_i = x_i - x_{i-1}$ 为第 i 个小区间的长度. 在第 i 个小区间 $[x_{i-1}, x_i]$ 上任意取一点 $\xi_i(i = 1, 2, \cdots, n)$，作和式 $\sum\limits_{i=1}^{n} f(\xi_i) \cdot \Delta x_i$（也称为**积分和**）. 记 $\lambda = \max\limits_{1 \leqslant i \leqslant n}\{\Delta x_i\}$，如果不论分点的怎样取法，也不论在小区间 $[x_{i-1}, x_i]$ 中点 ξ_i 怎样取法，极限 $\lim\limits_{\lambda \to 0}\sum\limits_{i=1}^{n} f(\xi_i)\Delta x_i$ 存在，则称 $f(x)$ 在 $[a, b]$ 上**可积**，且称此极限值为函数 $f(x)$ 在区间 $[a, b]$ 上的**定积分**，记作 $\int_a^b f(x)\mathrm{d}x$，即

$$\boxed{\int_a^b f(x)\mathrm{d}x = \lim_{\lambda \to 0}\sum_{i=1}^{n} f(\xi_i)\Delta x_i.} \tag{5.1.1}$$

其中，$f(x)$ 称为**被积函数**，$f(x)\mathrm{d}x$ 称为**被积表达式**，x 称为**积分变量**，$[a, b]$ 称为**积分区间**，a，b 分别称为积分下限和上限.

由定积分的定义,前面所讨论的求曲边梯形面积 A 以及已知产量的变化率求产量 Q,可分别表示为

$$A = \int_a^b f(x)\mathrm{d}x, \quad Q = \int_{T_1}^{T_2} q(t)\mathrm{d}t.$$

关于定积分的定义有如下两点说明:

(1) 由于定积分 $\int_a^b f(x)\mathrm{d}x$ 是一个数,它取决于积分区间和被积函数,与积分变量用什么字母表示无关. 即有

$$\int_a^b f(x)\mathrm{d}x = \int_a^b f(s)\mathrm{d}s = \int_a^b f(t)\mathrm{d}t = \int_a^b f(u)\mathrm{d}u.$$

(2) 定积分的定义中 $a < b$,但为了方便计算与应用,我们对定积分作以下补充规定:

当 $a > b$ 时,$\int_a^b f(x)\mathrm{d}x = -\int_b^a f(x)\mathrm{d}x$;

当 $a = b$ 时,$\int_a^a f(x)\mathrm{d}x = 0$.

下面我们直接给出函数 $f(x)$ 在 $[a,b]$ 上可积的充分条件:

定理 若函数 $f(x)$ 在区间 $[a,b]$ 上连续或有界,且只有有限个间断点,则 $f(x)$ 在 $[a,b]$ 上可积(即定积分 $\int_a^b f(x)\mathrm{d}x$ 存在).

5.1.3 定积分的几何意义

由曲边梯形面积的求法及定积分的定义,可以得出在区间 $[a,b]$ 上连续函数 $f(x)$ 的定积分 $\int_a^b f(x)\mathrm{d}x$ 的几何意义如下:

当 $f(x) \geqslant 0$ 时,$\int_a^b f(x)\mathrm{d}x$ 表示由 $y = f(x)$,$x = a$,$x = b$ 及 x 轴所围成的曲边梯形的面积;

当 $f(x) \leqslant 0$ 时,由于积分和 $\sum_{i=1}^n f(\xi_i)\Delta x_i$ 中的每一项 $f(\xi_i)\Delta x_i \leqslant 0$,因而 $\int_a^b f(x)\mathrm{d}x \leqslant 0$. 这时 $\int_a^b f(x)\mathrm{d}x$ 表示由 $y = f(x)$,$x = a$,$x = b$ 及 x 轴所围成的曲边梯形面积 A 的负值(图 5-3),即

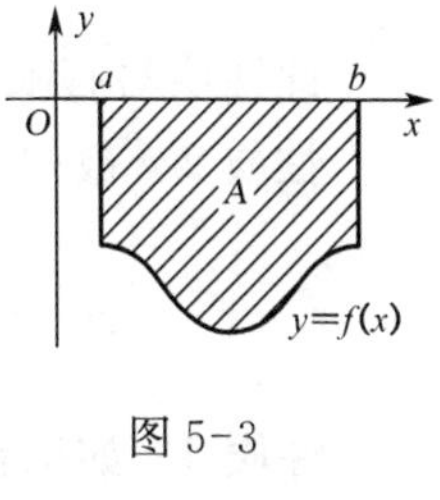

图 5-3

$$\int_a^b f(x)\mathrm{d}x = -A.$$

当 $f(x)$ 在 $[a,b]$ 上既有正值又有负值时，$\int_a^b f(x)\mathrm{d}x$ 表示由 $y=f(x)$，$x=a$，$x=b$ 及 x 轴所围成的图形中，位于 x 轴上方图形的面积之和减去位于 x 轴下方图形的面积之和所得的差. 例如，对于图 5-4 所示情况，则 $\int_a^b f(x)\mathrm{d}x=A_1-A_2+A_3$.

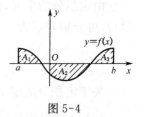

图 5-4

例 3 利用定积分的几何意义，求 $\int_a^b x\,\mathrm{d}x\ (0<a<b)$ 的值.

解 因为在 $[a,b]$ 上 $f(x)=x>0$，由定积分的几何意义知，求 $\int_a^b x\,\mathrm{d}x$ 的值就相当于计算由直线 $y=x$，$x=a$，$x=b$ 及 x 轴所围成梯形的面积(图 5-5). 利用梯形面积公式，不难求得

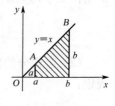

图 5-5

$$\int_a^b x\,\mathrm{d}x=\frac{1}{2}(a+b)(b-a)=\frac{1}{2}(b^2-a^2).$$

5.1.4 定积分的性质

在下面的讨论中，假设被积函数都可积. 以下所列的性质 1 至性质 5 均可直接由定积分的定义及极限的运算加以证明. 我们只证明性质 1，其余证明都类似(从略).

性质 1 两个可积函数的和(差)的定积分等于它们各自定积分的和(差)，即

$$\int_a^b [f(x)\pm g(x)]\mathrm{d}x=\int_a^b f(x)\mathrm{d}x\pm\int_a^b g(x)\mathrm{d}x.$$

证明
$$\int_a^b [f(x)\pm g(x)]\mathrm{d}x=\lim_{\lambda\to 0}\sum_{i=1}^n [f(\xi_i)\pm g(\xi_i)]\Delta x_i$$

$$=\lim_{\lambda\to 0}\sum_{i=1}^n f(\xi_i)\Delta x_i\pm\lim_{\lambda\to 0}\sum_{i=1}^n g(\xi_i)\Delta x_i$$

$$=\int_a^b f(x)\mathrm{d}x\pm\int_a^b g(x)\mathrm{d}x.$$

此性质对有限个可积函数的和(差)也适用.

性质 2 被积函数中的常数因子可提到积分号外，即

$$\int_a^b kf(x)\mathrm{d}x=k\int_a^b f(x)\mathrm{d}x\quad(k\ \text{为常数}).$$

性质 3 如果在区间 $[a,b]$ 上，$f(x)=k\ (k\ \text{为常数})$，则

$$\int_a^b k\,\mathrm{d}x=k(b-a).$$

特别地,当 $k = 1$ 时,有
$$\int_a^b \mathrm{d}x = b - a.$$

性质4 设 $a < c < b$,则
$$\int_a^b f(x)\mathrm{d}x = \int_a^c f(x)\mathrm{d}x + \int_c^b f(x)\mathrm{d}x.$$

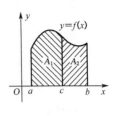

图 5-6

性质 4 称为**定积分对积分区间具有可加性**. 当 $f(x) \geqslant 0$ 时,从定积分的几何意义便可以看出它的正确性,如图 5-6 所示. 对于一般的 $f(x)$,可以证明性质 4 成立(从略). 此外,不论 a, b, c 三点在 x 轴上的位置如何,上式总是成立的. 例如,当 $a < b < c$ 时,有
$$\int_a^c f(x)\mathrm{d}x = \int_a^b f(x)\mathrm{d}x + \int_b^c f(x)\mathrm{d}x,$$

所以
$$\int_a^b f(x)\mathrm{d}x = \int_a^c f(x)\mathrm{d}x - \int_b^c f(x)\mathrm{d}x = \int_a^c f(x)\mathrm{d}x + \int_c^b f(x)\mathrm{d}x.$$

性质5 如果 $f(x), g(x)$ 在 $[a, b]$ 上连续且 $f(x) \leqslant g(x)$,则
$$\int_a^b f(x)\mathrm{d}x \leqslant \int_a^b g(x)\mathrm{d}x.$$

特别地,若在 $[a, b]$ 上, $f(x) \geqslant 0$,则
$$\int_a^b f(x)\mathrm{d}x \geqslant 0.$$

性质 5 可用于比较定积分值的大小.

例4 不必计算定积分的值,比较定积分 $\int_1^e \ln x\mathrm{d}x$ 与 $\int_1^e (\ln x)^2\mathrm{d}x$ 的大小.

解 因为在 $[1, e]$ 上有 $0 \leqslant \ln x \leqslant 1$,从而有 $\ln x \geqslant (\ln x)^2$,故由性质 5 可知, $\int_1^e \ln x\mathrm{d}x$ 较大.

性质6 设 M 和 m 分别是 $f(x)$ 在区间 $[a, b]$ 上的最大值与最小值,则
$$m(b - a) \leqslant \int_a^b f(x)\mathrm{d}x \leqslant M(b - a).$$

证明 因为 $m \leqslant f(x) \leqslant M$,由性质 5,得
$$\int_a^b m\mathrm{d}x \leqslant \int_a^b f(x)\mathrm{d}x \leqslant \int_a^b M\mathrm{d}x,$$

又由性质 3,则有

$$m(b-a) \leqslant \int_a^b f(x)\mathrm{d}x \leqslant M(b-a).$$

利用性质 6,可以估计定积分值的大致范围.

例 5 估计定积分 $\int_{-1}^2 (x^2+4)\mathrm{d}x$ 的值介于哪两个数之间.

解 容易求得被积函数 $f(x)=x^2+4$ 在积分区间 $[-1,2]$ 上的最小值 $m=f(0)=4$,最大值 $M=f(2)=8$.

由性质 6,得

$$4 \times [2-(-1)] \leqslant \int_{-1}^2 (x^2+4)\mathrm{d}x \leqslant 8 \times [2-(-1)],$$

即

$$12 \leqslant \int_{-1}^2 (x^2+4)\mathrm{d}x \leqslant 24.$$

性质 7(积分中值定理) 设函数 $f(x)$ 在 $[a,b]$ 上连续,则在 $[a,b]$ 上至少存在一点 ξ,使

$$\int_a^b f(x)\mathrm{d}x = f(\xi) \cdot (b-a).$$

证明 因为函数 $f(x)$ 在 $[a,b]$ 上连续,所以函数 $f(x)$ 在 $[a,b]$ 上有最大值和最小值.设 M 和 m 分别是连续函数 $f(x)$ 在 $[a,b]$ 上的最大值和最小值,则由性质 6,得

$$m(b-a) \leqslant \int_a^b f(x)\mathrm{d}x \leqslant M(b-a),$$

即

$$m \leqslant \frac{1}{b-a}\int_a^b f(x)\mathrm{d}x \leqslant M.$$

根据闭区间上连续函数的介值定理,在 $[a,b]$ 上至少存在一点 ξ,使

$$f(\xi) = \frac{1}{b-a}\int_a^b f(x)\mathrm{d}x, \tag{5.1.2}$$

即

$$\int_a^b f(x)\mathrm{d}x = f(\xi)(b-a). \tag{5.1.2'}$$

当 $f(x) \geqslant 0 (a \leqslant x \leqslant b)$ 时,积分中值定理有如下的几何解释:

在 $[a,b]$ 上至少存在一点 ξ,使得以 $[a,b]$ 为底,曲线 $y=f(x)$ 为曲边的曲边梯形面积等于以 $[a,b]$ 为底,$f(\xi)$ 为高的矩形面积(图 5-7).通常称 $f(\xi)$ 为该曲边梯形在 $[a,b]$ 上的"平均高度",也称它为函数 $f(x)$ 在 $[a,b]$ 上的平均值,这是有限个数的算术平均值概念的推广.

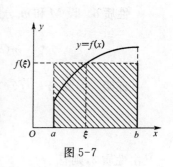

图 5-7

习题 5.1

1. 利用定积分的几何意义确定下列积分的值.

(1) $\int_0^1 \sqrt{1-x^2}\,\mathrm{d}x$; (2) $\int_0^1 (x+1)\,\mathrm{d}x$;

(3) $\int_{-\pi}^{\pi} 2\sin x\,\mathrm{d}x$; (4) $\int_{-1}^{2} |x|\,\mathrm{d}x$.

2. 不计算定积分,比较下列各组积分的大小.

(1) $\int_0^1 x^2\,\mathrm{d}x$, $\int_0^1 x^3\,\mathrm{d}x$; (2) $\int_e^4 \ln x\,\mathrm{d}x$, $\int_e^4 (\ln x)^2\,\mathrm{d}x$;

(3) $\int_{-\frac{\pi}{2}}^{0} \sin x\,\mathrm{d}x$, $\int_0^{\frac{\pi}{2}} \sin x\,\mathrm{d}x$; (4) $\int_0^1 x\,\mathrm{d}x$, $\int_0^1 \ln(1+x)\,\mathrm{d}x$.

3. 利用定积分的性质 6 估计下列定积分值的范围.

(1) $\int_0^1 x e^x\,\mathrm{d}x$; (2) $\int_1^2 (2x^3 - x^4)\,\mathrm{d}x$.

4. 设 $f(x)$ 是连续函数,且 $f(x) = x + 2\int_0^1 f(t)\,\mathrm{d}t$,试求:

(1) $\int_0^1 f(x)\,\mathrm{d}x$; (2) $f(x)$.

5. 设有曲线 $y = f(x)$ 在 $[a, b]$ 上连续,且 $f(x) > 0$,试在 $[a, b]$
内找一点 ξ,使在这点两边有阴影部分(图 5-8)的面积相等.

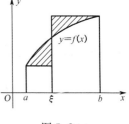

图 5-8

答　案

1. (1) $\dfrac{\pi}{4}$; (2) $\dfrac{3}{2}$; (3) 0; (4) $\dfrac{5}{2}$.

2. (1) $\int_0^1 x^2 > \int_0^1 x^3\,\mathrm{d}x$; (2) $\int_e^4 \ln x\,\mathrm{d}x < \int_e^4 (\ln x)^2\,\mathrm{d}x$;

(3) $\int_{-\frac{\pi}{2}}^{0} \sin x\,\mathrm{d}x < \int_0^{\frac{\pi}{2}} \sin x\,\mathrm{d}x$; (4) $\int_0^1 \ln(1+x)\,\mathrm{d}x < \int_0^1 x\,\mathrm{d}x$.

3. (1) $0 \leqslant \int_0^1 x e^x\,\mathrm{d}x \leqslant e$; (2) $0 \leqslant \int_1^2 (2x^3 - x^4)\,\mathrm{d}x \leqslant \dfrac{27}{16}$.

4. (1) $\int_0^1 f(x)\,\mathrm{d}x = -\dfrac{1}{2}$; (2) $f(x) = x - 1$. 5. $\xi = \dfrac{\int_a^b f(x)\,\mathrm{d}x + af(a) - bf(b)}{f(a) - f(b)}$.

5.2 微积分基本公式

利用定积分的定义计算定积分,一般来说是很复杂的甚至是不可能的. 本节介绍微积分基本公式,指出定积分的计算可归结为被积函数的一个原函数在积分上、下限的函数值之差,从而也说明了定积分与不定积分之间的关系.

5.2.1 变上限定积分所确定的函数及其导数

设函数 $f(x)$ 在区间 $[a, b]$ 上连续,x 为区间 $[a, b]$ 上任意一点. 则函数 $f(t)$ 在

区间 $[a, x]$ 上连续,由定积分存在定理知,定积分 $\int_a^x f(t)\mathrm{d}t$

存在.当 x 在 $[a, b]$ 上每取一个值,此定积分都有一个确定的值与之对应.因此,它是定义在 $[a, b]$ 上的函数(图 5-9),记为 $\Phi(x)$,即

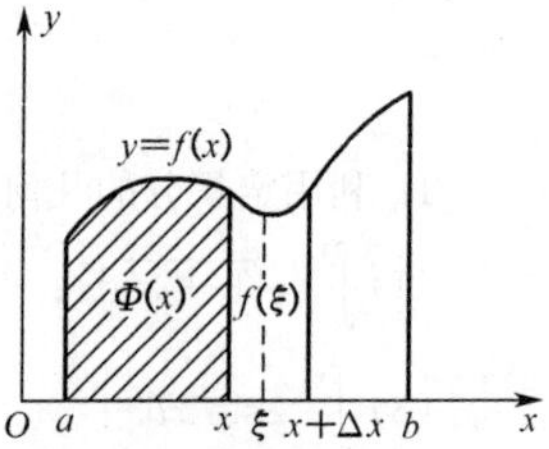

图 5-9

$$\Phi(x) = \int_a^x f(t)\mathrm{d}t \quad (a \leqslant x \leqslant b).$$

这个函数称为**积分上限函数**或**变上限定积分所确定的函数**.

这个函数具有如下重要性质.

定理 1　如果函数 $f(x)$ 在区间 $[a, b]$ 上连续,则变上限定积分所确定的函数

$$\Phi(x) = \int_a^x f(t)\mathrm{d}t$$

在区间 $[a, b]$ 上可导,且

$$\Phi'(x) = \frac{\mathrm{d}}{\mathrm{d}x}\int_a^x f(t)\mathrm{d}t = f(x) \quad (a \leqslant x \leqslant b). \tag{5.2.1}$$

证明　当 $x \in (a, b)$ 时,给 x 以增量 Δx (x 及 $x + \Delta x$ 均在 (a, b) 内),则

$$\Phi(x + \Delta x) = \int_a^{x+\Delta x} f(t)\mathrm{d}t,$$

于是

$$\begin{aligned}
\Delta\Phi &= \Phi(x + \Delta x) - \Phi(x) \\
&= \int_a^{x+\Delta x} f(t)\mathrm{d}t - \int_a^x f(t)\mathrm{d}t \\
&= \int_x^{x+\Delta x} f(t)\mathrm{d}t.
\end{aligned}$$

由积分中值定理,在 x 与 $x + \Delta x$ 之间至少存在一点 ξ(图 5-9,图中 $\Delta x > 0$),使得

$$\Delta\Phi = \int_x^{x+\Delta x} f(t)\mathrm{d}t = f(\xi)\Delta x.$$

即

$$\frac{\Delta\Phi}{\Delta x} = f(\xi) \quad (\xi \text{ 在 } x \text{ 与 } x + \Delta x \text{ 之间}).$$

由于 $f(x)$ 在 $[a, b]$ 上连续,当 $\Delta x \to 0$ 时,$\xi \to x$,$f(\xi) \to f(x)$,从而

$$\Phi'(x) = \lim_{\Delta x \to 0} \frac{\Delta\Phi}{\Delta x} = \lim_{\xi \to x} f(\xi) = f(x).$$

这说明当 $x \in (a, b)$ 时,$\Phi(x)$ 在 x 处可导,且 $\Phi'(x) = f(x)$.

当 $x = a$ 及 $x = b$ 时,也可分别证得(证明从略):$\Phi'_+(a) = f(a)$ 及 $\Phi'_-(b) = f(b)$.

由上述定理可知，$\Phi(x)$ 是连续函数 $f(x)$ 在区间 $[a,b]$ 上的一个原函数. 因此，可以得到下述原函数存在定理：

定理 2　如果函数 $f(x)$ 在区间 $[a,b]$ 上连续，则函数

$$\Phi(x) = \int_a^x f(t)\mathrm{d}t$$

是函数 $f(x)$ 在区间 $[a,b]$ 上的一个原函数.

由此定理可知，连续函数的原函数一定存在.

例 1　求 $\dfrac{\mathrm{d}}{\mathrm{d}x}\left(\displaystyle\int_0^x \sqrt{1+t^4}\,\mathrm{d}t\right).$

解　$\dfrac{\mathrm{d}}{\mathrm{d}x}\left(\displaystyle\int_0^x \sqrt{1+t^4}\,\mathrm{d}t\right) = \sqrt{1+x^4}.$

例 2　已知 $\displaystyle\int_x^a f(t)\mathrm{d}t = \mathrm{e}^{2x} - \mathrm{e}$，求 $f(x).$

解　由于 $\dfrac{\mathrm{d}}{\mathrm{d}x}\left(\displaystyle\int_x^a f(t)\mathrm{d}t\right) = \dfrac{\mathrm{d}}{\mathrm{d}x}\left(-\displaystyle\int_a^x f(t)\mathrm{d}t\right) = -f(x)$，将等式 $\displaystyle\int_x^a f(t)\mathrm{d}t = \mathrm{e}^{2x} - \mathrm{e}$ 两边分别对自变量 x 求导，得 $-f(x) = 2\mathrm{e}^{2x}$，即 $f(x) = -2\mathrm{e}^{2x}.$

例 3　求 $\dfrac{\mathrm{d}}{\mathrm{d}x}\displaystyle\int_{\frac{\pi}{2}}^{x^2} \dfrac{\sin t}{t}\mathrm{d}t.$

解　设 $x^2 = u$，则变上限定积分 $\displaystyle\int_{\frac{\pi}{2}}^{x^2} \dfrac{\sin t}{t}\mathrm{d}t$ 所确定的自变量 x 的函数，就可以看作是由

$$\Phi(u) = \int_{\frac{\pi}{2}}^{u} \frac{\sin t}{t}\mathrm{d}t, \quad u = x^2$$

复合而成的复合函数. 根据复合函数的求导法则，可得

$$\frac{\mathrm{d}}{\mathrm{d}x}\int_{\frac{\pi}{2}}^{x^2} \frac{\sin t}{t}\mathrm{d}t = \frac{\mathrm{d}}{\mathrm{d}u}\int_{\frac{\pi}{2}}^{u} \frac{\sin t}{t}\mathrm{d}t \,(x^2)' = \frac{\sin u}{u}2x = \frac{2x\sin x^2}{x^2} = \frac{2\sin x^2}{x}.$$

一般地，对于连续函数 $f(x)$ 与可导函数 $\varphi(x)$，有 $\dfrac{\mathrm{d}}{\mathrm{d}x}\displaystyle\int_a^{\varphi(x)} f(t)\mathrm{d}t = f[\varphi(x)] \cdot \varphi'(x).$ 其中 a 是常数.

例 4　求 $\displaystyle\lim_{x \to 0} \dfrac{\displaystyle\int_{2x}^{0} \sin t^2\,\mathrm{d}t}{x^3}.$

解　这是一个 $\dfrac{0}{0}$ 型的未定式，可以用洛必达法则来计算.

$$\lim_{x \to 0} \frac{\int_{2x}^{0} \sin t^2 \, dt}{x^3} = \lim_{x \to 0} \frac{\left(-\int_{0}^{2x} \sin t^2 \, dt\right)'}{(x^3)'} = \lim_{x \to 0} \frac{-\sin(2x)^2 (2x)'}{3x^2}$$

$$= \lim_{x \to 0} \frac{-2\sin 4x^2}{3x^2} = -\frac{8}{3} \lim_{x \to 0} \frac{\sin 4x^2}{4x^2} = -\frac{8}{3}.$$

5.2.2 牛顿–莱布尼茨公式

下面,我们将证明一个十分重要的定理,它给出了用原函数来计算定积分的公式.

定理 3 设函数 $f(x)$ 在区间 $[a, b]$ 上连续, $F(x)$ 是 $f(x)$ 的一个原函数,则

$$\boxed{\int_{a}^{b} f(x) \, dx = F(b) - F(a).}$$

(5.2.2)

证明 已知 $F(x)$ 是 $f(x)$ 的一个原函数,又由定理 2 知, $\Phi(x) = \int_{a}^{x} f(t) \, dt$ 也是 $f(x)$ 的一个原函数. 因此,

$$F(x) - \Phi(x) = C_0,$$

C_0 为某个常数. 在上式中,令 $x = a$,因 $\Phi(a) = \int_{a}^{a} f(t) \, dt = 0$,故得 $C_0 = F(a)$. 于是,

$$F(x) - \int_{a}^{x} f(t) \, dt = F(a).$$

在上式中,令 $x = b$,得

$$F(b) - \int_{a}^{b} f(t) \, dt = F(a),$$

因为定积分与积分变量所用的字母无关,在上式中积分变量 t 仍改用 x 表示,即得

$$\int_{a}^{b} f(x) \, dx = F(b) - F(a).$$

上式对 $a > b$ 也成立. 为了方便起见,常把 $F(b) - F(a)$ 记作 $[F(x)]_{a}^{b}$ 或 $F(x) \Big|_{a}^{b}$,于是有

$$\int_{a}^{b} f(x) \, dx = [F(x)]_{a}^{b} \quad \text{或} \quad \int_{a}^{b} f(x) \, dx = F(x) \Big|_{a}^{b},$$

其中 $F(x)$ 是 $f(x)$ 的任意的一个原函数.

上面计算定积分的公式是积分学中的一个基本公式,称为**牛顿–莱布尼茨公式**. 它揭示了定积分与不定积分之间的内在联系,故也称为**微积分基本公式**. 公式表明: 计算定积分的关键在于能先求出被积函数的任意一个原函数,然后计算此原函数在

积分上限与下限的函数值之差. 而求原函数的过程实际上就是求不定积分. 由此可知, 不定积分的计算对于定积分的计算是十分重要的.

例 5 计算 $\int_1^4 \sqrt{x}\,\mathrm{d}x$.

解 因为

$$\int \sqrt{x}\,\mathrm{d}x = \frac{2}{3}x^{\frac{3}{2}} + C,$$

所以

$$\int_1^4 \sqrt{x}\,\mathrm{d}x = \frac{2}{3}x^{\frac{3}{2}}\Big|_1^4 = \frac{2}{3}\times 4^{\frac{3}{2}} - \frac{2}{3}\times 1^{\frac{3}{2}} = 4\,\frac{2}{3}.$$

例 6 计算 $\int_{-2}^{-8} \frac{1}{x}\,\mathrm{d}x$.

解 因为

$$\int \frac{1}{x}\,\mathrm{d}x = \ln\mid x\mid + C,$$

所以

$$\int_{-2}^{-8} \frac{1}{x}\,\mathrm{d}x = \ln\mid x\mid\Big|_{-2}^{-8} = \ln 8 - \ln 2 = 2\ln 2.$$

例 7 计算 $\int_0^\pi \cos^2\frac{x}{2}\,\mathrm{d}x$.

解
$$\int_0^\pi \cos^2\frac{x}{2}\,\mathrm{d}x = \int_0^\pi \frac{1+\cos x}{2}\,\mathrm{d}x = \frac{1}{2}\int_0^\pi (1+\cos x)\,\mathrm{d}x$$
$$= \frac{1}{2}\left(\int_0^\pi \mathrm{d}x + \int_0^\pi \cos x\,\mathrm{d}x\right) = \frac{1}{2}\left(x\Big|_0^\pi + \sin x\Big|_0^\pi\right) = \frac{\pi}{2}.$$

例 8 计算 $\int_0^1 \frac{x^4}{1+x^2}\,\mathrm{d}x$.

解
$$\int_0^1 \frac{x^4}{1+x^2}\,\mathrm{d}x = \int_0^1 \frac{x^4-1+1}{1+x^2}\,\mathrm{d}x = \int_0^1 \left(x^2-1+\frac{1}{1+x^2}\right)\mathrm{d}x$$
$$= \int_0^1 x^2\,\mathrm{d}x - \int_0^1 \mathrm{d}x + \int_0^1 \frac{1}{1+x^2}\,\mathrm{d}x$$
$$= \frac{1}{3}x^3\Big|_0^1 - x\Big|_0^1 + \arctan x\Big|_0^1 = -\frac{2}{3} + \frac{\pi}{4}.$$

例 9 求函数 $f(x) = \int_0^x (t-1)\mathrm{d}t$ 的极值.

解 因为可导函数的极值只能在导数为零的点上取得, 而 $f(x) = \int_0^x (t-1)\mathrm{d}t$,

那么有

$$f'(x) = x - 1, \quad f''(x) = 1.$$

令 $f'(x) = 0$,得 $x = 1$. 因为 $f''(1) > 0$,而

$$f(1) = \int_0^1 (t-1)\mathrm{d}t = \left(\frac{t^2}{2} - t\right)\bigg|_0^1 = -\frac{1}{2},$$

所以,$f(x)$ 在点 $x = 1$ 处取得极小值 $f(1) = -\frac{1}{2}$.

例 10 某化工厂向河中排放有害污水,严重影响周围的生态环境. 有关当局责令该厂立即安装污水处理装置,以减少并最终停止向河中排放有害污水. 如果污水处理装置开始工作到有害污水完全停止排放的排放速度可近似地由公式 $v(t) = \frac{1}{4}t^2 - 2t + 4$(单位:万立方米/年)确定,其中 t 为该装置工作的时间(单位:年),问污水处理装置开始工作到有害污水完全停止排放,要用多长时间? 这期间有害污水排入河中的总量有多少?

解 设污水处理装置开始工作到有害污水完全停止排入河中的污水量为 Q. 令 $v(t) = 0$,即 $\frac{1}{4}t^2 - 2t + 4 = 0$,得 $t = 4$. 于是

$$Q = \int_0^4 v(t)\mathrm{d}t = \int_0^4 \left(\frac{1}{4}t^2 - 2t + 4\right)\mathrm{d}t = \left(\frac{t^3}{12} - t^2 + 4t\right)\bigg|_0^4 = \frac{16}{3} \approx 5.3.$$

即污水处理装置需连续工作 4 年才能完全停止排放有害污水,这期间共向河中排放了约 5.3 万立方米的有害污水.

习题 5.2

1. 求函数的导数.

(1) $f(x) = \int_0^x \mathrm{e}^{-t^2}\mathrm{d}t$;   (2) $f(x) = \int_{\sqrt{x}}^1 \sqrt{1+t^2}\,\mathrm{d}t$.

2. 已知变上限定积分 $\int_a^x f(t)\mathrm{d}t = 5x^3 + 40$,求 $f(x)$ 与 a.

3. 当 x 为何值时,函数 $\Phi(x) = \int_0^x t\mathrm{e}^{-t^2}\mathrm{d}t$ 取得极值? 极值为多少?

4. 求极限.

(1) $\lim\limits_{x \to 0} \dfrac{\int_0^x t\tan t\mathrm{d}t}{x^3}$;   (2) $\lim\limits_{x \to 0} \dfrac{\int_0^x \ln(1+2t^2)\mathrm{d}t}{x^3}$.

5. 计算定积分.

(1) $\int_0^1 \sqrt{x}(1+\sqrt{x})\mathrm{d}x$;   (2) $\int_{-\frac{1}{2}}^{\frac{1}{2}} \dfrac{\mathrm{d}x}{\sqrt{1-x^2}}$;

(3) $\displaystyle\int_0^\pi \sin^2\frac{x}{2}\mathrm{d}x$;　　　　　　(4) $\displaystyle\int_0^{\frac{\pi}{4}} \tan^2\theta\mathrm{d}\theta$;

(5) $\displaystyle\int_0^1 \frac{\mathrm{d}x}{x^2+6x+9}$;　　　　　(6) $\displaystyle\int_{-1}^0 \frac{3x^4+3x^2+1}{x^2+1}\mathrm{d}x$;

(7) $\displaystyle\int_{-1}^1 \frac{\mathrm{e}^x}{\mathrm{e}^x+1}\mathrm{d}x$;　　　　　(8) $\displaystyle\int_0^\pi \frac{\cos 2x}{\sin x+\cos x}\mathrm{d}x$;

(9) $\displaystyle\int_0^{2\pi} |\sin x|\mathrm{d}x$;　　　　　(10) $\displaystyle\int_{-\frac{\pi}{2}}^{\frac{\pi}{2}} \sqrt{1-\cos 2x}\,\mathrm{d}x$.

6. 设 $f(x)=\begin{cases} x^2, & \text{当 } x\leqslant 1\text{ 时,}\\ x-1, & \text{当 } x>1\text{ 时,}\end{cases}$ 求 $\displaystyle\int_0^2 f(x)\mathrm{d}x$.

7. 求下列极限.

(1) $\displaystyle\lim_{x\to 0}\frac{\int_0^x \cos t^2\mathrm{d}t}{x}$;　　(2) $\displaystyle\lim_{x\to 1}\frac{\int_1^x \mathrm{e}^{t^2}\mathrm{d}t}{\ln x}$;　　(3) $\displaystyle\lim_{x\to 0}\frac{\int_0^{x^2} t^{\frac{3}{2}}\mathrm{d}t}{\int_0^x t(t-\sin t)\mathrm{d}t}$.

答　案

1. (1) $f'(x)=\mathrm{e}^{-x^2}$;　(2) $f'(x)=-\dfrac{1}{2}\sqrt{\dfrac{1}{x}+1}$.

2. $f(x)=15x^2,\ a=-2$.　　3. 在 $x=0$ 处有极小值 $\Phi(0)=0$.　　4. (1) $\dfrac{1}{3}$;　(2) $\dfrac{2}{3}$.

5. (1) $\dfrac{7}{6}$;　(2) $\dfrac{\pi}{3}$;　(3) $\dfrac{\pi}{2}$;　(4) $1-\dfrac{\pi}{4}$;　(5) $\dfrac{1}{12}$;　(6) $\dfrac{\pi}{4}+1$;　(7) 1;　(8) -2;

　(9) 4;　(10) $2\sqrt{2}$.

6. $\dfrac{5}{6}$.　7. (1) 1;　(2) e;　(3) 12.

5.3　定积分的换元积分法与分部积分法

上一节介绍了利用原函数计算定积分的方法,与不定积分的计算法类似,定积分的计算方法也有换元法和分部积分法.

5.3.1　定积分的换元法

定理　设函数 $f(x)$ 在区间 $[a,b]$ 上连续,函数 $x=\varphi(u)$ 满足下列条件:

(1) $\varphi(\alpha)=a$, $\varphi(\beta)=b$,且当 t 在 $[\alpha,\beta]$(或 $[\beta,\alpha]$)上变化时, $x=\varphi(u)$ 的值在区间 $[a,b]$ 上变化;

(2) $\varphi(u)$ 在区间 $[\alpha,\beta]$(或 $[\beta,\alpha]$)上具有连续导数 $\varphi'(u)$,则有

$$\int_a^b f(x)\mathrm{d}x=\int_\alpha^\beta f[\varphi(u)]\cdot\varphi'(u)\mathrm{d}u. \qquad (5.3.1)$$

上式称为定积分的**换元积分公式**(证明从略).它与不定积分换元积分公式是平行的.相当于不定积分的第二类换元法.

使用上述公式时,应注意两点:

(1) 作换元变换时,积分上、下限要跟着变换,即 a, b 与 α, β 的关系是 $a = \varphi(\alpha)$, $b = \varphi(\beta)$,这里下限 α 不一定小于上限 β.

(2) 求出 $f[\varphi(u)]\varphi'(u)$ 的一个原函数 $\Phi(u)$ 后,不必像求不定积分那样,再把 $\Phi(u)$ 换回原来变量 x 的函数,而只要把新变量 u 的上、下限依次代入 $\Phi(u)$ 中,然后相减即可.

例 1 计算 $\displaystyle\int_0^8 \frac{1}{\sqrt[3]{x}+1}\mathrm{d}x$.

解 设 $u = \sqrt[3]{x}$,则 $x = u^3$, $\mathrm{d}x = 3u^2\mathrm{d}u$. 当 $x = 0$ 时, $u = 0$;当 $x = 8$ 时, $u = 2$. 于是

$$\int_0^8 \frac{1}{\sqrt[3]{x}+1}\mathrm{d}x = \int_0^2 \frac{1}{u+1} \cdot 3u^2\mathrm{d}u = 3\int_0^2 \frac{(u^2-1)+1}{u+1}\mathrm{d}u = 3\int_0^2 \left(u-1+\frac{1}{u+1}\right)\mathrm{d}u$$

$$= 3\left(\frac{1}{2}u^2 - u + \ln\mid 1+u\mid\right)\Big|_0^2 = 3\ln 3.$$

例 2 计算 $\displaystyle\int_0^4 \frac{x+2}{\sqrt{2x+1}}\mathrm{d}x$.

解 设 $u = \sqrt{2x+1}$,则 $x = \dfrac{u^2-1}{2}$, $\mathrm{d}x = u\mathrm{d}u$. 当 $x = 0$ 时, $u = 1$; $x = 4$ 时, $u = 3$. 于是

$$\int_0^4 \frac{x+2}{\sqrt{2x+1}}\mathrm{d}x = \int_1^3 \frac{\dfrac{u^2-1}{2}+2}{u} \cdot u\mathrm{d}u = \frac{1}{2}\int_1^3 (u^2+3)\mathrm{d}u$$

$$= \frac{1}{2}\left(\frac{1}{3}u^3 + 3u\right)\Big|_1^3 = 7\frac{1}{3}.$$

例 3 计算 $\displaystyle\int_0^2 x^2\sqrt{4-x^2}\mathrm{d}x$.

解 设 $x = 2\sin u$,则 $\mathrm{d}x = 2\cos u\mathrm{d}u$. 当 $x = 0$ 时, $u = 0$;当 $x = 2$ 时, $u = \dfrac{\pi}{2}$. 于是

$$\int_0^2 x^2\sqrt{4-x^2}\mathrm{d}x = \int_0^{\frac{\pi}{2}} (2\sin u)^2 \cdot 2\cos u \cdot 2\cos u\mathrm{d}u = 4\int_0^{\frac{\pi}{2}} \sin^2 2u\mathrm{d}u$$

$$= 4\int_0^{\frac{\pi}{2}} \frac{1-\cos 4u}{2}\mathrm{d}u = 2\int_0^{\frac{\pi}{2}} \mathrm{d}u - \frac{1}{2}\int_0^{\frac{\pi}{2}} \cos 4u\mathrm{d}(4u)$$

$$= 2u\Big|_0^{\frac{\pi}{2}} - \frac{1}{2}\sin 4u\Big|_0^{\frac{\pi}{2}} = \pi.$$

如参照不定积分中所讲的第一类换元法,定积分的换元积分公式有时也可以反过来使用,即

$$\int_{\alpha}^{\beta} f[\varphi(x)]\varphi'(x)\mathrm{d}x = \int_{a}^{b} f(u)\mathrm{d}u,$$

其中, $u = \varphi(x)$, $\varphi(\alpha) = a$, $\varphi(\beta) = b$.

例 4 计算 $\int_{0}^{\frac{\pi}{2}} \cos^5 x \sin x\mathrm{d}x$.

解 设 $u = \cos x$,则 $\mathrm{d}u = -\sin x\mathrm{d}x$. 当 $x = 0$ 时, $u = 1$;当 $x = \dfrac{\pi}{2}$ 时, $u = 0$. 于是

$$\int_{0}^{\frac{\pi}{2}} \cos^5 x \sin x\mathrm{d}x = -\int_{1}^{0} u^5 \mathrm{d}u = \int_{0}^{1} u^5 \mathrm{d}u = \frac{u^6}{6}\bigg|_{0}^{1} = \frac{1}{6}.$$

在例 4 中,也可以不用具体地写出新变量 u,这时就不必更换积分的上限、下限,现在用这种方法计算如下:

$$\int_{0}^{\frac{\pi}{2}} \cos^5 x \sin x\mathrm{d}x = -\int_{0}^{\frac{\pi}{2}} \cos^5 x\mathrm{d}(\cos x) = -\frac{\cos^6 x}{6}\bigg|_{0}^{\frac{\pi}{2}} = -\left(0 - \frac{1}{6}\right) = \frac{1}{6}.$$

例 5 证明

(1) 若 $f(x)$ 在 $[-a, a]$ 上连续且为偶函数,则

$$\int_{-a}^{a} f(x)\mathrm{d}x = 2\int_{0}^{a} f(x)\mathrm{d}x;$$

(2) 若 $f(x)$ 在 $[-a, a]$ 上连续且为奇函数,则

$$\int_{-a}^{a} f(x)\mathrm{d}x = 0.$$

证明 利用定积分的性质 4,得

$$\int_{-a}^{a} f(x)\mathrm{d}x = \int_{-a}^{0} f(x)\mathrm{d}x + \int_{0}^{a} f(x)\mathrm{d}x.$$

对积分 $\int_{-a}^{0} f(x)\mathrm{d}x$ 作变量代换 $x = -t$,则 $\mathrm{d}x = -\mathrm{d}t$,且当 $x = -a$ 时, $t = a$;当 $x = 0$ 时, $t = 0$. 于是

$$\int_{-a}^{0} f(x)\mathrm{d}x = -\int_{a}^{0} f(-t)\mathrm{d}t = \int_{0}^{a} f(-t)\mathrm{d}t = \int_{0}^{a} f(-x)\mathrm{d}x.$$

所以

$$\int_{-a}^{a} f(x)\mathrm{d}x = \int_{0}^{a} f(-x)\mathrm{d}x + \int_{0}^{a} f(x)\mathrm{d}x = \int_{0}^{a} [f(x) + f(-x)]\mathrm{d}x.$$

(1) 若 $f(x)$ 为偶函数,即 $f(-x)=f(x)$,则 $f(x)+f(-x)=2f(x)$,从而有

$$\int_{-a}^{a} f(x)\mathrm{d}x = 2\int_{0}^{a} f(x)\mathrm{d}x.$$

(2) 若 $f(x)$ 为奇函数,即 $f(-x)=-f(x)$,则 $f(x)+f(-x)=0$,从而有

$$\int_{-a}^{a} f(x)\mathrm{d}x = 0.$$

利用这个例子的结果,可以使得偶函数、奇函数在对称区间上的定积分计算更为简单.

例 6 计算 $\int_{-\frac{1}{2}}^{\frac{1}{2}} \dfrac{1+x^5}{\sqrt{1-x^2}}\mathrm{d}x$.

解 因为 $\int_{-\frac{1}{2}}^{\frac{1}{2}} \dfrac{1+x^5}{\sqrt{1-x^2}}\mathrm{d}x = \int_{-\frac{1}{2}}^{\frac{1}{2}} \dfrac{1}{\sqrt{1-x^2}}\mathrm{d}x + \int_{-\frac{1}{2}}^{\frac{1}{2}} \dfrac{x^5}{\sqrt{1-x^2}}\mathrm{d}x$,而 $\dfrac{1}{\sqrt{1-x^2}}$ 为偶函数, $\dfrac{x^5}{\sqrt{1-x^2}}$ 为奇函数,所以

$$\int_{-\frac{1}{2}}^{\frac{1}{2}} \dfrac{1}{\sqrt{1-x^2}}\mathrm{d}x = 2\int_{0}^{\frac{1}{2}} \dfrac{1}{\sqrt{1-x^2}}\mathrm{d}x; \qquad \int_{-\frac{1}{2}}^{\frac{1}{2}} \dfrac{x^5}{\sqrt{1-x^2}}\mathrm{d}x = 0.$$

于是

$$\int_{-\frac{1}{2}}^{\frac{1}{2}} \dfrac{1+x^5}{\sqrt{1-x^2}}\mathrm{d}x = 2\int_{0}^{\frac{1}{2}} \dfrac{1}{\sqrt{1-x^2}}\mathrm{d}x = 2\arcsin x \Big|_{0}^{\frac{1}{2}} = \dfrac{\pi}{3}.$$

5.3.2 定积分的分部积分法

设 $u(x)$, $v(x)$ 在 $[a,b]$ 上有连续导数,则有

$$(uv)' = u'v + uv'.$$

对上式两边同时在 $[a,b]$ 上求定积分,并注意到

$$\int_{a}^{b} (uv)'\mathrm{d}x = (uv) \Big|_{a}^{b},$$

得

$$(uv)\Big|_{a}^{b} = \int_{a}^{b} u'v\mathrm{d}x + \int_{a}^{b} uv'\mathrm{d}x.$$

于是

$$\int_{a}^{b} uv'\mathrm{d}x = (uv)\Big|_{a}^{b} - \int_{a}^{b} u'v\mathrm{d}x$$

或写成

$$\boxed{\int_{a}^{b} u\,\mathrm{d}v = (uv)\Big|_{a}^{b} - \int_{a}^{b} v\,\mathrm{d}u.} \qquad (5.3.2)$$

这就是**定积分的分部积分公式**.

例 7 计算 $\int_0^1 x\mathrm{e}^x \mathrm{d}x$.

解 设 $u = x$, $\mathrm{d}v = \mathrm{e}^x \mathrm{d}x = \mathrm{d}(\mathrm{e}^x)$，则 $v = \mathrm{e}^x$. 于是由公式(5.3.2)，得

$$\int_0^1 x\mathrm{e}^x \mathrm{d}x = \int_0^1 x\mathrm{d}(\mathrm{e}^x) = x\mathrm{e}^x \Big|_0^1 - \int_0^1 \mathrm{e}^x \mathrm{d}x = \mathrm{e} - \mathrm{e}^x \Big|_0^1 = \mathrm{e} - \mathrm{e} + 1 = 1.$$

例 8 计算 $\int_0^1 x\arctan x \mathrm{d}x$.

解 设 $u = \arctan x$, $\mathrm{d}v = x\mathrm{d}x$，则 $v = \dfrac{1}{2}x^2$. 于是由公式(5.3.2)，得

$$\int_0^1 x\arctan x \mathrm{d}x = \frac{1}{2}\int_0^1 \arctan x \mathrm{d}(x^2) = \frac{1}{2}\left[(x^2 \arctan x)\Big|_0^1 - \int_0^1 \frac{x^2}{1+x^2}\mathrm{d}x\right]$$

$$= \frac{1}{2}\left[\frac{\pi}{4} - \int_0^1 \left(1 - \frac{1}{1+x^2}\right)\mathrm{d}x\right] = \frac{1}{2}\left[\frac{\pi}{4} - (x - \arctan x)\Big|_0^1\right]$$

$$= \frac{1}{2}\left(\frac{\pi}{4} - 1 + \frac{\pi}{4}\right) = \frac{\pi}{4} - \frac{1}{2}.$$

例 9 计算 $\int_0^{\frac{\pi}{2}} \mathrm{e}^x \cos 2x \mathrm{d}x$.

解 $\displaystyle\int_0^{\frac{\pi}{2}} \mathrm{e}^x \cos 2x \mathrm{d}x = \int_0^{\frac{\pi}{2}} \cos 2x \mathrm{d}(\mathrm{e}^x) = \mathrm{e}^x \cos 2x \Big|_0^{\frac{\pi}{2}} - \int_0^{\frac{\pi}{2}} \mathrm{e}^x \mathrm{d}(\cos 2x)$

$$= -\mathrm{e}^{\frac{\pi}{2}} - 1 + 2\int_0^{\frac{\pi}{2}} \mathrm{e}^x \sin 2x \mathrm{d}x = -\mathrm{e}^{\frac{\pi}{2}} - 1 + 2\int_0^{\frac{\pi}{2}} \sin 2x \mathrm{d}(\mathrm{e}^x)$$

$$= -\mathrm{e}^{\frac{\pi}{2}} - 1 + 2\left[(\mathrm{e}^x \sin 2x)\Big|_0^{\frac{\pi}{2}} - \int_0^{\frac{\pi}{2}} \mathrm{e}^x \mathrm{d}(\sin 2x)\right]$$

$$= -\mathrm{e}^{\frac{\pi}{2}} - 1 - 4\int_0^{\frac{\pi}{2}} \mathrm{e}^x \cos 2x \mathrm{d}x,$$

所以 $$\int_0^{\frac{\pi}{2}} \mathrm{e}^x \cos 2x \mathrm{d}x = -\frac{1}{5}(\mathrm{e}^{\frac{\pi}{2}} + 1).$$

例 10 计算 $\int_0^{\frac{\pi^2}{16}} \cos \sqrt{x} \mathrm{d}x$.

解 先用换元积分法，设 $\sqrt{x} = u$，则 $x = u^2$, $\mathrm{d}x = 2u\mathrm{d}u$. 当 $x = 0$ 时，$u = 0$；当 $x = \dfrac{\pi^2}{16}$ 时，$u = \dfrac{\pi}{4}$. 于是

$$\int_0^{\frac{\pi^2}{16}} \cos \sqrt{x} \mathrm{d}x = 2\int_0^{\frac{\pi}{4}} u\cos u\mathrm{d}u.$$

再用分部积分法计算上式右端的积分

$$\int_0^{\frac{\pi}{4}} u\cos u du = \int_0^{\frac{\pi}{4}} u d(\sin u) = (u\sin u)\Big|_0^{\frac{\pi}{4}} - \int_0^{\frac{\pi}{4}} \sin u du$$

$$= \frac{\pi}{4} \cdot \frac{\sqrt{2}}{2} + \cos u\Big|_0^{\frac{\pi}{4}} = \frac{\sqrt{2}}{8}\pi + \frac{\sqrt{2}}{2} - 1.$$

所以 $$\int_0^{\frac{\pi^2}{16}} \cos\sqrt{x}\,dx = \frac{\sqrt{2}}{4}\pi + \sqrt{2} - 2.$$

例 11   求定积分 $\int_1^{e^2} \frac{1}{\sqrt{x}}(\ln x)^2 dx.$

解 $\int_1^{e^2} \frac{1}{\sqrt{x}}(\ln x)^2 dx = 2\int_1^{e^2} (\ln x)^2 d\sqrt{x} = 2\left[\sqrt{x}(\ln x)^2\Big|_1^{e^2} - \int_1^{e^2} \frac{2}{\sqrt{x}}\ln x dx\right]$

$$= 8e - 8\int_1^{e^2} \ln x d\sqrt{x} = 8e - 8\left[\sqrt{x}\ln x\Big|_1^{e^2} - \int_1^{e^2} \frac{1}{\sqrt{x}}dx\right]$$

$$= 8e - 16e + 16\sqrt{x}\Big|_1^{e^2} = 8e - 16 = 8(e - 2).$$

下面直接给出一个用分部积分法可推导出的计算公式(推证从略):

$$\int_0^{\frac{\pi}{2}} \sin^n x dx = \int_0^{\frac{\pi}{2}} \cos^n x dx = \begin{cases} \dfrac{n-1}{n} \cdot \dfrac{n-3}{n-2} \cdot \cdots \cdot \dfrac{2}{3} \cdot 1, \text{当 } n \text{ 为大于 1 的奇数时,} \\ \dfrac{n-1}{n} \cdot \dfrac{n-3}{n-2} \cdot \cdots \cdot \dfrac{1}{2} \cdot \dfrac{\pi}{2}, \text{当 } n \text{ 为正偶数时.} \end{cases}$$

$$(5.3.3)$$

例 12   计算定积分.

(1) $\int_0^{\frac{\pi}{2}} \sin^7 x dx$；   (2) $\int_0^{\pi} \cos^6 x dx.$

解   (1) 因 $n = 7$ 是奇数,故得 $\int_0^{\frac{\pi}{2}} \sin^7 x dx = \frac{6}{7} \times \frac{4}{5} \times \frac{2}{3} \times 1 = \frac{16}{35}.$

(2) $\int_0^{\pi} \cos^6 x dx = \int_0^{\frac{\pi}{2}} \cos^6 x dx + \int_{\frac{\pi}{2}}^{\pi} \cos^6 x dx.$

对于 $\int_{\frac{\pi}{2}}^{\pi} \cos^6 x dx$,令 $x = \frac{\pi}{2} + u$,则 $dx = du$,且当 $x = \frac{\pi}{2}$ 时, $u = 0$;当 $x = \pi$ 时,

$u = \frac{\pi}{2}.$ 于是

$$\int_{\frac{\pi}{2}}^{\pi} \cos^6 x dx = \int_0^{\frac{\pi}{2}} \cos^6\left(\frac{\pi}{2} + u\right) du = \int_0^{\frac{\pi}{2}} (-\sin u)^6 du = \int_0^{\frac{\pi}{2}} \sin^6 u du = \int_0^{\frac{\pi}{2}} \sin^6 x dx.$$

所以

$$\int_0^{\pi} \cos^6 x dx = 2\int_0^{\frac{\pi}{2}} \sin^6 x dx = 2\left(\frac{5}{6} \times \frac{3}{4} \times \frac{1}{2} \times \frac{\pi}{2}\right) = \frac{5}{16}\pi.$$

习题 5.3

1. 利用定积分的换元法计算定积分.

(1) $\int_{-2}^{1} \dfrac{\mathrm{d}x}{(11+5x)^3}$;

(2) $\int_{1}^{4} \dfrac{\mathrm{d}x}{1+\sqrt{x}}$;

(3) $\int_{1}^{2} \dfrac{\sqrt{x-1}}{x}\mathrm{d}x$;

(4) $\int_{0}^{\sqrt{2}} \sqrt{2-x^2}\,\mathrm{d}x$;

(5) $\int_{0}^{1} t\mathrm{e}^{-\frac{t^2}{2}}\mathrm{d}t$;

(6) $\int_{\ln 2}^{\ln 3} \dfrac{\mathrm{d}x}{\mathrm{e}^x-\mathrm{e}^{-x}}$;

(7) $\int_{0}^{\frac{\pi}{2}} \sin\varphi\cos^3\varphi\,\mathrm{d}\varphi$;

(8) $\int_{-\frac{\pi}{2}}^{\frac{\pi}{2}} \sqrt{\cos x-\cos^3 x}\,\mathrm{d}x$;

(9) $\int_{\mathrm{e}}^{\mathrm{e}^3} \dfrac{\sqrt{1+\ln x}}{x}\mathrm{d}x$;

(10) $\int_{-2}^{0} \dfrac{\mathrm{d}x}{x^2+2x+2}$.

2. 利用函数的奇偶性,计算定积分.

(1) $\int_{-\frac{\pi}{2}}^{\frac{\pi}{2}} \cos x\cos 2x\,\mathrm{d}x$;

(2) $\int_{-\pi}^{\pi} x^4\sin x\,\mathrm{d}x$;

(3) $\int_{-\frac{\pi}{2}}^{\frac{\pi}{2}} \dfrac{\mathrm{d}x}{1+\cos x}$;

(4) $\int_{-\frac{\sqrt{2}}{2}}^{\frac{\sqrt{2}}{2}} \dfrac{\tan x+(\arcsin x)^2}{\sqrt{1-x^2}}\mathrm{d}x$.

3. 利用定积分的换元法,证明

(1) $\int_{0}^{1} x^m(1-x)^n\,\mathrm{d}x = \int_{0}^{1} x^n(1-x)^m\,\mathrm{d}x$;

(2) 设 $f(x)$ 在 $[-a, a]$ 上连续,则 $\int_{-a}^{a} f(x)\mathrm{d}x = \int_{-a}^{a} f(-x)\mathrm{d}x$.

4. 用分部积分法计算定积分.

(1) $\int_{0}^{\frac{\pi}{2}} x\cos x\,\mathrm{d}x$;

(2) $\int_{0}^{1} \ln(x^2+1)\mathrm{d}x$;

(3) $\int_{0}^{\ln 2} x\mathrm{e}^{-x}\mathrm{d}x$;

(4) $\int_{0}^{\frac{1}{2}} \arcsin x\,\mathrm{d}x$;

(5) $\int_{\frac{\pi}{4}}^{\frac{\pi}{3}} \dfrac{x}{\sin^2 x}\mathrm{d}x$;

(6) $\int_{1}^{4} \dfrac{\ln x}{\sqrt{x}}\mathrm{d}x$;

(7) $\int_{3}^{8} \mathrm{e}^{\sqrt{x+1}}\mathrm{d}x$;

(8) $\int_{0}^{\frac{\pi}{2}} \mathrm{e}^{2x}\cos x\,\mathrm{d}x$;

(9) $\int_{\frac{1}{\mathrm{e}}}^{\mathrm{e}} |\ln x|\,\mathrm{d}x$.

5. 计算函数 $y=2x\mathrm{e}^{-x}$ 在 $[0, 2]$ 上的平均值.

答　案

1. (1) $\dfrac{51}{512}$;　(2) $2\left(1+\ln\dfrac{2}{3}\right)$;　(3) $2-\dfrac{\pi}{2}$;　(4) $\dfrac{\pi}{2}$;　(5) $1-\mathrm{e}^{-\frac{1}{2}}$;

(6) $\dfrac{1}{2}\ln\dfrac{3}{2}$;　(7) $\dfrac{1}{4}$;　(8) $\dfrac{4}{3}$;　(9) $\dfrac{4}{3}(4-\sqrt{2})$;　(10) $\dfrac{\pi}{2}$.

2. (1) $\dfrac{2}{3}$;　(2) 0;　(3) 2;　(4) $\dfrac{\pi^3}{96}$.

3. (1) 提示:令 $1-x=t$; (2) 提示:令 $x=-t$.

4. (1) $\dfrac{\pi}{2}-1$；　(2) $\ln 2-2+\dfrac{\pi}{2}$；　(3) $\dfrac{1}{2}(1-\ln 2)$；　(4) $\dfrac{\pi}{12}+\dfrac{\sqrt{3}}{2}-1$；　(5) $\dfrac{\pi}{4}-\dfrac{\sqrt{3}}{9}\pi+$
$\dfrac{1}{2}\ln\dfrac{3}{2}$；　(6) $8\ln 2-4$；　(7) $4e^3-2e^2$；　(8) $\dfrac{1}{5}(e^\pi-2)$；　(9) $2\left(1-\dfrac{1}{e}\right)$.

5. $1-3e^{-2}$.

5.4　定积分的应用

由于定积分的产生有其深刻的实际背景,因此,定积分的应用也是非常广泛的.本节将简单介绍定积分在几何及经济分析中的一些应用.

利用定积分解决实际问题的关键在于把所求的量用定积分表达出来,也就是需要确定被积函数和积分区间.那么,如何确定被积表达式呢? 我们首先介绍一种常用的方法——元素法.

5.4.1　元素法

由定积分的定义及几何意义可知,能用定积分表示的量 I(如 5.1 节中,曲边梯形的面积 A 及已知产量的变化率求产量 Q 等),都具有以下共同的特征:

(1) I 的值是与某个变量(如 x)的变化区间 $[a, b]$ 及定义在该区间上的函数(如 $f(x)$)有关.

(2) I 对于区间具有可加性,即对于区间 $[a, b]$ 的总量 I 等于把 $[a, b]$ 分割为若干个小区间后,对应于各个小区间的部分量之和.

(3) 相应于小区间 $[x_{i-1}, x_i]$ 上的部分量 ΔI_i,可近似地表示为 $f(\xi_i)\Delta x_i$,即

$$\Delta I_i \approx f(\xi_i)\Delta x_i \quad (i=1, 2, \cdots, n),$$

其中,$\Delta x_i = x_i - x_{i-1}$ 表示小区间 $[x_{i-1}, x_i]$ 的长度,ξ_i 是小区间 $[x_{i-1}, x_i]$ 上任意一点,且 ΔI_i 与 $f(\xi_i)\Delta x_i$ 之间只相差一个比 Δx_i 高阶的无穷小. 于是有

$$I = \sum_{i=1}^{n}\Delta I_i \approx \sum_{i=1}^{n}f(\xi_i)\Delta x_i,$$

从而

$$I = \lim_{\lambda \to 0}\sum_{i=1}^{n}f(\xi_i)\Delta x_i = \int_a^b f(x)\mathrm{d}x,$$

其中 $\lambda = \max\{\Delta x_1, \Delta x_2, \cdots, \Delta x_n\}$.

当所求量 I 可考虑用定积分表达时,通常省略下标 i,用区间 $[x, x+\mathrm{d}x]$ 来代替任一小区间 $[x_{i-1}, x_i]$,并取 ξ_i 为小区间的左端点 x,就可将小区间 $[x, x+\mathrm{d}x]$ 上的部分量近似表示成 $\mathrm{d}I = f(x)\mathrm{d}x$. 这样,确定所求量 I 的定积分表达式的步骤可简化如下:

(1) 根据实际问题的具体情况,选取某个变量,例如 x 为积分变量,并确定它的

变化区间$[a, b]$.

（2）在区间$[a, b]$上任取一个代表性小区间，并记作$[x, x+\mathrm{d}x]$，求出相应于这个小区间的部分量ΔI的近似值，即如果ΔI可近似地表示为$f(x)\mathrm{d}x$，并使它与ΔI只相差一个比$\mathrm{d}x$高阶的无穷小①，则称$f(x)\mathrm{d}x$为所求量I的**元素**（或**微元**），记作$\mathrm{d}I = f(x)\mathrm{d}x$.

（3）以$\mathrm{d}I = f(x)\mathrm{d}x$为被积表达式，在闭区间$[a, b]$上作定积分，便得所求量的定积分表达式

$$I = \int_a^b f(x)\mathrm{d}x.$$

上述方法称为定积分的**元素法**（或**微元法**）.

5.4.2　定积分在几何中的应用

1. 平面图形的面积

（1）直角坐标情形

利用定积分，除了可以计算曲边梯形的面积，还可以计算一些比较复杂的平面图形的面积.

例如，设在区间$[a, b]$上，$f(x)$和$g(x)$均为单值连续函数，且$f(x) \geqslant g(x)$，求由曲线$y = f(x)$，$y = g(x)$与直线$x = a$及$x = b\,(a < b)$所围成的图形（图5-10）的面积.

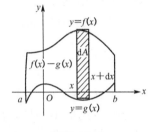

图 5-10

采用元素法，步骤如下：

① 选取横坐标x为积分变量，其变化区间为$[a, b]$；

② 在区间$[a, b]$上任取一代表性小区间$[x, x+\mathrm{d}x]$，相应于这个小区间上的面积为ΔA，它可以用高为$f(x) - g(x)$，底为$\mathrm{d}x$的窄矩形面积来近似代替，即

$$\Delta A \approx [f(x) - g(x)]\mathrm{d}x,$$

因此，面积元素为

$$\mathrm{d}A = [f(x) - g(x)]\mathrm{d}x;$$

③ 以面积元素$\mathrm{d}A = [f(x) - g(x)]\mathrm{d}x$为被积表达式，在区间$[a, b]$上作定积分，便得所求的面积为

$$A = \int_a^b [f(x) - g(x)]\mathrm{d}x. \tag{5.4.1}$$

---

① 　一般地说，当$f(x)$在区间$[a, b]$上是连续函数时，它总能满足这个要求（证明从略）.

类似地,若在区间$[c,d]$上,$\varphi(y)$和$\psi(y)$均为单值连续函数,且$\varphi(y)\leqslant\psi(y)$,则由曲线$x=\varphi(y)$,$x=\psi(y)$与直线$y=c$及$y=d$$(c<d)$所围成的平面图形(图5-11)的面积为

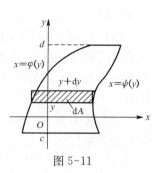

$$A=\int_c^d[\psi(y)-\varphi(y)]\mathrm{d}y. \qquad (5.4.2)$$

图 5-11

例1 计算由两条抛物线$y=x^2$和$y^2=x$所围图形的面积.

解 先作图形,如图5-12所示.求两条抛物线$y=x^2$和

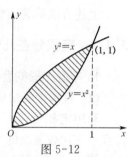

$y^2=x$的交点坐标,由方程组$\begin{cases}y=x^2,\\y^2=x\end{cases}$解得交点坐标为

$(0,0)$及$(1,1)$.取x为积分变量,积分区间是$[0,1]$.由于在第一象限中曲线$y^2=x$即为曲线$y=\sqrt{x}$,于是由公式(5.4.1),可得所求面积为

图 5-12

$$A=\int_0^1(\sqrt{x}-x^2)\mathrm{d}x=\left(\frac{2}{3}x^{\frac{3}{2}}-\frac{1}{3}x^3\right)\Big|_0^1=\frac{1}{3}.$$

注意,本题也可以取y为积分变量进行求解,计算的难易程度相同.但有时积分变量选取不一样,计算的难易程度也会不一样.为方便计算,我们应当重视积分变量的选取.

例2 求抛物线$y^2=x+2$与直线$x-y=0$所围图形的面积.

解 先作图形(图5-13).为求抛物线与直线的交点,解方程组

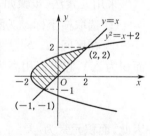

$$\begin{cases}y^2=x+2,\\x-y=0,\end{cases}$$

得交点为$(-1,-1)$与$(2,2)$.为方便计算,取y为积分变量,则y的变化区间为$[-1,2]$.于是由公式(5.4.2),可得所求面积为

图 5-13

$$A=\int_{-1}^2[y-(y^2-2)]\mathrm{d}y=\left[\frac{1}{2}y^2-\frac{1}{3}y^3+2y\right]_{-1}^2=\frac{9}{2}.$$

注意,本题若取x为积分变量进行求解,则计算难度较大,读者不妨一试.

例3 求椭圆曲线$\dfrac{x^2}{a^2}+\dfrac{y^2}{b^2}=1$$(a>0,b>0)$所围成的平面图形的面积.

解　因为这椭圆关于两坐标轴都对称(图 5-14)，所以利用对称性，可得椭圆的面积

$$A = 4A_1,$$

其中，A_1 为该椭圆在第一象限部分的面积. 因此

$$A = 4A_1 = 4\int_0^a y\mathrm{d}x.$$

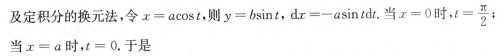

图 5-14

利用椭圆的参数方程

$$\begin{cases} x = a\cos t, \\ y = b\sin t \end{cases}$$

及定积分的换元法，令 $x = a\cos t$，则 $y = b\sin t$，$\mathrm{d}x = -a\sin t\mathrm{d}t$. 当 $x = 0$ 时，$t = \dfrac{\pi}{2}$；当 $x = a$ 时，$t = 0$. 于是

$$A = 4\int_0^a y\mathrm{d}x = 4\int_{\frac{\pi}{2}}^0 b\sin t(-a\sin t)\mathrm{d}t = 4ab\int_0^{\frac{\pi}{2}}\sin^2 t\mathrm{d}t = 4ab\cdot\frac{1}{2}\cdot\frac{\pi}{2} = \pi ab.$$

注意，上面的定积分计算，使用了公式(5.3.3). 当 $a = b$ 时，便得半径为 a 的圆面积公式 $A = \pi a^2$.

例 4　求由曲线 $y = \dfrac{2}{x}$，$y = \dfrac{x^2}{4}$ 和直线 $y = 2x$ 在 $y \geqslant \dfrac{2}{x}$ 的部分所围成的平面图形的面积.

解　如图 5-15 所示. 我们不难求得曲线 $y = \dfrac{2}{x}$，$y = \dfrac{x^2}{4}$ 和 $y = 2x$ 所产生交点的坐标分别为 $A(2，1)$，$B(8，16)$，$C(1，2)$.

根据图 5-15 的特点，无论选 x 或 y 为积分变量计算阴影部分的面积都要分两块区域计算. 现选 x 为积分变量，于是所求面积为

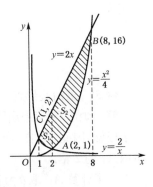

图 5-15

$$S = S_1 + S_2 = \int_1^2\left(2x - \frac{2}{x}\right)\mathrm{d}x + \int_2^8\left(2x - \frac{x^2}{4}\right)\mathrm{d}x$$

$$= \int_1^8 2x\mathrm{d}x - \int_1^2\frac{2}{x}\mathrm{d}x - \int_2^8\frac{x^2}{4}\mathrm{d}x$$

$$= x^2\Big|_1^8 - 2\ln x\Big|_1^2 - \frac{x^3}{12}\Big|_2^8$$

$$= 21 - 2\ln 2.$$

由本例可以看到，在计算较复杂图形的面积时，常需将图形分割成几个小块简单图形，使得各个小块的面积能用公式(5.4.1)或(5.4.2)计算，最后相加即可.

(2) 极坐标情形

当某些平面图形的边界曲线可用极坐标①方程表示时，利用下述方法计算图形的面积比较方便.

设曲线的极坐标方程为 $r=r(\theta)$，其中 $r(\theta)$ 为连续函数，$\alpha\leqslant\theta\leqslant\beta$. 现在要计算由此曲线与两条射线 $\theta=\alpha$ 及 $\theta=\beta$ 所围成的曲边扇形(图 5-16) 的面积.

图 5-16

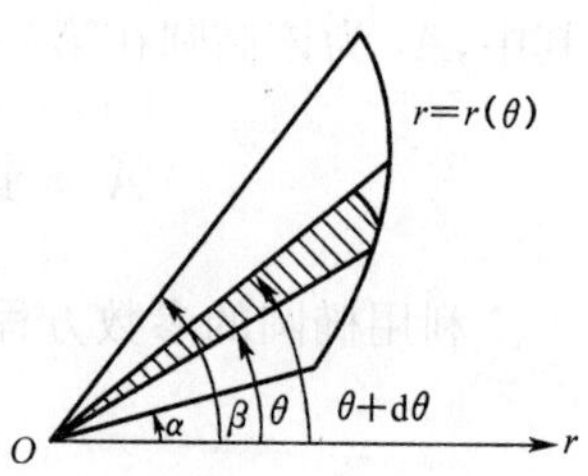

利用元素法：

① 选取 θ 为积分变量，它的变化区间为 $[\alpha,\ \beta]$；

② 在 $[\alpha,\ \beta]$ 上任取一代表性的小区间 $[\theta,\ \theta+\mathrm{d}\theta]$，相应于这个小区间上的小曲边扇形的面积 ΔA，可用半径为 $r=r(\theta)$、中心角为 $\mathrm{d}\theta$ 的圆扇形面积②来近似代替，因此，曲边扇形的面积元素为

$$\mathrm{d}A=\frac{1}{2}r^2(\theta)\mathrm{d}\theta;$$

③ 以 $\mathrm{d}A=\dfrac{1}{2}r^2(\theta)\mathrm{d}\theta$ 为被积表达式，在闭区间 $[\alpha,\ \beta]$ 上作定积分，便得所求的面积为

$$\boxed{A=\frac{1}{2}\int_\alpha^\beta r^2(\theta)\mathrm{d}\theta.} \tag{5.4.3}$$

例 5 求由心形线 $r=a(1+\cos\theta)$ $(a>0)$ 所围成的图形的面积.

解 画出心形线所围成的图形(图 5-17). 这个图形对称于极轴，因此，所求图形的面积 A 是极轴上方部分图形面积 A_1 的 2 倍.

图 5-17

为了计算 A_1，取 θ 为积分变量，它的变化区间为 $[0,\ \pi]$ (当 $\theta=0$ 时，$r=2a$；当 $\theta=\pi$ 时，$r=0$). 由公式(5.4.3)可得

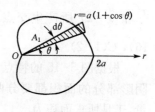

$$\begin{aligned}A_1&=\frac{1}{2}\int_0^\pi a^2(1+\cos\theta)^2\mathrm{d}\theta\\&=\frac{a^2}{2}\int_0^\pi(1+2\cos\theta+\cos^2\theta)\mathrm{d}\theta\end{aligned}$$

---

① 有关极坐标的概念，可参见本书末附录 C.

② 关于圆扇形面积公式：$A=\frac{1}{2}R^2\theta$，可参见本书末附录 B.

$$= \frac{a^2}{2} \int_0^\pi \left(\frac{3}{2} + 2\cos\theta + \frac{1}{2}\cos 2\theta \right) d\theta$$

$$= \frac{a^2}{2} \left[\frac{3}{2}\theta + 2\sin\theta + \frac{1}{4}\sin 2\theta \right]_0^\pi = \frac{3}{4}\pi a^2.$$

于是,所求面积为 $A = 2A_1 = \frac{3}{2}\pi a^2$.

例6 求由双纽线 $r^2 = a^2\cos 2\theta$ 围成的图形的面积.

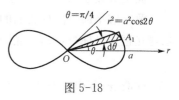

解 画出双纽线所围成的图形(图5-18).这个图形对称于极轴,也对称于极点.因此,所求图形的面积 A 是极轴上方部分图形面积 A_1 的4倍.

图 5-18

为了计算 A_1,取 θ 为积分变量,它的变化区间为 $\left[0, \frac{\pi}{4}\right]$(因为令 $r = 0$,由 $a^2\cos 2\theta = 0$ 得 $\cos 2\theta = 0$, $2\theta = \frac{\pi}{2}$, $\theta = \frac{\pi}{4}$).由公式(5.4.3)可得

$$A_1 = \frac{1}{2}\int_0^{\frac{\pi}{4}} a^2\cos 2\theta d\theta = \frac{a^2}{2}\int_0^{\frac{\pi}{4}} \cos 2\theta d\theta = \frac{a^2}{4}\left[\sin 2\theta\right]_0^{\frac{\pi}{4}} = \frac{a^2}{4}.$$

于是,所求面积为

$$A = 4A_1 = a^2.$$

2. 某些特殊立体的体积

(1)平行截面面积为已知的立体的体积

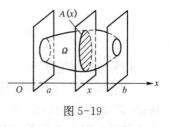

如图5-19所示,设有一空间立体 Ω,它介于过 x 轴上 a, b $(a < b)$ 两点且垂直于 x 轴的两平面之间.

若过 x 轴上任一点 x $(a \leqslant x \leqslant b)$ 作垂直于 x 轴的平面,截立体 Ω 所得截面的面积为 A,则 A 是 x 的函数,记作 $A(x)$,其定义域为 $[a, b]$.

图 5-19

若空间立体 Ω 的截面面积函数 $A(x)$ 为已知的连续函数,则也可用元素法求得立体 Ω 的体积 V.

① 取 x 为积分变量,它的变化区间为 $[a, b]$.

② 在区间 $[a, b]$ 上任取一代表性小区间 $[x, x+dx]$(图5-20).相应于这小区间上的小块立体的体积,可以用一个以 $A(x)$ 为底面积、高为 dx 的薄圆柱体的体积来近似代替,即得体积元素

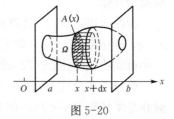

$$dV = A(x)dx.$$

图 5-20

③ 以 $dV = A(x)dx$ 为被积表达式,在区间 $[a, b]$ 上作定积分,便得所求立体 Ω

的体积为

$$V = \int_a^b A(x) \mathrm{d}x. \tag{5.4.4}$$

例7 设有一底圆半径为 R 的圆柱体被一平面所截,平面过圆柱底圆的直径且与底面交成角 α (图 5-21).求这平面截圆柱体所得立体(楔形体)的体积.

解 取平面与圆柱底面的交线为 x 轴,底面上过圆心且垂直于 x 轴的直线为 y 轴建立直角坐标系,那么,底圆的方程为

$$x^2 + y^2 = R^2.$$

选取 x 为积分变量,其变化区间为 $[-R, R]$. 在 $[-R, R]$ 上任取一点 x,过点 x 且垂直于 x 轴的截面是一个直角三角形(图 5-21 中有影线的部分),两条直角边的长度分别为 y 及 $y\tan\alpha$,而 $y = \sqrt{R^2 - x^2}$,所以它的面积为

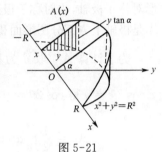

图 5-21

$$A(x) = \frac{1}{2}y^2 \tan\alpha = \frac{1}{2}(R^2 - x^2)\tan\alpha.$$

利用公式(5.4.4),便得所求立体的体积为

$$V = \int_{-R}^R A(x)\mathrm{d}x = \int_{-R}^R \frac{1}{2}(R^2 - x^2)\tan\alpha \mathrm{d}x$$

$$= \frac{1}{2}\tan\alpha \left[R^2 x - \frac{x^3}{3}\right]_{-R}^R = \frac{2}{3}R^3 \tan\alpha.$$

(2) 旋转体的体积

旋转体是指由平面图形绕该平面上某直线旋转一周而成的立体,该直线称为**旋转轴**.例如,圆锥可以看成是由直角三角形绕它的一条直角边旋转一周而成的旋转体;球体可以看成是由半圆绕它的直径旋转一周而成的旋转体.一般地说,旋转体总可以看作是由平面上的曲边梯形绕某个坐标轴旋转一周而得到的立体.

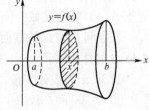

图 5-22

现在运用定积分,计算由连续曲线 $y = f(x)$,直线 $x = a$, $x = b$ $(a < b)$ 及 x 轴所围成的曲边梯形绕 x 轴旋转一周而成的立体(图 5-22)的体积.

取 x 为积分变量,其变化区间为 $[a, b]$. 在 $[a, b]$ 上任意一点 x 处垂直于 x 轴的截面是半径等于 $y = f(x)$ 的圆,因而此截面面积为

$$A(x) = \pi y^2 = \pi [f(x)]^2.$$

由已知平行截面面积求体积的公式(5.4.4),得曲边梯形绕 x 轴旋转一周所成的立体的体积,记作

$$V_x = \int_a^b \pi y^2 \, \mathrm{d}x = \int_a^b \pi [f(x)]^2 \, \mathrm{d}x. \qquad (5.4.5)$$

类似地,可以得到由连续曲线 $x = \varphi(y)$,直线 $y = c$, $y = d$ $(c < d)$ 及 y 轴所围成的曲边梯形绕 y 轴旋转一周而成的立体(图 5-23)的体积,记作

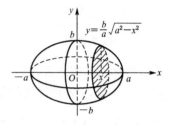

图 5-23

$$V_y = \int_c^d \pi x^2 \, \mathrm{d}y = \int_c^d \pi [\varphi(y)]^2 \, \mathrm{d}y. \qquad (5.4.6)$$

例 8 求由椭圆 $\dfrac{x^2}{a^2} + \dfrac{y^2}{b^2} = 1$ $(a > b > 0)$ 所围成的图形,分别绕 x 轴及 y 轴旋转一周所成立体(旋转椭球体)的体积.

解 (1)绕 x 轴旋转,记所得体积为 V_x. 它可看作是由上半椭圆 $y = \dfrac{b}{a} \sqrt{a^2 - x^2}$ $(-a \leqslant x \leqslant a)$ 及 x 轴所围成的图形绕 x 轴旋转而成的(图 5-24). 按公式(5.4.5)得

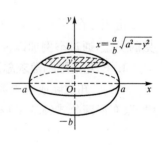

图 5-24

$$\begin{aligned}
V_x &= \int_{-a}^a \pi y^2 \, \mathrm{d}y = \pi \int_{-a}^a \left(\frac{b}{a} \sqrt{a^2 - x^2} \right)^2 \mathrm{d}x \\
&= \pi \frac{b^2}{a^2} \int_{-a}^a (a^2 - x^2) \, \mathrm{d}x \quad \text{(被积函数是偶函数)} \\
&= 2\pi \frac{b^2}{a^2} \int_0^a (a^2 - x^2) \, \mathrm{d}x = 2\pi \frac{b^2}{a^2} \left[a^2 x - \frac{x^3}{3} \right]_0^a \\
&= \frac{4}{3} \pi a b^2.
\end{aligned}$$

(2)绕 y 轴旋转,记所得体积为 V_y. 它可看作是由右半椭圆 $x = \dfrac{a}{b} \sqrt{b^2 - y^2}$ $(-b \leqslant y \leqslant b)$ 及 y 轴所围成的图形绕 y 旋转而成的(图 5-25). 按公式(5.4.6)得

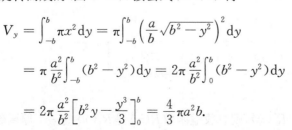

图 5-25

$$\begin{aligned}
V_y &= \int_{-b}^b \pi x^2 \, \mathrm{d}y = \pi \int_{-b}^b \left(\frac{a}{b} \sqrt{b^2 - y^2} \right)^2 \mathrm{d}y \\
&= \pi \frac{a^2}{b^2} \int_{-b}^b (b^2 - y^2) \, \mathrm{d}y = 2\pi \frac{a^2}{b^2} \int_0^b (b^2 - y^2) \, \mathrm{d}y \\
&= 2\pi \frac{a^2}{b^2} \left[b^2 y - \frac{y^3}{3} \right]_0^b = \frac{4}{3} \pi a^2 b.
\end{aligned}$$

从上面的两种结果都可以看出,当 $a=b$ 时,旋转椭球体就成为半径为 a 的球体,它的体积为 $V=\dfrac{4}{3}\pi a^3$.

例 9 求由抛物线 $y=2x^2$,直线 $x=1$ 及 x 轴所围成的图形分别绕 x 轴、y 轴旋转一周所形成的旋转体的体积(图 5-26).

解 先求绕 x 轴旋转而形成的旋转体的体积 V_x. 取 x 为积分变量,它的变化区间为 $[0,1]$. 由图 5-26 可知,所求旋转体的体积为

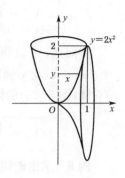

$$V_x=\int_0^1 \pi y^2 \mathrm{d}x=4\pi\int_0^1 x^4 \mathrm{d}x=\dfrac{4\pi}{5}.$$

再求绕 y 轴旋转而形成的旋转体的体积 V_y. 取 y 为积分变量,y 的变化区间为 $[0,2]$. 如图 5-27 所示,在第一象限内,曲线 $y=2x^2$ 即为曲线 $x=\sqrt{\dfrac{y}{2}}$. 此时所求旋转体的体积可看成是两个旋转体的体积之差,即 $V_y=V_1-V_2$,其中 V_1 是由直线 $x=1$,$y=2$,x 轴,y 轴所围成的矩形区域绕 y 轴旋转所成圆柱体体积;V_2 是由曲线 $x=\sqrt{\dfrac{y}{2}}$,直线 $y=2$ 及 y 轴所围成的平面区域绕 y 轴旋转所成旋转体的体积,所以

图 5-26

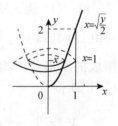

图 5-27

$$V_y=V_1-V_2=\pi\times 1^2\times 2-\pi\int_0^2 x^2 \mathrm{d}y=2\pi-\pi\int_0^2 \dfrac{y}{2}\mathrm{d}y=\pi.$$

5.4.3 定积分在经济分析中的应用举例

定积分在经济分析中也有着广泛的应用. 本目将就几种常见的类型,通过举例加以说明.

1. 已知边际函数求总量函数

(1) 已知边际成本函数 $C'(x)$,则总成本函数 $C(x)$ 是 $C'(x)$ 的一个原函数. 由牛顿-莱布尼茨公式 $(5.2.2)$ 得

$$\int_0^x C'(t)\mathrm{d}t=C(x)-C(0),$$

从而得到总成本函数为

$$\boxed{C(x)=\int_0^x C'(t)\mathrm{d}t+C(0),} \tag{5.4.7}$$

其中 $C(0)$ 为固定成本.

(2) 已知边际收益函数 $R'(x)$,则总收益函数 $R(x)$ 是 $R'(x)$ 的一个原函数. 由牛

顿-莱布尼茨公式可得

$$\int_0^x R'(t)\mathrm{d}t = R(x) - R(0),$$

其中 $R(0) = 0$ 为原始收益(即当销售量 $x = 0$ 时的收益). 从而得到总收益函数为

$$R(x) = \int_0^x R'(t)\mathrm{d}t. \tag{5.4.8}$$

(3) 已知边际成本函数 $C'(x)$,固定成本 $C(0)$,边际收益函数 $R'(x)$,则由式 (5.4.8) 及式(5.4.7),可得总利润函数为

$$L(x) = \int_0^x [R'(t) - C'(t)]\mathrm{d}t - C(0). \tag{5.4.9}$$

例10 已知生产某种商品的边际成本为 $C'(x) = 100 + \dfrac{1}{\sqrt{x}}$,且固定成本为 $C(0)$ $= 30$,边际收益为 $R'(x) = 30 - 2x$. 试求总成本函数及总收益函数.

解 由公式(5.4.7),可得总成本函数为

$$C(x) = \int_0^x \left(100 + \frac{1}{\sqrt{t}}\right)\mathrm{d}t + C(0) = (100\,t + 2\sqrt{t})\Big|_0^x + 30$$

$$= 100\,x + 2\sqrt{x} + 30.$$

再由公式(5.4.8),可得总收益函数为

$$R(x) = \int_0^x (30 - 2\,t)\mathrm{d}t = (30\,t - t^2)\Big|_0^x = 30x - x^2.$$

2. 已知总量函数的变化率(或边际函数),求总量函数的改变量

(1) 已知总产量(或销售量)Q 的变化率 $Q'(t)$,则从时刻 $t = T_1$ 到时刻 $t = T_2 (T_1 < T_2)$ 时,总产量(或销售量)Q 的改变量为

$$\Delta Q = Q(T_2) - Q(T_1) = \int_{T_1}^{T_2} Q'(t)\mathrm{d}t. \tag{5.4.10}$$

(2) 已知边际成本函数 $C'(Q)$,则当产量 Q 由 a 个单位改变到 b 个单位时,总成本的改变量为

$$\Delta C = C(b) - C(a) = \int_a^b C'(Q)\mathrm{d}Q. \tag{5.4.11}$$

(3) 已知边际收益函数 $R'(Q)$,则产品的销量 Q 由 a 个单位改变到 b 个单位时,总收益的改变量为

$$\Delta R = R(b) - R(a) = \int_a^b R'(Q) \, dQ. \tag{5.4.12}$$

例 11 设某种产品在时刻 t(单位:h)的总产量 $Q(t)$ 的变化率为 $Q'(t) = 100 + 12t - 0.6t^2$,求从时刻 $t = 2$ 到 $t = 4$ 这两个小时的总产量.

解 由公式(5.4.10),可得所需求的总产量为

$$\Delta Q = Q(4) - Q(2) = \int_2^4 (100 + 12t - 0.6t^2) \, dt$$

$$= (100t + 6t^2 - 0.2t^3) \Big|_2^4 = 260.8 \text{(单位)}.$$

例 12 设某品牌服装在时刻 t(单位:月)时的销售量 $Q(t)$ 的变化率为 $Q'(t) = 4t - 0.3t^2$(千件 / 月),试求在一年内的总销售量.

解 由公式(5.4.10),可得由 $t = 0$(月) 到 $t = 12$(月) 的总销售量为

$$\Delta Q = Q(12) - Q(0) = \int_0^{12} (4t - 0.3t^2) \, dt$$

$$= (2t^2 - 0.1t^3) \Big|_0^{12} = 115.2 \text{(千件)}.$$

3. 由边际函数求总量函数的最大值或最小值

由已知边际函数求出总量函数后,根据第 3 章中所介绍的求函数的最大值或最小值的方法,即可求得总量函数的最大值或最小值.

例 13 设某工厂每天生产 x 单位产品时,边际成本函数为 $C'(x) = 0.4x + 2$(元 / 单位),固定成本为 $C(0) = 20$ 元. 如果该产品的单价为 18 元,且产品可以全部售出. 试求:

(1) 总利润函数;

(2) 每天生产多少单位产品时,才能获得最大利润并求出最大利润.

解 (1) 因已知边际成本函数 $C'(x) = 0.4x + 2$,固定成本 $C(0) = 20$,故由公式(5.4.7),可得总成本函数为

$$C(x) = \int_0^x (0.4t + 2) \, dt + 20 = (0.2t^2 + 2t) \Big|_0^x + 20$$

$$= 0.2x^2 + 2x + 20.$$

设销售 x 单位产品时,所得收益为 $R(x)$,则 $R(x) = 18x$. 从而得总利润函数为

$$L(x) = R(x) - C(x) = 18x - (0.2x^2 + 2x + 20) = -0.2x^2 + 16x - 20.$$

(2) 由 $L'(x) = 0$(即 $R'(x) = C'(x)$),即 $-0.4x + 16 = 0$,解得唯一的驻点 $x = 40$. 又因 $L''(x) = -0.4 < 0$,故在 $x = 40$(单位) 时,总利润 $L(x)$ 取极大值且也是最大值. 因此,当每天生产 40 单位产品时,才能获得最大利润,且最大利润为

$$L(40) = (-0.2x^2 + 16x - 20)\Big|_{x=40} = -320 + 640 - 20 = 300(\text{元}).$$

或者,由公式(5.4.9),以 $x = 40$,$C(0) = 20$ 代入,也可求得

$$L(40) = \int_0^{40}(-0.4x + 16)\mathrm{d}x - 20 = (-0.2x^2 + 16x)\Big|_0^{40} - 20$$

$$= -320 + 640 - 20 = 300(\text{元}).$$

例 14 已知某种产品的边际成本函数 $C'(x) = 2 + 0.5x$(万元 / 百台),边际收益函数 $R'(x) = 6 - 1.5x$(万元 / 百台).试求:

(1) 当产量 x 由 200 台增加到 300 台时,总成本与总收益各增加多少?

(2) 若固定成本 $C(0) = 1$ 万元,分别求出总成本函数、总收益函数及总利润函数.

(3) 产量为多少时总利润最大,最大利润为多少?

(4) 在取得最大利润的产量时,若再多生产 100 台,总利润有何变化?

解 (1) 由公式(5.4.11),可得总成本的增加量为

$$\Delta C = C(3) - C(2) = \int_2^3(2 + 0.5x)\mathrm{d}x = \left(2x + \frac{x^2}{4}\right)\Big|_2^3 = 3.25(\text{万元}).$$

再由公式(5.4.12),可得总收益的增加量为

$$\Delta R = R(3) - R(2) = \int_2^3(6 - 1.5x)\mathrm{d}x = \left(6x - \frac{3}{4}x^2\right)\Big|_2^3 = 2.25(\text{万元}).$$

(2) 由公式(5.4.7),可得总成本函数为

$$C(x) = \int_0^x(2 + 0.5t)\mathrm{d}t + 1 = \left(2t + \frac{t^2}{4}\right)\Big|_0^x + 1 = 2x + \frac{x^2}{4} + 1.$$

由公式(5.4.8),可得总收益函数为

$$R(x) = \int_0^x(6 - 1.5t)\mathrm{d}t = \left(6t - \frac{3}{4}t^2\right)\Big|_0^x = 6x - \frac{3}{4}x^2.$$

所求总利润函数为

$$L(x) = R(x) - C(x) = \left(6x - \frac{3}{4}x^2\right) - \left(2x + \frac{x^2}{4} + 1\right) = 4x - x^2 - 1.$$

(3) 当 $R'(x) = C'(x)$(即 $L'(x) = 0$) 时,即 $6 - 1.5x = 2 + 0.5x$,解得唯一的驻点 $x = 2$,且 $R''(2) = -1.5$,$C''(2) = 0.5$,$R''(2) < C''(2)$,即 $L''(2) < 0$,所以当产量 $x = 2$(百台)时总利润最大,最大利润为 $L(2) = (4x - x^2 - 1)\Big|_{x=2} = 3(\text{万元})$.

(4) 因 $\Delta L = L(3) - L(2) = 2 - 3 = -1(\text{万元})$,故在取得最大利润的产量 200 台的基础上,若再多生产 100 台,则总利润将减少 1 万元.

4. 连续复利资金流量的现值

若现有本金 P_0 元,以年利率 r 的连续复利计息,则 t 年后的本利和为

$$A(t) = P_0 \mathrm{e}^{rt}.$$

反之,若某项投资资金 t 年后的本利和 A 为已知,则按连续复利计算,现在应有资金为

$$P_0 = A\mathrm{e}^{-rt},$$

称 P_0 为**资本现值**.

在时间区间 $[0, T]$ 内,若资金流量 A 是时刻 t 的函数 $A(t)$,以年利率 r 连续复利计息,则 T 年后资金流量总和的现值为

$$P = \int_0^T A(t)\mathrm{e}^{-rt}\mathrm{d}t.$$

特别地,当资金流量为常数 A 时,则有

$$P = \int_0^T A\mathrm{e}^{-rt}\mathrm{d}t = \frac{A}{r}(1 - \mathrm{e}^{-rT}).$$

5. 购买债券实例

例 15 通常不同期限的债券其年收益率是不同的,在金融上称为**利率的期限结构**. 假定有到期日为 T 的零息票债券(指在到期日拿 1 元,中间不分利息,在购买时以低于面值的价格买进),目前市场无风险利率(连续复利)是时间的函数 $r(t)$,则其价格 $P(t)$ 应满足 $\mathrm{d}P(t) = P(t)r(t)\mathrm{d}t$. 试求投资者在债券发行首日购入的价格 $P(0)$.

解 因为 $\mathrm{d}P(t) = P(t)r(t)\mathrm{d}t$,所以 $\dfrac{\mathrm{d}P}{P} = r(t)\mathrm{d}t$. 两端在 $[0, T]$ 上积分,有

$$\int_0^T \frac{\mathrm{d}P}{P} = \int_0^T r(t)\mathrm{d}t.$$

左端积分后,得

$$\ln P \bigg|_0^T = \int_0^T r(t)\mathrm{d}t,$$

即

$$\ln P(T) - \ln P(0) = \ln \mathrm{e}^{\int_0^T r(t)\mathrm{d}t}.$$

化简后,得

$$\frac{P(T)}{P(0)} = \mathrm{e}^{\int_0^T r(t)\mathrm{d}t}.$$

于是求得

$$P(0) = P(T)\mathrm{e}^{-\int_0^T r(t)\mathrm{d}t}.$$

由题意知,$P(T) = 1$,故得

$$P(0) = \mathrm{e}^{-\int_0^T r(t)\mathrm{d}t}.$$

这就是投资者在债券发行首日购入的价格.

习题 5.4

1. 求下列各题中阴影部分的面积(图 5-28).

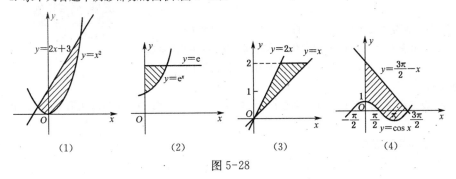

图 5-28

2. 求由下列曲线所围成的图形的面积.

(1) $y = \mathrm{e}^x$，$y = \mathrm{e}^{-x}$ 与直线 $x = 1$；

(2) $y = \dfrac{1}{x}$ 与直线 $y = x$ 及 $x = 2$；

(3) $x = y^2$ 与直线 $x = 2y + 3$；

(4) $y = \sin x$，$y = \cos x$ $\left(0 \leqslant x \leqslant \dfrac{\pi}{2}\right)$ 与 x 轴.

3. 抛物线 $y = \dfrac{1}{2}x^2$ 把圆 $x^2 + y^2 = 8$ 分割成两部分，求这两部分图形的面积之比.

4. 求摆线 $\begin{cases} x = a(t - \sin t), \\ y = a(1 - \cos t) \end{cases}$ $(a > 0)$ 的第一拱与 x 轴所围成的平面图形(图 5-29)的面积.

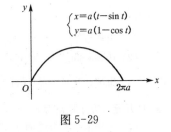

图 5-29

5. 求由星形线 $\begin{cases} x = a\cos^3 t, \\ y = a\sin^3 t \end{cases}$ $(a > 0)$(图 5-30) 所围成的图形的面积.

6. 求由圆 $r = \sqrt{2}\sin\theta$ 与双纽线 $r^2 = \cos 2\theta$ 所围成的图形的公共部分(图 5-31)的面积.

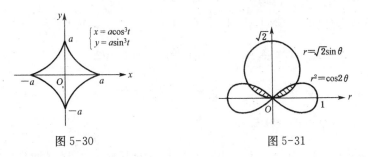

图 5-30   图 5-31

7. 求由曲线 $y = \sqrt{2x}$ 及曲线上点 $(2, 2)$ 处的切线与 x 轴所围成的图形的面积.

8. 求下列各曲线所围成的图形,按照指定的轴旋转所生成的旋转体的体积.

(1) $y^2 = 4x$，$x = 1$,绕 x 轴；   (2) $y = \sin x$，$x = \dfrac{\pi}{2}$，$y = 0$,绕 y 轴；

(3) $xy = 1$, $y = 2$, $x = 3$, 绕 x 轴.

9. 有一立体,以半径为 R 的圆为底,以平行于底且长度等于该圆直径的线段为顶、高为 h 的正劈锥体(图5-32).求该立体的体积.

10. 设某产品的边际成本函数为 $C'(x) = 0.4x + 3$ (百元/件),固定成本 $C(0) = 10$(百元),求总成本函数 $C(x)$.

11. 已知某产品总产量 P 的变化率是时间 t(单位:年)的函数 $f(t) = 2t + 5(t \geqslant 0)$,求第 1 个五年和第 2 个五年的总产量各为多少.

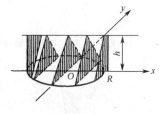

图 5-32

12. 设某产品总产量 Q 的变化率是 t 的函数 $Q'(t) = 3t^2 + 6t$(件/天),求从第 3 天后到第 7 天的产量.

13. 已知某产品生产 x 个单位时,总收益 R 的变化率(边际收益)为

$$R'(x) = 200 - \frac{x}{100} \quad (x \geqslant 0),$$

(1) 求生产了 50 个单位时的总收益;

(2) 如果已经生产了 100 个单位,求再生产 100 个单位时的总收益.

14. 某产品的总成本 C(万元)的变化率(边际成本)$C' = 1$,总收益 R(万元)的变化率(边际收益)为产量 x(百台)的函数:

$$R'(x) = 5 - x.$$

(1) 求产量等于多少时,总利润 $L = R - C$ 最大?

(2) 达到利润最大的产量后又生产了 1 百台,总利润减少了多少?

15. 设生产某种产品 x(百台)时的边际成本为 $C'(x) = 4 + \frac{x}{4}$(万元/百台),固定成本 $C'(0) = 1$(万元),边际收益为 $R'(x) = 8 - x$(万元/百台).试求:

(1) 产量由 1 百台增加到 5 百台时的总成本与总收益各增加多少?

(2) 产量为多少时,总利润最大?并求最大利润;

(3) 当获取最大利润时的总收益及每台产品的价格为多少?

答　案

1. (1) $\frac{32}{3}$; 　(2) 1; 　(3) 1; 　(4) $\frac{9}{8}\pi^2 + 1$.

2. (1) $e + \frac{1}{e} - 2$; 　(2) $\frac{3}{2} - \ln 2$; 　(3) $\frac{32}{3}$; 　(4) $2 - \sqrt{2}$.

3. $\frac{3\pi + 2}{9\pi - 2}$. 　　4. $3\pi a^2$. 　5. $\frac{3}{8}\pi a^2$. 　6. $\frac{\pi}{6} + \frac{1 - \sqrt{3}}{2}$. 　　7. $\frac{4}{3}$.

8. (1) 2π; 　(2) 2π; 　(3) $\frac{25}{3}\pi$.

9. $\frac{\pi}{2}R^2 h$. 　　10. $0.2x^2 + 3x + 10$. 　　11. 50, 100. 　　12. 436(件).

13. (1) 9 987.5; (2) 19 850. 　14. (1) $x = 4$(百台); (2) 0.5(万元).

15. (1) $\Delta C = 19$(万元), $\Delta R = 20$(万元); (2) 当产量为 3.2(百台)时,利润最大,最大利润为 5.4(万元); (3) 当获得最大利润时的总收益为 20.48(万元),每台产品的价格为 640(元).

5.5 反常积分与 Γ - 函数简介

以前我们讨论定积分时,是以有限积分区间且被积函数为有界函数(甚至是连续函数)为前提的.但是为了解决某些问题,有时不得不考察无限区间上的积分或无界函数的积分.这两类积分叫作**反常积分**[①].

5.5.1 无穷限的反常积分

我们先来看一个问题:求由曲线 $y = \mathrm{e}^{-x}$ 与 x 轴、y 轴所围成在第一象限的开口曲边梯形的面积 A(图 5-33).

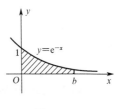

图 5-33

由于此图形在 x 轴的正方向上是开口的、不是封闭的曲边梯形,不能用定积分来计算.如果我们在区间 $[0, +\infty)$ 上任取一点 $b > 0$,于是在区间 $[0, b]$ 上曲线 $y = \mathrm{e}^{-x}$ 与直线 $x = b$ 及 x 轴、y 轴所围成的曲边梯形的面积为 $A(b) = \int_0^b \mathrm{e}^{-x}\mathrm{d}x$. 显然 b 改变时,曲边梯形的面积也随之改变,当 $b \to +\infty$ 时,有

$$\lim_{b \to +\infty} A(b) = \lim_{b \to +\infty} \int_0^b \mathrm{e}^{-x}\mathrm{d}x = \lim_{b \to +\infty} -\mathrm{e}^{-x} \mid_0^b.$$

$$= \lim_{b \to +\infty} (-\mathrm{e}^{-b} + 1) = 1.$$

这个极限就是开口曲边梯形的面积.由此,我们引入积分区间是无穷限的反常积分.

定义 1 设函数 $f(x)$ 在区间 $[a, +\infty)$ 上连续,任取 $b > a$,则称极限 $\lim\limits_{b \to +\infty} \int_a^b f(x)\mathrm{d}x$ 为 **$f(x)$ 在$[a, +\infty)$ 上的反常积分**,记作 $\int_a^{+\infty} f(x)\mathrm{d}x$,即

$$\int_a^{+\infty} f(x)\mathrm{d}x = \lim_{b \to +\infty} \int_a^b f(x)\mathrm{d}x. \tag{5.5.1}$$

如果上述极限存在,则称反常积分 $\int_a^{+\infty} f(x)\mathrm{d}x$ **收敛**;否则,就称反常积分 $\int_a^{+\infty} f(x)\mathrm{d}x$ **发散**.

类似地,可以定义 $f(x)$ 在 $(-\infty, b]$ 及 $(-\infty, +\infty)$ 上的反常积分.

定义 2 设函数 $f(x)$ 在区间 $(-\infty, b]$ 上连续,任取 $a < b$,则称极限 $\lim\limits_{a \to -\infty} \int_a^b f(x)\mathrm{d}x$ 为 $f(x)$ 在 $(-\infty, b]$ 上的反常积分,记作 $\int_{-\infty}^b f(x)\mathrm{d}x$,即

---

① 反常积分,也常称为广义积分.

$$\int_{-\infty}^{b} f(x)\mathrm{d}x = \lim_{a \to -\infty} \int_{a}^{b} f(x)\mathrm{d}x. \tag{5.5.2}$$

如果上述极限存在,则称反常积分 $\int_{-\infty}^{b} f(x)\mathrm{d}x$ **收敛**;否则,就称反常积分 $\int_{-\infty}^{b} f(x)\mathrm{d}x$ **发散**.

定义 3 设函数 $f(x)$ 在 $(-\infty, +\infty)$ 上连续,则定义 $f(x)$ 在 $(-\infty, +\infty)$ 上的反常积分为

$$\int_{-\infty}^{+\infty} f(x)\mathrm{d}x = \int_{-\infty}^{0} f(x)\mathrm{d}x + \int_{0}^{+\infty} f(x)\mathrm{d}x$$

$$= \lim_{a \to -\infty} \int_{a}^{0} f(x)\mathrm{d}x + \lim_{b \to +\infty} \int_{0}^{b} f(x)\mathrm{d}x. \tag{5.5.3}$$

如果上式中两个反常积分 $\int_{-\infty}^{0} f(x)\mathrm{d}x$ 与 $\int_{0}^{+\infty} f(x)\mathrm{d}x$ 都收敛,则称反常积分 $\int_{-\infty}^{+\infty} f(x)\mathrm{d}x$ **收敛**,且收敛于它们的和;如果上式中两个反常积分至少有一个发散,则称反常积分 $\int_{-\infty}^{+\infty} f(x)\mathrm{d}x$ **发散**.

例 1 求解反常积分 $\int_{e}^{+\infty} \dfrac{\ln x}{x}\mathrm{d}x$.

解 $\int_{e}^{+\infty} \dfrac{\ln x}{x}\mathrm{d}x = \lim_{b \to +\infty} \int_{e}^{b} \dfrac{\ln x}{x}\mathrm{d}x = \lim_{b \to +\infty} \int_{e}^{b} \ln x \mathrm{d}(\ln x)$

$$= \lim_{b \to +\infty} \frac{1}{2}(\ln x)^2 \Big|_{e}^{b} = \lim_{b \to +\infty} \frac{1}{2}\big[(\ln b)^2 - 1\big] = +\infty.$$

所以,反常积分 $\int_{e}^{+\infty} \dfrac{\ln x}{x}\mathrm{d}x$ 发散.

例 2 求解反常积分 $\int_{-\infty}^{+\infty} \dfrac{1}{1+x^2}\mathrm{d}x$.

解 $\int_{-\infty}^{+\infty} \dfrac{1}{1+x^2}\mathrm{d}x = \int_{-\infty}^{0} \dfrac{1}{1+x^2}\mathrm{d}x + \int_{0}^{+\infty} \dfrac{1}{1+x^2}\mathrm{d}x$

$$= \lim_{a \to -\infty} \int_{a}^{0} \frac{1}{1+x^2}\mathrm{d}x + \lim_{b \to +\infty} \int_{0}^{b} \frac{1}{1+x^2}\mathrm{d}x$$

$$= \lim_{a \to -\infty} (\arctan x)\Big|_{a}^{0} + \lim_{b \to +\infty} (\arctan x)\Big|_{0}^{b}$$

$$= -\lim_{a \to -\infty} \arctan a + \lim_{b \to +\infty} \arctan b$$

$$= -\left(-\frac{\pi}{2}\right) + \frac{\pi}{2} = \pi.$$

所以,反常积分 $\displaystyle\int_{-\infty}^{+\infty}\frac{1}{1+x^2}\mathrm{d}x$ 收敛,且收敛于 π.

例 3 求解反常积分 $\displaystyle\int_{-\infty}^{0}x\mathrm{e}^x\mathrm{d}x$.

解
$$\int_{-\infty}^{0}x\mathrm{e}^x\mathrm{d}x = \lim_{a\to-\infty}\int_{a}^{0}x\mathrm{e}^x\mathrm{d}x = \lim_{a\to-\infty}\int_{a}^{0}x\mathrm{d}(\mathrm{e}^x)$$

$$= \lim_{a\to-\infty}\left(x\mathrm{e}^x\Big|_{a}^{0} - \int_{a}^{0}\mathrm{e}^x\mathrm{d}x\right) = \lim_{a\to-\infty}(-a\mathrm{e}^a - 1 + \mathrm{e}^a).$$

注意到 $\displaystyle\lim_{a\to-\infty}a\cdot\mathrm{e}^a \xlongequal{(\infty\cdot 0\ \text{型})} \lim_{a\to-\infty}\frac{a}{\mathrm{e}^{-a}} \xlongequal{\left(\frac{\infty}{\infty}\ \text{型}\right)} \lim_{a\to-\infty}\frac{1}{-\mathrm{e}^{-a}} = 0.$

于是,所给反常积分收敛,且收敛于 -1,即 $\displaystyle\int_{-\infty}^{0}x\mathrm{e}^x\mathrm{d}x = -1$.

有时为了书写简便,我们记 $\displaystyle\lim_{b\to+\infty}F(x)\Big|_{a}^{b} = F(x)\Big|_{a}^{+\infty} = \lim_{b\to+\infty}F(b) - F(a)$. 例如:

$$\int_{1}^{+\infty}\frac{1}{x^4}\mathrm{d}x = -\frac{1}{3x^3}\Big|_{1}^{+\infty} = -\lim_{b\to+\infty}\frac{1}{3b^3} + \frac{1}{3} = \frac{1}{3}.$$

例 4 讨论反常积分 $\displaystyle\int_{1}^{+\infty}\frac{1}{x^p}\mathrm{d}x$ 的收敛性.

解 当 $p = 1$ 时,$\displaystyle\int_{1}^{+\infty}\frac{1}{x}\mathrm{d}x = \ln x\Big|_{1}^{+\infty} = +\infty$,发散;

当 $p \neq 1$ 时,

$$\int_{1}^{+\infty}\frac{1}{x^p}\mathrm{d}x = \left[\frac{1}{1-p}x^{1-p}\right]_{1}^{+\infty} = \begin{cases} +\infty, & p < 1, \\ \dfrac{1}{p-1}, & p > 1. \end{cases}$$

所以,当 $p > 1$ 时此反常积分收敛,其值为 $\dfrac{1}{p-1}$;当 $p \leqslant 1$ 时,此反常积分发散.

5.5.2 无界函数的反常积分

与引入无穷限的反常积分类似,下面给出被积函数为无界函数的反常积分.

定义 4 设函数 $f(x)$ 在 $(a, b]$ 上连续,且 $\displaystyle\lim_{x\to a^+}f(x) = \infty$. 任取 $\varepsilon > 0$,称极限 $\displaystyle\lim_{\varepsilon\to 0^+}\int_{a+\varepsilon}^{b}f(x)\mathrm{d}x$ 为函数 $f(x)$ 在 $(a, b]$ 上的**反常积分**,仍然记作 $\displaystyle\int_{a}^{b}f(x)\mathrm{d}x$,即

$$\int_{a}^{b}f(x)\mathrm{d}x = \lim_{\varepsilon\to 0^+}\int_{a+\varepsilon}^{b}f(x)\mathrm{d}x. \tag{5.5.4}$$

如果上述极限存在，则称反常积分 $\int_a^b f(x)\mathrm{d}x$ **收敛**；否则，就称反常积分 $\int_a^b f(x)\mathrm{d}x$ **发散**.

同样，可以定义其他情形的无界函数的反常积分.

定义 5 设函数 $f(x)$ 在 $[a,b)$ 上连续，且 $\lim\limits_{x\to b^-} f(x) = \infty$. 任取 $\eta > 0$，称极限 $\lim\limits_{\eta\to 0^+}\int_a^{b-\eta} f(x)\mathrm{d}x$ 为函数 $f(x)$ 在 $[a,b)$ 上的反常积分，也记作 $\int_a^b f(x)\mathrm{d}x$，即

$$\int_a^b f(x)\mathrm{d}x = \lim_{\eta\to 0^+}\int_a^{b-\eta} f(x)\mathrm{d}x. \tag{5.5.5}$$

如果上述极限存在，则称反常积分 $\int_a^b f(x)\mathrm{d}x$ **收敛**；否则，就称反常积分 $\int_a^b f(x)\mathrm{d}x$ **发散**.

定义 6 设函数 $f(x)$ 在 $[a,b]$ 上除点 $c\,(a<c<b)$ 外都连续，且 $\lim\limits_{x\to c} f(x) = \infty$，即 $x = c$ 是 $f(x)$ 的无穷间断点. 我们定义函数 $f(x)$ 在 $[a,b]$ 上的反常积分为

$$\int_a^b f(x)\mathrm{d}x = \int_a^c f(x)\mathrm{d}x + \int_c^b f(x)\mathrm{d}x = \lim_{\eta\to 0^+}\int_a^{c-\eta} f(x)\mathrm{d}x + \lim_{\varepsilon\to 0^+}\int_{c+\varepsilon}^b f(x)\mathrm{d}x.$$

$$\tag{5.5.6}$$

这里，ε 与 η 是相互独立的、取正值而趋于零的变量. 如果上式中两个反常积分 $\int_a^c f(x)\mathrm{d}x$ 与 $\int_c^b f(x)\mathrm{d}x$ 都收敛，则称反常积分 $\int_a^b f(x)\mathrm{d}x$ **收敛**，且收敛于它们的和；如果上式中两个反常积分至少有一个发散，则称反常积分 $\int_a^b f(x)\mathrm{d}x$ **发散**.

例 5 求解反常积分 $\int_0^1 \dfrac{x}{\sqrt{1-x^2}}\mathrm{d}x$.

解 被积函数 $\dfrac{x}{\sqrt{1-x^2}}$ 在 $[0,1)$ 上连续，且 $\lim\limits_{x\to 1^-}\dfrac{x}{\sqrt{1-x^2}} = \infty$. 于是，按定义 5 有

$$\int_0^1 \frac{x}{\sqrt{1-x^2}}\mathrm{d}x = \lim_{\eta\to 0^+}\int_0^{1-\eta}\frac{x}{\sqrt{1-x^2}}\mathrm{d}x = -\lim_{\eta\to 0^+}\frac{1}{2}\int_0^{1-\eta}(1-x^2)^{-\frac{1}{2}}\mathrm{d}(1-x^2)$$

$$= -\lim_{\eta\to 0^+}\sqrt{1-x^2}\,\Big|_0^{1-\eta} = -\lim_{\eta\to 0^+}(\sqrt{2\eta-\eta^2}-1) = 1.$$

于是，反常积分 $\int_0^1 \dfrac{x}{\sqrt{1-x^2}}\mathrm{d}x$ 收敛，且收敛于 1.

例 6 求解反常积分 $\int_0^1 \ln x\,\mathrm{d}x$.

解 因为 $\lim\limits_{x\to 0^+}\ln x=-\infty$，即 $\ln x$ 当 $x\to 0^+$ 时无界. 由定义 4，得

$$\int_0^1 \ln x\mathrm{d}x=\lim_{\varepsilon\to 0^+}\int_\varepsilon^1 \ln x\mathrm{d}x=\lim_{\varepsilon\to 0^+}[x\ln x-x]_\varepsilon^1=-1-\lim_{\varepsilon\to 0^+}(\varepsilon\ln\varepsilon-\varepsilon).$$

由洛必达法则，

$$\lim_{\varepsilon\to 0^+}\varepsilon\ln\varepsilon=\lim_{\varepsilon\to 0^+}\frac{\ln\varepsilon}{\dfrac{1}{\varepsilon}}\xlongequal{\frac{\infty}{\infty}}\lim_{\varepsilon\to 0^+}\frac{\dfrac{1}{\varepsilon}}{-\dfrac{1}{\varepsilon^2}}=-\lim_{\varepsilon\to 0^+}\varepsilon=0,$$

所以，所给反常积分收敛，且 $\int_0^1 \ln x\mathrm{d}x=-1$.

例 7 求解反常积分 $\int_{-1}^1 \dfrac{1}{x^2}\mathrm{d}x$.

解 在 $[-1,1]$ 上除 $x=0$ 外，被积函数 $f(x)=\dfrac{1}{x^2}$ 连续，且 $\lim\limits_{x\to 0}\dfrac{1}{x^2}=\infty$. 按定义 6，有

$$\int_{-1}^1 \frac{1}{x^2}\mathrm{d}x=\int_{-1}^0 \frac{1}{x^2}\mathrm{d}x+\int_0^1 \frac{1}{x^2}\mathrm{d}x,$$

而 $\qquad \displaystyle\int_0^1 \frac{1}{x^2}\mathrm{d}x=\lim_{\varepsilon\to 0^+}\int_\varepsilon^1 \frac{1}{x^2}\mathrm{d}x=\lim_{\varepsilon\to 0^+}\left(-\frac{1}{x}\right)\Big|_\varepsilon^1=\lim_{\varepsilon\to 0^+}\left(\frac{1}{\varepsilon}-1\right)=\infty,$

即反常积分 $\int_0^1 \dfrac{1}{x^2}\mathrm{d}x$ 发散. 所以由定义 6 知，反常积分 $\int_{-1}^1 \dfrac{1}{x^2}\mathrm{d}x$ 是发散的.

例 8 证明：反常积分 $\int_0^1 \dfrac{\mathrm{d}x}{x^q}$ 当 $q<1$ 时收敛，当 $q\geqslant 1$ 时发散.

证明 当 $q=1$ 时，$\int_0^1 \dfrac{\mathrm{d}x}{x^q}=\int_0^1 \dfrac{\mathrm{d}x}{x}$. 因为

$$\int_0^1 \frac{\mathrm{d}x}{x}=\lim_{\varepsilon\to 0^+}\int_\varepsilon^1 \frac{\mathrm{d}x}{x}=\lim_{\varepsilon\to 0^+}[\ln x]_\varepsilon^1=-\lim_{\varepsilon\to 0^+}\ln\varepsilon=+\infty,$$

所以，反常积分发散.

当 $q\neq 1$ 时，$\displaystyle\int_0^1 \frac{\mathrm{d}x}{x^q}=\lim_{\varepsilon\to 0^+}\int_\varepsilon^1 \frac{\mathrm{d}x}{x^q}=\lim_{\varepsilon\to 0^+}\left[\frac{x^{1-q}}{1-q}\right]_\varepsilon^1=\lim_{\varepsilon\to 0^+}\left(\frac{1}{1-q}-\frac{\varepsilon^{1-q}}{1-q}\right)$

$$=\begin{cases}\dfrac{1}{1-q}, & q<1,\\[2mm] +\infty, & q>1.\end{cases}$$

综上讨论可知：当 $q<1$ 时，反常积分 $\int_0^1 \dfrac{\mathrm{d}x}{x^q}$ 收敛，且其值为 $\dfrac{1}{1-q}$；当 $q\geqslant 1$ 时，反常积分 $\int_0^1 \dfrac{\mathrm{d}x}{x^q}$ 发散.

5.5.3 Γ-函数简介

在概率论、数理统计等科学领域,常会遇到一个重要的积分区间无限且含参变量的积分.

定义 7 积分 $\Gamma(r) = \int_0^{+\infty} x^{r-1} e^{-x} dx \ (r > 0)$ 是参变量 r 的函数,称为 **Γ 函数**.

可以证明这个积分是收敛的(证明从略).

Γ 函数有一个重要性质:

$$\Gamma(r+1) = r\Gamma(r) \quad (r > 0). \tag{5.5.7}$$

这是因为

$$\Gamma(r+1) = \int_0^{+\infty} x^r e^{-x} dx = -x^r e^{-x} \Big|_0^{+\infty} + r\int_0^{+\infty} x^{r-1} e^{-x} dx$$

$$= r\int_0^{+\infty} x^{r-1} e^{-x} dx = r\Gamma(r).$$

这是一个递推公式.

特别地,当 r 为正整数时,有

$$\Gamma(1) = 1, \tag{5.5.8}$$

$$\Gamma(n+1) = n!. \tag{5.5.9}$$

例 9 计算 $\dfrac{\Gamma\left(\dfrac{5}{2}\right)}{\Gamma\left(\dfrac{1}{2}\right)}$.

解 利用式(5.5.7),可得

$$\frac{\Gamma\left(\dfrac{5}{2}\right)}{\Gamma\left(\dfrac{1}{2}\right)} = \frac{\dfrac{3}{2}\Gamma\left(\dfrac{3}{2}\right)}{\Gamma\left(\dfrac{1}{2}\right)} = \frac{\dfrac{3}{2} \times \dfrac{1}{2}\Gamma\left(\dfrac{1}{2}\right)}{\Gamma\left(\dfrac{1}{2}\right)} = \frac{3}{4}.$$

例 10 试利用概率论中常用的泊松积分

$$\int_0^{+\infty} e^{-t^2} dt = \frac{\sqrt{\pi}}{2},$$

计算 $\Gamma\left(\dfrac{1}{2}\right)$.

解 令 $x = t^2$,则 $dx = 2tdt$. 于是

$$\Gamma\left(\frac{1}{2}\right) = \int_0^{+\infty} \frac{1}{\sqrt{x}} e^{-x} dx = 2\int_0^{+\infty} e^{-t^2} dt = \sqrt{\pi}.$$

习题 5.5

1. 求解下列反常积分.

(1) $\int_0^{+\infty} e^{-x} dx$;　　(2) $\int_1^{+\infty} \dfrac{1}{(x+2)^4} dx$;　　(3) $\int_0^1 \dfrac{1}{\sqrt{1-x}} dx$;　　(4) $\int_{-\infty}^0 x e^x dx$;

(5) $\int_{\frac{\pi}{4}}^{\frac{\pi}{2}} \dfrac{1}{\cos^2 x} dx$;　　(6) $\int_0^{+\infty} \dfrac{1}{1+x+x^2} dx$;　　*(7) $\int_0^1 \sqrt{\dfrac{x}{1-x}} dx$.

2. 计算.

(1) $\dfrac{\Gamma\left(\frac{3}{2}\right)\Gamma(3)}{\Gamma\left(\frac{9}{2}\right)}$;　　(2) $\dfrac{\Gamma(7)}{2\Gamma(3)\Gamma(4)}$;　　(3) $\int_0^{+\infty} x^2 e^{-2x^2} dx$;　　(4) $\int_0^{+\infty} x^4 e^{-x} dx$.

3. 求位于曲线 $y = e^x$ 下方,该曲线过原点的切线的左方以及 x 轴上方之间的图形的面积.

答　案

1. (1) 1;　(2) $\dfrac{1}{81}$;　(3) 2;　(4) -1;　(5) 发散;　(6) $\dfrac{2\sqrt{3}}{9}\pi$;　(7) $\dfrac{\pi}{2}$.

2. (1) $\dfrac{16}{105}$;　(2) 30;　(3) $\dfrac{\sqrt{\pi}}{8\sqrt{2}}$;　(4) 4!.

3. $\dfrac{e}{2}$.

复习题(5)

(A)

1. 估计定积分 $I = \int_{\frac{1}{\sqrt{3}}}^{\sqrt{3}} x \arctan x \, dx$ 的值,指出它介于哪两个数之间.

2. 计算.

(1) $\dfrac{d}{dx}\int_{\frac{\pi}{2}}^{2x} \dfrac{\sin t}{t} dt$;　　(2) $\dfrac{d}{dx}\int_{x^2}^0 \dfrac{t\sin t}{1+\cos^2 t} dt$;　　(3) $\dfrac{d}{dx}\int_x^{x^3} \sin^8 u \, du$;　　(4) $\lim\limits_{x\to 0} \dfrac{\int_0^x \sin^2 t \, dt}{x^3}$.

3. 利用换元积分法计算定积分.

(1) $\int_0^{\pi} \sin^3\theta \, d\theta$;　　　　　　(2) $\int_{-1}^1 \dfrac{x}{\sqrt{5-4x}} dx$;

(3) $\int_0^{\ln 2} \sqrt{e^x-1} \, dx$;　　　　　(4) $\int_{\frac{\sqrt{2}}{2}}^1 \dfrac{\sqrt{1-x^2}}{x^2} dx$.

4. 利用函数的奇偶性计算定积分.

(1) $\int_{-5}^5 \dfrac{x^3\sin^6 x}{x^4+2x^2+7} dx$;　　　　(2) $\int_{-\sqrt{2}}^{\sqrt{2}} \sqrt{8-2y^2} \, dy$.

5. 若 $f(x)$ 在 $[0,1]$ 上连续,证明

$$\int_0^{\pi} x f(\sin x) dx = \frac{\pi}{2}\int_0^{\pi} f(\sin x) dx,$$

并由此计算 $\int_0^\pi \dfrac{x\sin x}{1+\cos^2 x}\mathrm{d}x$.

6. 计算定积分.

(1) $\int_0^3 |\,2-x\,|\,\mathrm{d}x$;

(2) $\int_{\frac{1}{2}}^2 f(x-1)\mathrm{d}x$,其中,$f(x)=\begin{cases}\mathrm{e}^{-x}, & x\geqslant 0,\\ 1+x^2, & x<0.\end{cases}$

7. 利用定积分的分部积分法计算下列各题.

(1) $\int_0^1 x^2\arctan x\mathrm{d}x$; (2) $\int_0^1 \arccos x\mathrm{d}x$; (3) $\int_1^{\mathrm{e}} x\ln x\mathrm{d}x$; (4) $\int_0^\pi x^2\cos 2x\mathrm{d}x$.

8. 求解反常积分.

(1) $\int_{\mathrm{e}}^{+\infty}\dfrac{1}{x\ln^3 x}\mathrm{d}x$; (2) $\int_1^{\mathrm{e}}\dfrac{1}{x\sqrt{1-\ln x}}\mathrm{d}x$.

9. 求由抛物线 $y^2=4x$ 及其在点 $(1,2)$ 处的法线所围成图形的面积.

10. 求由圆 $r=3\cos\theta$ 与心形线 $r=1+\cos\theta$ 所围成的图形的公共部分(图 5-34) 的面积.

11. 有一立体,以抛物线 $y^2=2x$ 与直线 $x=2$ 所围成的图形为底,而垂直于抛物线轴的截面是等边三角形.求该立体的体积.

12. 把曲线 $y=x^3$ 及直线 $x=2$,$y=0$ 所围成的图形,分别绕 x 轴及 y 轴旋转,计算所得两个旋转体的体积.

13. 已知某产品 x 单位时,边际收益函数为 $R'(x)=200-\dfrac{x}{50}$(单位:元),试求生产 x 单位时的总收益 $R(x)$ 及平均单位收益 $\overline{R}(x)$.

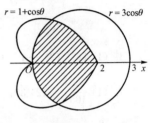

图 5-34

14. 设生产 x 个产品的边际成本为 $C'(x)=100+2x$,固定成本 $C(0)=1\,000$ 元,产品单价为 500 元. 假设生产出的产品全部售出,问生产量为多少时利润最大,并求最大利润是多少?

15. 已知某种产品的年产量为 x(百台),总成本为 C(万元),固定成本 $C(0)=5$(万元),每生产 1 百台成本增加 4 万元. 假设产品能全部售出,且市场需求规律为 $x=1\,000-200P$(其中,x 为需求量,单位:百台;P 为价格,单位:万元).问:每年生产多少台时利润最大?此时每台产品的价格为多少元?

(B)

1. 填空题

(1) 设 $f(x)$ 在 $[a,b]$ 上连续,则 $\int_a^b f(x)\mathrm{d}x+\int_b^a f(t)\mathrm{d}t=$ _____,$\int_1^{+\infty}\dfrac{\mathrm{d}x}{1+x^2}=$ _____.

(2) 设 $k\neq 0$,且 $\int_0^k (2x-x^2)\mathrm{d}x=0$,则 $k=$ _____.

(3) 设 $\int_a^b \dfrac{f(x)}{f(x)+g(x)}\mathrm{d}x=1$,则 $\int_a^b \dfrac{g(x)}{f(x)+g(x)}\mathrm{d}x=$ _____.

(4) $\dfrac{\mathrm{d}}{\mathrm{d}x}\int_a^b f(t)\mathrm{d}t=$ _____,$\dfrac{\mathrm{d}}{\mathrm{d}x}\int_0^{x^2}\cos t^2\mathrm{d}t=$ _____.

(5) 对于函数 $f(x)=\dfrac{1}{1+x^2}$ 在闭区间 $[0,1]$ 上应用定积分中值定理,则定理结论中的 ξ = _____.

(6) 计算由曲线 $y = \sin x$ 与直线 $x = \dfrac{\pi}{2}$ 及 $y = 0$ 所围成的平面图形的面积可用定积分表示为 $A = $ _____，且其值为 $A = $ _____.

2. 选择题

(1) $\displaystyle\int_{-\frac{\pi}{3}}^{\frac{\pi}{2}} \sqrt{1 - \cos 2x}\,\mathrm{d}x =$ (   ).

A. $\dfrac{\sqrt{2}}{2}$ B. $-\dfrac{\sqrt{2}}{2}$ C. $\dfrac{3}{2}\sqrt{2}$ D. $\sqrt{2} - \dfrac{\sqrt{3}}{2}$

(2) $\displaystyle\int_{-1}^{1} \dfrac{1}{x^2}\,\mathrm{d}x =$ (   ).

A. -2 B. 2 C. 0 D. 发散

(3) $\displaystyle\lim_{x \to 0} \dfrac{\displaystyle\int_0^x \arctan t\,\mathrm{d}t}{1 - \cos 2x} =$ (   ).

A. 1 B. 0 C. $\dfrac{1}{2}$ D. $\dfrac{1}{4}$

(4) 若 $F'(x) = f(x)$，则 $\displaystyle\int_a^x f(t + a)\,\mathrm{d}t =$ (   ).

A. $F(x) - F(a)$ B. $F(t) - F(a)$

C. $F(x + a) - F(2a)$ D. $F(t + a) - F(2a)$

(5) 设 $f(x)$ 在 $[-5, 5]$ 上连续，则下列积分正确的是   (   ).

A. $\displaystyle\int_{-5}^{5} \left[f(x) + f(-x)\right]\mathrm{d}x = 0$ B. $\displaystyle\int_{-5}^{5} \left[f(x) - f(-x)\right]\mathrm{d}x = 0$

C. $\displaystyle\int_{0}^{5} \left[f(x) + f(-x)\right]\mathrm{d}x = 0$ D. $\displaystyle\int_{0}^{5} \left[f(x) - f(-x)\right]\mathrm{d}x = 0$

(6) 由曲线 $y = f(x)$ 及 $y = g(x)$ 所围成的平面的图形（图 5-35 中影线部分所示），则该平面图形绕 x 轴旋转所得的旋转体的体积可表示为 $V_x =$ (   ).

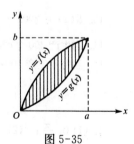

图 5-35

A. $\displaystyle\pi\int_0^a \left[f^2(x) - g^2(x)\right]\mathrm{d}x$

B. $\displaystyle\pi\int_0^a \left[f(x) - g(x)\right]^2\mathrm{d}x$

C. $\displaystyle\pi\int_0^a \left[f^2(x) + g^2(x)\right]\mathrm{d}x$

D. $\displaystyle\pi\int_0^b \left[f^2(x) - g^2(x)\right]\mathrm{d}x$

(7) 将曲线 $y = x^2$ 与 x 轴和直线 $x = 2$ 所围成的平面图形绕 y 轴旋转所得的旋转体的体积可表示为 $V_y =$ (   ).

A. $\displaystyle\pi\int_0^2 x^4\,\mathrm{d}x$ B. $\displaystyle\pi\int_0^4 y\,\mathrm{d}y$

C. $\displaystyle\pi\int_0^4 (4 - y)\,\mathrm{d}y$ D. $\displaystyle\pi\int_0^4 (4 + y)\,\mathrm{d}y$

(8) 若利用极坐标计算由曲线 $x = \sqrt{4y - y^2}$ 和直线 $y = \sqrt{3}x$ 所围成的平面图形的面积，可用定积分表示为 $A =$ (   ).

A. $8\displaystyle\int_0^{\frac{\pi}{3}}\sin^2\theta d\theta$　　B. $8\displaystyle\int_0^{\frac{\pi}{3}}\cos^2\theta d\theta$　　C. $8\displaystyle\int_{\frac{\pi}{3}}^{\frac{\pi}{2}}\sin^2\theta d\theta$　　D. $8\displaystyle\int_{\frac{\pi}{3}}^{\frac{\pi}{2}}\cos^2\theta d\theta$

答　案

(A)

1. $\dfrac{\pi}{9}\leqslant I\leqslant\dfrac{2}{3}\pi.$　　2. (1) $\dfrac{\sin 2x}{x}$;　(2) $-\dfrac{2x^3\sin x^2}{1+\cos^2 x^2}$;　(3) $3x^2\sin^8 x^3-\sin^8 x$;　(4) $\dfrac{1}{3}.$

3. (1) $\dfrac{4}{3}$;　(2) $\dfrac{1}{6}$;　(3) $2\left(1-\dfrac{\pi}{4}\right)$;　(4) $1-\dfrac{\pi}{4}.$

4. (1) 0;　(2) $\sqrt{2}(\pi+2).$

5. $\dfrac{\pi^2}{4}.$(提示:令 $x=\pi-t.$)

6. (1) $\dfrac{5}{2}$;　(2) $\dfrac{37}{24}-\dfrac{1}{e}.$(提示:令 $x-1=t.$)

7. (1) $\dfrac{\pi}{12}-\dfrac{1}{6}(1-\ln 2)$;　(2) 1;　(3) $\dfrac{1}{4}(e^2+1)$;　(4) $\dfrac{\pi}{2}.$

8. (1) 收敛,$\dfrac{1}{2}$;　(2) 收敛,$2.$

9. $\dfrac{64}{3}.$

10. $\dfrac{5}{4}\pi.$

11. $4\sqrt{3}.$

12. $\dfrac{128}{7}\pi,\dfrac{64}{5}\pi.$

13. $R(x)=200x-\dfrac{x^2}{100},\overline{R}(x)=200-\dfrac{x}{100}.$

14. 当生产 200 个产品时利润最大,最大利润为 39 000 元.

15. 当每年生产 100(百台) 时利润最大,此时每台产品的价格为 450 元.

(B)

1. (1) $0,\dfrac{\pi}{4}$;　(2) 3;　(3) $b-a-1$;　(4) $0,2x\cos x^4$;　(5) $\sqrt{\dfrac{4}{\pi}-1}$;　(6) $\displaystyle\int_0^{\frac{\pi}{2}}\sin x\mathrm{d}x,1.$

2. (1) C;　(2) D;　(3) D;　(4) C;　(5) B;　(6) A;　(7) C;　(8) A.

附　　录

附录 A　简单积分表

A1　有理函数的积分

1. $\int (ax+b)^n \mathrm{d}x = \dfrac{(ax+b)^{n+1}}{a(n+1)} + C \quad (n \neq -1).$

2. $\int \dfrac{\mathrm{d}x}{ax+b} = \dfrac{1}{a}\ln|ax+b| + C.$

3. $\int x(ax+b)^n \mathrm{d}x = \dfrac{(ax+b)^{n+2}}{a^2(n+2)} - \dfrac{b(ax+b)^{n+1}}{a^2(n+1)} + C \quad (n \neq -1, -2).$

4. $\int \dfrac{x}{ax+b}\mathrm{d}x = \dfrac{x}{a} - \dfrac{b}{a^2}\ln|ax+b| + C.$

5. $\int \dfrac{x}{(ax+b)^2}\mathrm{d}x = \dfrac{b}{a^2(ax+b)} + \dfrac{1}{a^2}\ln|ax+b| + C.$

6. $\int \dfrac{x^2}{ax+b}\mathrm{d}x = \dfrac{1}{a^3}\left[\dfrac{1}{2}(ax+b)^2 - 2b(ax+b) + b^2\ln|ax+b|\right] + C.$

7. $\int \dfrac{\mathrm{d}x}{x(ax+b)} = -\dfrac{1}{b}\ln\left|\dfrac{ax+b}{x}\right| + C.$

8. $\int \dfrac{\mathrm{d}x}{x^2(ax+b)} = -\dfrac{1}{bx} + \dfrac{a}{b^2}\ln\left|\dfrac{ax+b}{x}\right| + C.$

9. $\int \dfrac{\mathrm{d}x}{x^2+a^2} = \dfrac{1}{a}\arctan\dfrac{x}{a} + C.$

10. $\int \dfrac{\mathrm{d}x}{(x^2+a^2)^n} = \dfrac{x}{2(n-1)a^2(x^2+a^2)^{n-1}} + \dfrac{2n-3}{2(n-1)a^2}\int \dfrac{\mathrm{d}x}{(x^2+a^2)^{n-1}}.$

11. $\int \dfrac{\mathrm{d}x}{x^2-a^2} = \dfrac{1}{2a}\ln\left|\dfrac{x-a}{x+a}\right| + C.$

12. $\int \dfrac{\mathrm{d}x}{ax^2+bx+c} = \begin{cases} \dfrac{2}{\sqrt{4ac-b^2}}\arctan\dfrac{2ax+b}{\sqrt{4ac-b^2}} + C & (b^2 < 4ac), \\[3mm] \dfrac{1}{\sqrt{b^2-4ac}}\ln\left|\dfrac{2ax+b-\sqrt{b^2-4ac}}{2ax+b+\sqrt{b^2-4ac}}\right| + C & (b^2 > 4ac). \end{cases}$

13. $\int \dfrac{x}{ax^2+bx+c}\mathrm{d}x = \dfrac{1}{2a}\ln|a^2+bx+c| - \dfrac{b}{2a}\int \dfrac{\mathrm{d}x}{ax^2+bx+c}.$

A2　无理函数的积分

14. $\int \sqrt{a^2-x^2}\,\mathrm{d}x = \dfrac{x}{2}\sqrt{a^2-x^2} + \dfrac{a^2}{2}\arcsin\dfrac{x}{a} + C \quad (|x| \leqslant a).$

15. $\int x^2 \sqrt{a^2-x^2}\,dx = \frac{x}{8}(2x^2-a^2)\sqrt{a^2-x^2} + \frac{a^4}{8}\arcsin\frac{x}{a} + C \quad (|x|\leqslant a).$

16. $\int \frac{dx}{\sqrt{a^2-x^2}} = \arcsin\frac{x}{a} + C \quad (|x|<a).$

17. $\int \frac{x^2}{\sqrt{a^2-x^2}}\,dx = -\frac{x}{2}\sqrt{a^2-x^2} + \frac{a^2}{2}\arcsin\frac{x}{a} + C \quad (|x|<a).$

18. $\int \frac{x^2}{\sqrt{(a^2-x^2)^3}}\,dx = \frac{x}{\sqrt{a^2-x^2}} - \arcsin\frac{x}{a} + C \quad (|x|<a).$

19. $\int \frac{dx}{x\sqrt{a^2-x^2}} = \frac{1}{a}\ln\frac{a-\sqrt{a^2-x^2}}{|x|} + C \quad (|x|<a).$

20. $\int \frac{dx}{x^2\sqrt{a^2-x^2}} = -\frac{\sqrt{a^2-x^2}}{a^2 x} + C \quad (|x|<a).$

21. $\int \sqrt{a^2+x^2}\,dx = \frac{x}{2}\sqrt{a^2+x^2} + \frac{a^2}{2}\ln(x+\sqrt{a^2+x^2}) + C.$

22. $\int \sqrt{(x^2+a^2)^3}\,dx = \frac{x}{8}(2x^2+5a^2)\sqrt{x^2+a^2} + \frac{3}{8}a^4\ln(x+\sqrt{x^2+a^2}) + C.$

23. $\int x^2\sqrt{x^2+a^2}\,dx = \frac{x}{8}(2x^2+a^2)\sqrt{x^2+a^2} - \frac{a^4}{8}\ln(x+\sqrt{x^2+a^2}) + C.$

24. $\int \frac{\sqrt{x^2+a^2}}{x}\,dx = \sqrt{x^2+a^2} + a\ln\frac{\sqrt{x^2+a^2}-a}{|x|} + C.$

25. $\int \frac{\sqrt{x^2+a^2}}{x^2}\,dx = -\frac{\sqrt{x^2+a^2}}{x} + \ln(x+\sqrt{x^2+a^2}) + C.$

26. $\int \frac{dx}{\sqrt{x^2+a^2}} = \ln(x+\sqrt{x^2+a^2}) + C.$

27. $\int \frac{dx}{\sqrt{(x^2+a^2)^3}} = \frac{x}{a^2\sqrt{x^2+a^2}} + C.$

28. $\int \frac{x^2}{\sqrt{x^2+a^2}}\,dx = \frac{x}{2}\sqrt{x^2+a^2} - \frac{a^2}{2}\ln(x+\sqrt{x^2+a^2}) + C.$

29. $\int \frac{dx}{x\sqrt{x^2+a^2}} = \frac{1}{a}\ln\frac{\sqrt{x^2+a^2}-a}{|x|} + C.$

30. $\int \frac{dx}{x^2\sqrt{x^2+a^2}} = -\frac{\sqrt{x^2+a^2}}{a^2 x} + C.$

31. $\int \sqrt{x^2-a^2}\,dx = \frac{x}{2}\sqrt{x^2-a^2} - \frac{a^2}{2}\ln|x+\sqrt{x^2-a^2}| + C \quad (|x|\geqslant a).$

32. $\int \sqrt{(x^2-a^2)^3}\,dx = \frac{x}{8}(2x^2-5a^2)\sqrt{x^2-a^2} + \frac{3}{8}a^4\ln|x+\sqrt{x^2-a^2}| + C \quad (|x|\geqslant a).$

33. $\int x^2\sqrt{x^2-a^2}\,dx = \frac{x}{8}(2x^2-a^2)\sqrt{x^2-a^2} - \frac{a^4}{8}\ln|x+\sqrt{x^2-a^2}| + C \quad (|x|\geqslant a).$

34. $\int \frac{\sqrt{x^2-a^2}}{x}\,dx = \sqrt{x^2-a^2} - a\arccos\frac{a}{|x|} + C \quad (|x|\geqslant a).$

35. $\int \frac{\sqrt{x^2-a^2}}{x^2}\,dx = -\frac{\sqrt{x^2-a^2}}{x} + \ln|x+\sqrt{x^2-a^2}| + C \quad (|x|\geqslant a).$

36. $\displaystyle\int \frac{dx}{\sqrt{ax^2+bx+c}} = \frac{1}{\sqrt{a}}\ln|2ax+b+2\sqrt{a}\sqrt{ax^2+bx+c}|+C.$

37. $\displaystyle\int \sqrt{ax^2+bx+c}\,dx = \frac{2ax+b}{4a}\sqrt{ax^2+bx+c}$
$$+\frac{4ac-b^2}{8\sqrt{a^3}}\ln|2ax+b+2\sqrt{a}\sqrt{ax^2+bx+c}|+C.$$

38. $\displaystyle\int \frac{x}{\sqrt{ax^2+bx+c}}\,dx = \frac{1}{a}\sqrt{ax^2+bx+c}-\frac{b}{2\sqrt{a^3}}\ln|2ax+b+2\sqrt{a}\sqrt{ax^2+bx+c}|+C.$

39. $\displaystyle\int \frac{dx}{\sqrt{c+bx-ax^2}} = -\frac{1}{\sqrt{a}}\arcsin\frac{2ax-b}{\sqrt{b^2+4ac}}+C.$

40. $\displaystyle\int \sqrt{c+bx-ax^2}\,dx = \frac{2ax-b}{4a}\sqrt{c+bx-ax^2}+\frac{b^2+4ac}{8\sqrt{a^3}}\arcsin\frac{2ax-b}{\sqrt{b^2+4ac}}+C.$

41. $\displaystyle\int \frac{x}{\sqrt{c+bx-ax^2}}\,dx = -\frac{1}{a}\sqrt{c+bx-ax^2}+\frac{b}{2\sqrt{a^3}}\arcsin\frac{2ax-b}{\sqrt{b^2+4ac}}+C.$

42. $\displaystyle\int \sqrt{\frac{x+a}{x+b}}\,dx = \sqrt{(x+a)(x+b)}+(a-b)\ln(\sqrt{x+a}+\sqrt{x+b})+C.$

43. $\displaystyle\int \sqrt{\frac{x-a}{x-b}}\,dx = (x-b)\sqrt{\frac{x-a}{x-b}}+(b-a)\ln(\sqrt{|x-a|}+\sqrt{|x-b|})+C.$

44. $\displaystyle\int \sqrt{\frac{b-x}{x-a}}\,dx = \sqrt{(x-a)(b-x)}+(b-a)\arcsin\sqrt{\frac{x-a}{b-a}}+C \quad (a<b).$

45. $\displaystyle\int \sqrt{\frac{x-a}{b-x}}\,dx = -\sqrt{(x-a)(b-x)}+(b-a)\arcsin\sqrt{\frac{x-a}{b-a}}+C \quad (a<b).$

46. $\displaystyle\int \frac{dx}{\sqrt{(x-a)(b-x)}} = 2\arcsin\sqrt{\frac{x-a}{b-a}}+C \quad (a<b).$

A3 含有三角函数的积分

47. $\displaystyle\int \sin x\,dx = -\cos x+C.$ 48. $\displaystyle\int \cos x\,dx = \sin x+C.$

49. $\displaystyle\int \tan x\,dx = -\ln|\cos x|+C.$ 50. $\displaystyle\int \cot x\,dx = \ln|\sin x|+C.$

51. $\displaystyle\int \sec x\,dx = \ln|\sec x+\tan x|+C = \ln\left|\tan\left(\frac{\pi}{4}+\frac{x}{2}\right)\right|+C.$

52. $\displaystyle\int \csc x\,dx = \ln|\csc x-\cot x|+C = \ln\left|\tan\frac{x}{2}\right|+C.$

53. $\displaystyle\int \sec^2 x\,dx = \tan x+C.$ 54. $\displaystyle\int \csc^2 x\,dx = -\cot x+C.$

55. $\displaystyle\int \sec x\tan x\,dx = \sec x+C.$ 56. $\displaystyle\int \csc x\cot x\,dx = -\csc x+C.$

57. $\displaystyle\int \sin^2 x\,dx = \frac{x}{2}-\frac{1}{4}\sin 2x+C.$ 58. $\displaystyle\int \cos^2 x\,dx = \frac{x}{2}+\frac{1}{4}\sin 2x+C.$

59. $\displaystyle\int \sin^n x\,dx = -\frac{1}{n}\sin^{n-1}x\cos x+\frac{n-1}{n}\int \sin^{n-2}x\,dx.$

60. $\displaystyle\int \cos^n x\,dx = \frac{1}{n}\cos^{n-1}x\sin x+\frac{n-1}{n}\int \cos^{n-2}x\,dx.$

61. $\displaystyle\int \frac{\mathrm{d}x}{\sin^n x} = -\frac{1}{n-1}\frac{\cos x}{\sin^{n-1} x} + \frac{n-2}{n-1}\int \frac{\mathrm{d}x}{\sin^{n-2} x}.$

62. $\displaystyle\int \frac{\mathrm{d}x}{\cos^n x} = \frac{1}{n-1}\frac{\sin x}{\cos^{n-1} x} + \frac{n-2}{n-1}\int \frac{\mathrm{d}x}{\cos^{n-2} x}.$

63. $\displaystyle\int \cos^m x \sin^n x\,\mathrm{d}x = \frac{1}{m+n}\cos^{m-1} x \sin^{n+1} x + \frac{m-1}{m+n}\int \cos^{m-2} x \sin^n x\,\mathrm{d}x$

$\displaystyle\qquad\qquad = -\frac{1}{m+n}\cos^{m+1} x \sin^{n-1} x + \frac{n-1}{m+n}\int \cos^m x \sin^{n-2} x\,\mathrm{d}x.$

64. $\displaystyle\int \sin ax \cos bx\,\mathrm{d}x = -\frac{1}{2(a+b)}\cos(a+b)x - \frac{1}{2(a-b)}\cos(a-b)x + C \quad (a^2 \neq b^2).$

65. $\displaystyle\int \sin ax \sin bx\,\mathrm{d}x = -\frac{1}{2(a+b)}\sin(a+b)x + \frac{1}{2(a-b)}\sin(a-b)x + C \quad (a^2 \neq b^2).$

66. $\displaystyle\int \cos ax \cos bx\,\mathrm{d}x = \frac{1}{2(a+b)}\sin(a+b)x + \frac{1}{2(a-b)}\sin(a-b)x + C \quad (a^2 \neq b^2).$

67. $\displaystyle\int \frac{\mathrm{d}x}{a+b\sin x} = \begin{cases} \dfrac{2}{\sqrt{a^2-b^2}}\arctan \dfrac{a\tan \frac{x}{2}+b}{\sqrt{a^2-b^2}} + C & (a^2 > b^2), \\[4mm] \dfrac{1}{\sqrt{b^2-a^2}}\ln\left|\dfrac{a\tan \frac{x}{2}+b-\sqrt{b^2-a^2}}{a\tan \frac{x}{2}+b+\sqrt{b^2-a^2}}\right| + C & (a^2 < b^2). \end{cases}$

68. $\displaystyle\int \frac{\mathrm{d}x}{a+b\cos x} = \begin{cases} \dfrac{2}{a+b}\sqrt{\dfrac{a+b}{a-b}}\arctan\left(\sqrt{\dfrac{a-b}{a+b}}\tan \dfrac{x}{2}\right) + C & (a^2 > b^2), \\[4mm] \dfrac{1}{a+b}\sqrt{\dfrac{a+b}{b-a}}\ln\left|\dfrac{\tan \frac{x}{2}+\sqrt{\frac{a+b}{b-a}}}{\tan \frac{x}{2}-\sqrt{\frac{a+b}{b-a}}}\right| + C & (a^2 < b^2). \end{cases}$

69. $\displaystyle\int x\sin ax\,\mathrm{d}x = \frac{1}{a^2}\sin ax - \frac{1}{a}x\cos ax + C.$

70. $\displaystyle\int x^2\sin ax\,\mathrm{d}x = -\frac{1}{a}x^2\cos ax + \frac{2}{a^2}x\sin ax + \frac{2}{a^3}\cos ax + C.$

71. $\displaystyle\int x\cos ax\,\mathrm{d}x = \frac{1}{a^2}\cos ax + \frac{1}{a}x\sin ax + C.$

72. $\displaystyle\int x^2\cos ax\,\mathrm{d}x = \frac{1}{a}x^2\sin ax + \frac{2}{a^2}x\cos ax - \frac{2}{a^3}\sin ax + C.$

A4　含有反三角函数的积分(其中 $a > 0$)

73. $\displaystyle\int \arcsin \frac{x}{a}\,\mathrm{d}x = x\arcsin \frac{x}{a} + \sqrt{a^2-x^2} + C.$

74. $\displaystyle\int x\arcsin \frac{x}{a}\,\mathrm{d}x = \left(\frac{x^2}{2}-\frac{a^2}{4}\right)\arcsin \frac{x}{a} + \frac{x}{4}\sqrt{a^2-x^2} + C.$

75. $\displaystyle\int x^2\arcsin \frac{x}{a}\,\mathrm{d}x = \frac{x^3}{3}\arcsin \frac{x}{a} + \frac{1}{9}(x^2+2a^2)\sqrt{a^2-x^2} + C.$

76. $\displaystyle\int \arccos \frac{x}{a}\,\mathrm{d}x = x\arccos \frac{x}{a} - \sqrt{a^2-x^2} + C.$

77. $\int x \arccos \frac{x}{a} dx = \left(\frac{x^2}{2} - \frac{a^2}{4} \right) \arccos \frac{x}{a} - \frac{x}{4} \sqrt{a^2 - x^2} + C.$

78. $\int x^2 \arccos \frac{x}{a} dx = \frac{x^3}{3} \arccos \frac{x}{a} - \frac{1}{9} (x^2 + 2a^2) \sqrt{a^2 - x^2} + C.$

79. $\int \arctan \frac{x}{a} dx = x \arctan \frac{x}{a} - \frac{a}{2} \ln(a^2 + x^2) + C.$

80. $\int x \arctan \frac{x}{a} dx = \frac{1}{2} (a^2 + x^2) \arctan \frac{x}{a} - \frac{a}{2} x + C.$

81. $\int x^2 \arctan \frac{x}{a} dx = \frac{x^3}{3} \arctan \frac{x}{a} - \frac{a}{6} x^2 + \frac{a^3}{6} \ln(a^2 + x^2) + C.$

A5 含有指数函数的积分

82. $\int a^x dx = \frac{1}{\ln a} a^x + C.$
83. $\int e^{ax} dx = \frac{1}{a} e^{ax} + C.$

84. $\int x e^{ax} dx = \frac{1}{a^2} (ax - 1) e^{ax} + C.$
85. $\int x^n e^{ax} dx = \frac{1}{a} x^n e^{ax} - \frac{n}{a} \int x^{n-1} e^{ax} dx.$

86. $\int x a^x dx = \frac{x}{\ln a} a^x - \frac{1}{(\ln a)^2} a^x + C.$
87. $\int x^n a^x dx = \frac{1}{\ln a} x^n a^x - \frac{n}{\ln a} \int x^{n-1} a^x dx.$

88. $\int e^{ax} \sin bx \, dx = \frac{1}{a^2 + b^2} e^{ax} (a \sin bx - b \cos bx) + C.$

89. $\int e^{ax} \cos bx \, dx = \frac{1}{a^2 + b^2} e^{ax} (b \sin bx + a \cos bx) + C.$

A6 含有对数函数的积分

90. $\int \ln x \, dx = x \ln x - x + C.$
91. $\int \frac{dx}{x \ln x} = \ln |\ln x| + C.$

92. $\int x^n \ln x \, dx = \frac{x^{n+1}}{n+1} \left(\ln x - \frac{1}{n+1} \right) + C.$
93. $\int (\ln x)^n dx = x(\ln x)^n - n \int (\ln x)^{n-1} dx.$

94. $\int x^m (\ln x)^n dx = \frac{x^{m+1}}{m+1} (\ln x)^n - \frac{n}{m+1} \int x^m (\ln x)^{n-1} dx.$

A7 定积分

95. $\int_{-\pi}^{\pi} \cos nx \, dx = \int_{-\pi}^{\pi} \sin nx \, dx = 0.$
96. $\int_{-\pi}^{\pi} \cos mx \sin nx \, dx = 0.$

97. $\int_{-\pi}^{\pi} \cos mx \cos nx \, dx = \begin{cases} 0, & m \neq n, \\ \pi, & m = n. \end{cases}$
98. $\int_{-\pi}^{\pi} \sin mx \sin nx \, dx = \begin{cases} 0, & m \neq n, \\ \pi, & m = n. \end{cases}$

99. $\int_{0}^{\pi} \sin mx \sin nx \, dx = \int_{0}^{\pi} \cos mx \cos nx \, dx = \begin{cases} 0, & m \neq n, \\ \frac{\pi}{2}, & m = n. \end{cases}$

100. $I_n = \int_{0}^{\frac{\pi}{2}} \sin^n x \, dx = \int_{0}^{\frac{\pi}{2}} \cos^n x \, dx.$

$I_n = \frac{n-1}{n} I_{n-2}, \ I_1 = 1, \ I_0 = \frac{\pi}{2}.$

$$I_n = \begin{cases} \dfrac{n-1}{n} \cdot \dfrac{n-3}{n-2} \cdot \cdots \cdot \dfrac{4}{5} \cdot \dfrac{2}{3} \cdot 1 & (n \text{ 为奇数且 } n > 1), \\[3mm] \dfrac{n-1}{n} \cdot \dfrac{n-3}{n-2} \cdot \cdots \cdot \dfrac{3}{4} \cdot \dfrac{1}{2} \cdot \dfrac{\pi}{2} & (n \text{ 为正偶数}). \end{cases}$$

注 由于篇幅所限,本书中"简单积分表"仅仅选编了 100 个常用的积分公式.需要时,可找一般的数学手册或专门的积分表查阅.

附录 B 初等数学常用公式

B1 代 数

1. 乘法及因式分解公式

(1) $(a \pm b)^2 = a^2 \pm 2ab + b^2$.

(2) $(a \pm b)^3 = a^3 \pm 3a^2b + 3ab^2 \pm b^3$.

(3) $a^2 - b^2 = (a+b)(a-b)$.

(4) $a^3 \pm b^3 = (a \pm b)(a^2 \mp ab + b^2)$.

(5) $(a+b+c)^2 = a^2 + b^2 + c^2 + 2ab + 2bc + 2ca$.

2. 阶乘和有限项级数求和公式

(1) $n! = 1 \cdot 2 \cdot 3 \cdot \cdots \cdot (n-1) \cdot n$ (n 为正整数,规定 $0! = 1$),

半阶乘 $\left.\begin{array}{l} (2n-1)!! = 1 \cdot 3 \cdot 5 \cdot \cdots \cdot (2n-3)(2n-1) \\ (2n)!! = 2 \cdot 4 \cdot 6 \cdot \cdots \cdot (2n-2)(2n) \end{array}\right\}$($n$ 为正整数).

(2) $1 + 2 + 3 + \cdots + (n-1) + n = \dfrac{n(n+1)}{2}$.

(3) $1^2 + 2^2 + 3^3 + \cdots + (n-1)^2 + n^2 = \dfrac{n(n+1)(2n+1)}{6}$.

(4) $a + (a+d) + (a+2d) + \cdots + (a+nd) = (n+1)\left(a + \dfrac{n}{2}d\right)$.

(5) $a + aq + aq^2 + \cdots + aq^{n-1} = \dfrac{a(1-q^n)}{1-q}$ ($q \neq 1$).

3. 指数运算(设 a, b 是正实数,m, n 是任意实数)

(1) $a^m a^n = a^{m+n}$;

(2) $\dfrac{a^m}{a^n} = a^{m-n}$;

(3) $(a^m)^n = a^{mn}$;

(4) $\left(\dfrac{a}{b}\right)^m = \dfrac{a^m}{b^m}$ ($b \neq 0$);

(5) $(ab)^m = a^m b^m$;

(6) 恒等式 $a^{\log_a N} = N$ ($a > 0$, $a \neq 1$, $N > 0$).

4. 对数(设 $M > 0$, $N > 0$)

(1) 运算法则($a > 0$ 且 $a \neq 1$, p 为实数)

① $\lg_a(M \cdot N) = \log_a M + \log_a N$;

② $\log_a \dfrac{M}{N} = \log_a M - \log_a N$;

③ $\log_a M^p = p\log_a M$.

(2) 换底公式

$$\log_a M = \frac{\log_b M}{\log_b a} \quad (a > 0, \ a \neq 1; \ b > 0, \ b \neq 1).$$

特别地,在上式中取 $a = 10$, $b = M = \mathrm{e}$ 时,得

$$\lg e = \frac{1}{\ln 10} \approx 0.434\,3, \quad \ln 10 = \frac{1}{\lg e} \approx 2.302\,6,$$

其中，e $= 2.718\,281\,828\,459\,045\cdots \approx 2.718\,3$.

（3）常用对数与自然对数的关系

① $\lg M = \frac{\ln M}{\ln 10} \approx 0.434\,3\ln M$;   ② $\ln M = \frac{\lg M}{\lg e} \approx 2.302\,6\lg M$.

5. 二项式定理

$$(a+b)^n = a^n + na^{n-1}b + \frac{n(n-1)}{2!}a^{n-2}b^2 + \frac{n(n-1)(n-2)}{3!}a^{n-3}b^3 + \cdots +$$

$$\frac{n(n-1)\cdots(n-m+1)}{m!}a^{n-m}b^m + \cdots + nab^{n-1} + b^n \quad (n \text{ 为正整数}).$$

B2   初等几何

在下列公式中，字母 R, r 表示半径，h 表示高，l 表示斜高，S 表示底面积.

1. 圆：周长 $= 2\pi r$，面积 $= \pi r^2$.

2. 圆扇形：面积 $= \frac{1}{2}r^2\theta$，弧长 $= r\theta$ （式中 θ 为扇形的圆心角，以弧度计）.

3. 棱锥：体积 $= \frac{1}{3}Sh$.

4. 正圆锥：体积 $= \frac{1}{3}\pi r^2 h$，侧面积 $= \pi r l$，全面积 $= \pi r(r+l)$.

5. 截圆锥：体积 $= \frac{\pi h}{3}(R^2 + r^2 + Rr)$，侧面积 $= \pi l(R+r)$.

6. 球：体积 $= \frac{4}{3}\pi r^3$，表面积 $= 4\pi r^2$.

B3   三 角

1. 角的度量

1度 $= \frac{\pi}{180}$ 弧度 $= 0.017\,453\,3\cdots$弧度， 1弧度 $= \frac{180}{\pi}$度 $= 57.295\,78\cdots$度， $\pi = 3.141\,59\cdots$.

2. 基本公式

$$\sin^2\alpha + \cos^2\alpha = 1, \quad 1 + \tan^2\alpha = \sec^2\alpha, \quad 1 + \cot^2\alpha = \csc^2\alpha;$$

$$\frac{\sin\alpha}{\cos\alpha} = \tan\alpha, \quad \frac{\cos\alpha}{\sin\alpha} = \cot\alpha; \quad \csc\alpha = \frac{1}{\sin\alpha}, \sec\alpha = \frac{1}{\cos\alpha}; \quad \cot\alpha = \frac{1}{\tan\alpha}.$$

3. 诱导公式

函　　数	$\beta = \frac{\pi}{2} \pm \alpha$	$\beta = \pi \pm \alpha$	$\beta = \frac{3}{2}\pi \pm \alpha$	$\beta = 2\pi - \alpha$
$\sin\beta$	$\cos\alpha$	$\mp\sin\alpha$	$-\cos\alpha$	$-\sin\alpha$
$\cos\beta$	$\mp\sin\alpha$	$-\cos\alpha$	$\pm\sin\alpha$	$\cos\alpha$
$\tan\beta$	$\mp\cot\alpha$	$\pm\tan\alpha$	$\pm\cot\alpha$	$-\tan\alpha$
$\cot\beta$	$\mp\tan\alpha$	$\pm\cot\alpha$	$\mp\tan\alpha$	$-\cot\alpha$

4. 和(差)角公式

$$\sin(\alpha \pm \beta) = \sin\alpha\cos\beta \pm \cos\alpha\sin\beta; \qquad \cos(\alpha \pm \beta) = \cos\alpha\cos\beta \mp \sin\alpha\sin\beta;$$

$$\tan(\alpha \pm \beta) = \frac{\tan\alpha \pm \tan\beta}{1 \mp \tan\alpha\tan\beta}; \qquad \cot(\alpha \pm \beta) = \frac{\cot\alpha\cot\beta \mp 1}{\cot\beta \pm \cot\alpha}.$$

5. 倍角公式

$$\sin 2\alpha = 2\sin\alpha\cos\alpha; \qquad \cos 2\alpha = \cos^2\alpha - \sin^2\alpha = 1 - 2\sin^2\alpha = 2\cos^2\alpha - 1;$$

$$\tan 2\alpha = \frac{2\tan\alpha}{1 - \tan^2\alpha}; \qquad \cot 2\alpha = \frac{\cot^2\alpha - 1}{2\cot\alpha}.$$

6. 半角公式

$$\sin\frac{\alpha}{2} = \pm\sqrt{\frac{1 - \cos\alpha}{2}}; \qquad \cos\frac{\alpha}{2} = \pm\sqrt{\frac{1 + \cos\alpha}{2}};$$

$$\tan\frac{\alpha}{2} = \pm\sqrt{\frac{1 - \cos\alpha}{1 + \cos\alpha}}; \qquad \cot\frac{\alpha}{2} = \pm\sqrt{\frac{1 + \cos\alpha}{1 - \cos\alpha}}.$$

7. 和差化积公式

$$\sin\alpha + \sin\beta = 2\sin\frac{\alpha+\beta}{2}\cos\frac{\alpha-\beta}{2}; \qquad \sin\alpha - \sin\beta = 2\sin\frac{\alpha-\beta}{2}\cos\frac{\alpha+\beta}{2};$$

$$\cos\alpha + \cos\beta = 2\cos\frac{\alpha+\beta}{2}\cos\frac{\alpha-\beta}{2}; \qquad \cos\alpha - \cos\beta = -2\sin\frac{\alpha+\beta}{2}\sin\frac{\alpha-\beta}{2}.$$

8. 积化和差公式

$$\sin A\sin B = \frac{1}{2}\big[\cos(A-B) - \cos(A+B)\big]; \qquad \cos A\cos B = \frac{1}{2}\big[\cos(A+B) + \cos(A-B)\big];$$

$$\sin A\cos B = \frac{1}{2}\big[\sin(A+B) + \sin(A-B)\big].$$

B4　二、三阶行列式

1. 定义

(1) 二阶行列式 $\begin{vmatrix} a_{11} & a_{12} \\ a_{21} & a_{22} \end{vmatrix} = a_{11}a_{22} - a_{12}a_{21}.$

(2) 三阶行列式 $\begin{vmatrix} a_{11} & a_{12} & a_{13} \\ a_{21} & a_{22} & a_{23} \\ a_{31} & a_{32} & a_{33} \end{vmatrix} = a_{11}a_{22}a_{33} + a_{12}a_{23}a_{31} + a_{13}a_{21}a_{32} - a_{11}a_{23}a_{32} - a_{12}a_{21}a_{33} - $

$$a_{13}a_{22}a_{31}.$$

2. 按某一行(或列)展开法

三阶行列式按行(或列)的展开式有六种. 例如,按第一行展开得

$$\begin{vmatrix} a_{11} & a_{12} & a_{13} \\ a_{21} & a_{22} & a_{23} \\ a_{31} & a_{32} & a_{33} \end{vmatrix} = a_{11}\begin{vmatrix} a_{22} & a_{23} \\ a_{32} & a_{33} \end{vmatrix} - a_{12}\begin{vmatrix} a_{21} & a_{23} \\ a_{31} & a_{33} \end{vmatrix} + a_{13}\begin{vmatrix} a_{21} & a_{22} \\ a_{31} & a_{32} \end{vmatrix}.$$

等式右端各项前取正号还是取负号,要根据这个元素在行列式中所处的位置决定. 设这个元素在行列式中的行数为 i,列数为 j,则此元素所在的项前面的正负号就是 $(-1)^{i+j}$. 各项中的二阶行列式可在原三阶行列式中划去该元素所在的行和列而得到,也称为该元素的**余子式**. 而在余子式前冠以正负号 $(-1)^{i+j}$,便称为该元素的**代数余子式**. 因此,行列式的值等于它的任一行(或列)的各元素与其对应的代数余子式乘积之和.

附录 C 极坐标简介

C1 极坐标的概念

在平面内取一个定点 O，由点 O 出发引一条射线 $O\rho$ 并取定一个长度单位；再选定度量角度的单位（通常取为弧度）及其正、负方向（通常取逆时针方向为正向，顺时针方向为负向），这样就建立了**极坐标系**. 定点 O 称为**极点**，射线 $O\rho$ 称为**极轴**.

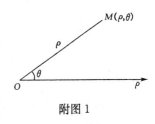

附图 1

设点 M 是平面内异于极点 O 的任意一点，则称点 M 到极点 O 的距离 $|MO|$ 为点 M 的**极径**，常记作 ρ；称以极轴 $O\rho$ 为始边、射线 OM 为终边的角 $\angle MO\rho$ 为点 M 的**极角**，常记作 θ. 有序实数组 (ρ, θ) 称为点 M 的**极坐标**. 这时，点 M 可简记为 $M(\rho, \theta)$[①]（附图 1）.

在极点 O 处，$\rho = 0$，θ 可以是任意实数.

在极坐标系中，若给定一组实数 ρ（$\rho \neq 0$）和 θ 的值，则可唯一确定一点 M；反之，给定平面内任意一个异于极点的点 M，它的极坐标可以有无数多个. 但是，如果限定 $\rho \geqslant 0$，$0 \leqslant \theta \leqslant 2\pi$（或 $-\pi \leqslant \theta \leqslant \pi$），那么，点 M（除极点外）的极坐标是唯一确定的.

C2 直角坐标与极坐标的关系

在平面直角坐标系中，取极点与坐标原点重合，极轴与 x 轴的正半轴重合，并取相同的长度单位，从而也就建立了极坐标系.

设平面上任意一点 M 的直角坐标为 (x, y)，极坐标为 (ρ, θ)，则由附图 2 易知，点 M 的直角坐标与极坐标之间有如下的关系：

$$x = \rho\cos\theta, \quad y = \rho\sin\theta;$$

$$\rho^2 = x^2 + y^2, \quad \tan\theta = \frac{y}{x}.$$

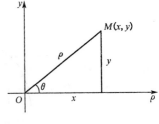

附图 2

利用上述关系式，可以把平面上曲线的直角坐标方程与极坐标方程互化. 经常用到的是把曲线的直角坐标方程化为极坐标方程. 例如

（1）圆心在原点、半径为 a 的圆的直角坐标方程为 $x^2 + y^2 = a^2$，将 $x^2 + y^2 = \rho^2$ 代入并化简，即得该圆的极坐标方程为 $\rho = a$（附图 3(a)）.

（2）圆心在点 $\left(\frac{a}{2}, 0\right)$、半径为 $\frac{a}{2}$ 的圆的直角坐标方程为 $x^2 + y^2 = ax$，以 $x^2 + y^2 = \rho^2$，$x = \rho\cos\theta$ 代入可得 $\rho^2 = a\rho\cos\theta$，化简后即得该圆的极坐标方程为 $\rho = a\cos\theta$（附图 3(b)）.

（3）圆心在点 $\left(0, \frac{a}{2}\right)$、半径为 $\frac{a}{2}$ 的圆的直角坐标方程为 $x^2 + y^2 = ay$，以 $x^2 + y^2 = \rho^2$，$y = \rho\sin\theta$ 代入可得 $\rho^2 = a\rho\sin\theta$，化简后即得该圆的极坐标方程为 $\rho = a\sin\theta$（附图 3(c)）.

（4）双纽线的直角坐标方程为 $(x^2 + y^2)^2 = a^2(x^2 - y^2)$，以 $x^2 + y^2 = \rho^2$，$x = \rho\cos\theta$，$y = \rho\sin\theta$ 代入可得 $\rho^4 = a^2\rho^2(\cos^2\theta - \sin^2\theta)$，化简后即得双纽线的极坐标方程为 $\rho^2 = a^2\cos 2\theta$（附

---

① 点 M 的极坐标也可记作 $M(r, \theta)$ 或 $M(\rho, \varphi)$ 等，本书中习惯用 $M(r, \theta)$，其中，r 为点 M 的极径，θ 为极角.

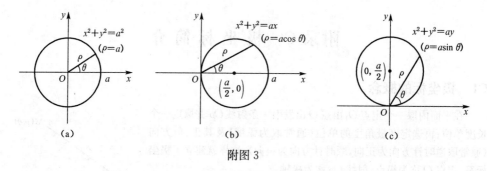

附图 3

录 D 中附图 7).

(5) 心形线（心脏线）的直角坐标方程为 $x^2 + y^2 - ax = a\sqrt{x^2 + y^2}$，以 $x^2 + y^2 = \rho^2$，$x = \rho\cos\theta$ 代入可得 $\rho^2 - a\rho\cos\theta = a\rho$，化简后即得心形线的极坐标方程为 $\rho = a(1 + \cos\theta)$（附录 D 中附图 9）.

附录 D 某些常用的曲线方程及其图形

1. 立方抛物线（附图 4）

$$y = ax^3.$$

2. 半立方抛物线（附图 5）

$$y^2 = ax^3.$$

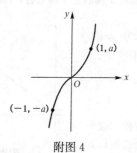

附图 4

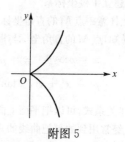

附图 5

3. 星形线（附图 6）

$$x^{\frac{2}{3}} + y^{\frac{2}{3}} = a^{\frac{2}{3}}$$

或 $\begin{cases} x = a\cos^3 t, \\ y = a\sin^3 t. \end{cases}$

4. 双纽线（附图 7）

$$(x^2 + y^2)^2 = a^2(x^2 - y^2)$$

或 $\rho^2 = a^2\cos 2\theta.$

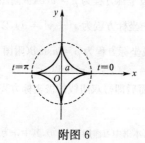

附图 6

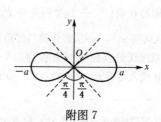

附图 7

5. 摆线(附图 8)

$$\begin{cases} x = a(t - \sin t), \\ y = a(1 - \cos t) \end{cases}$$

或 $x = \arccos\left(1 - \dfrac{y}{a}\right) - \sqrt{2ay - y^2}$.

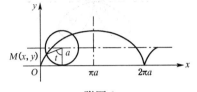

附图 8

6. 心形线(附图 9)

$$\rho = a(1 + \cos\theta)$$

或 $\quad x^2 + y^2 - ax = a\sqrt{x^2 + y^2}$.

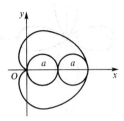

附图 9

7. 概率曲线(附图 10)

$$y = e^{-x^2}.$$

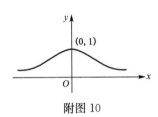

附图 10

8. 圆的渐开线(附图 11)

$$\begin{cases} x = a(\cos t + t\sin t), \\ y = a(\sin t - t\cos t) \end{cases}$$

或 $\theta - \dfrac{\sqrt{\rho^2 - a^2}}{a} + \arccos\dfrac{a}{\rho} = 2k\pi$ (k 为整数).

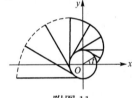

附图 11

9. 阿基米德螺线(附图 12)

$$\rho = a\theta.$$

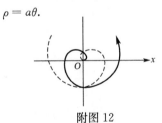

附图 12

10. 等角螺线(对数螺线)(附图 13)

$$\rho = e^{a\theta}.$$

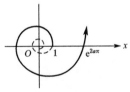

附图 13

11. 三叶玫瑰线

(1) $\rho = a\sin 3\theta$(附图 14(a)).

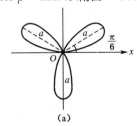

(a)

(2) $\rho = a\cos 3\theta$(附图 14(b)).

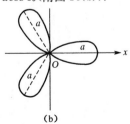

(b)

附图 14

12. 四叶玫瑰线

(1) $\rho = a\cos 2\theta$(附图 15(a)). (2) $\rho = a\sin 2\theta$(附图 15(b)).

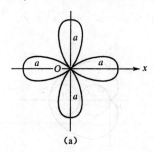 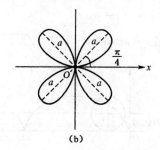

(a) (b)

附图 15